Aristoteles, Einstein & Co. : Eine kleine Geschichte der Winssenschaft in Porträts

科学简史

从亚里士多德到费曼

〔德〕恩斯特·彼得·费舍尔（Ernst Peter Fischer）著
陈恒安 译

浙江人民出版社

Piper Verlag GmbH, Munich,Germany

译者序

科学史是什么？你怎么会去念这个？你们到底在做什么？不好意思，再请问一下，你们科学史到底属于什么学科？从念博士至今，这一连串的问题几乎是亲戚朋友与我见面寒暄时的标准台词。除了这种纯粹因为好奇而想要了解科学史是什么的态度外，我也碰到过当场不知如何回答的情况。例如，一位资深科学家曾在公开场合当着我的面说："听说出国念科学史比较容易混毕业。"无论如何，这些反应都清楚地表现出在台湾的人们——无论是一般大众，还是各领域的研究人员，甚至是自然科学从业人员，对一些切身问题缺乏深入的了解，如对于科学史，或者更广义地说，对于科学家与科学的关系、科学技术形成的背景、科学技术的本质，以及科学技术与社会其他领域互动的关系。

科学事业最基础的就是科学家的工作，然而，科学家在实验室或其他工作场合面对的并不能和我们印象中的"科学"（如天文学、物理学、化学和生物学等）画上等号。其实，最简单清楚的说法应该是，科学工作就是研究者对环绕着他们的物质世界提出问题并寻求答案的过程；换句话说，"科学"也只是人类认识世界的一种方法而已。只不过，因为"科学"及其带来的信息之累积与应用对人类社会产生了非常可观的影响，它不仅改变了我们的物质生活，也影响着我们的思考方式，所以科学怎么会是冷冰冰的？它是人类认识世界、适应环境的一种实践！科学之所以变成绝对"中立客观"的代言人，从而享有极高的社会地位，是有其历史原因的。

然而,身处科技社会中的大众或年轻学子,甚至科学从业人员,到底需要多少科学知识以及对科学事业的知识呢?总不能要求每个人都去阅读牛顿的《自然哲学的数学原理》或是达尔文的《物种起源》吧!对于想认识“科学”的人来说,先了解科学家如何处理他与自然界的关系可能是最容易入手的方式,而想要达到这个目的最简单的方法就是阅读科学家的传记了。

本书以20多位科学家的生平及其科学事业为主轴,生动地勾勒出西方科学发展中几个重要的转折。与一般科学家传记不同,本书除了介绍科学家的生平事迹之外,更从一个宽广的文化角度提供了时代背景,在此背景中,科学与人类其他的活动交织成一个更完整、更丰富的图像。另一方面,虽然本书挑选的人物仍然是一些众所周知的“伟大科学家”,但是作者并没有一味地歌功颂德,反而试图将科学家的事业放回到“人”的事业这个基本的立场来理解;以略带戏谑的笔法将这些我们印象中崇高遥远的科学家的人性呈现出来,让他们的形象生动起来,最明显的例子就是书中清楚描述了牛顿在争取微积分优先权时对德国哲学家莱布尼茨采取的卑鄙手段。另外值得一提的是,原著作者恩斯特·彼得·费舍尔出身自然科学界,师承因研究“噬菌体”而获得诺贝尔奖的理论物理学家德尔布吕克。他时常以今日的眼光检视过去的科学,不过,其目的并不是强调一种线性的历史发展,而是希望借由这些回顾点出许多科学事件和理论之间的逻辑关系。借由历史回顾呈现出“科学”是一种动态的认识过程,其实也就是科学史的基本目的之一。

除了思考与科学相关的活动之外,费舍尔也对各个领域的科学家或大众对科学的态度十分敏感。例如,书中多次提到科学家之间的相互误解,甚至如何毫不留情地互相贴标签,科学家在这里一点也没有表现出他们引以为傲的客观精神。此外,这本书的另一个特点是作者作为一位男性科学家所表现出来的女性意识,这一点可由作者特别将居里夫人、迈特纳、麦克林托克这三位女性科学家的事迹独立成一个章节看出。当然,在有限的篇幅内无法提供太多科学哲学、科学社会学甚至心理学的分析,但是作为一些"在火炉边与朋友分享的故事",这本书的内容已经相当丰富了。

感谢翻译期间许多朋友的帮助,特别是邱君怡小姐对前面部分的初稿所提出的宝贵意见和远在德国撰写博士论文的好友许舜闵对最后部分的初稿的贡献。另外,感谢我的妻子庄逸雯不时与我讨论、给予建议,并帮忙润稿及打字。

中文版序

通往科学的后门楼梯

“自然科学的历史才是人类真正的历史”，许多19世纪杰出的德国学者都支持这个观点，因为他们亲身经历了工业因科学研究而建立的过程，并见证了工业发展为人类创造工作机会、带来财富并影响社会生活形态的历史。支持这种观点的科学家当中最著名的一位便是亥姆霍兹，他不只是一位优秀的物理学家和生理学家，亦深入哲学领域钻研。例如，他在阅读19世纪初期德国大哲学家黑格尔的著作后发现，黑格尔主张一个民族的历史并非仅是一系列必须经历或接受的事件，历史不应是被动等待事件发生后再记录而成的编年史，而是人类自身的实践与主动的塑造，特别是借由人类从对过去的了解、研究和经验中产生的知识。

黑格尔的历史哲学立刻让亥姆霍兹认识到自身科学工作的意义，也让日常生活中某些行为发生的必然性变得简单清楚：想要理解现在的人（无论男性或女性），无须将注意力全部放在政治、军事、经济的关系与条件的变迁上，而都应该开始关心知识获得的历史，也就是科学的发展与转变。

本书是对想要以此角度理解现代社会的人的邀约。喜欢舒适地生活在科技发明所支撑的社会却不懂科学的人，在作者眼中实在是真实世界中不安的异乡人，谁会想要生活在一个充满漂泊感的世界里呢？

因此，自然科学史是必需的；既然如此，问题便在于该如何进行这项任务。《科学简史:从亚里士多德到费曼》提供了一个直接的、对非科学家而言清楚明了的答案。因为科学是科学家从事的事业及其成果,所以从科学事业的先驱入手,通过阐述其研究动机来理解科学的做法便是可以理解的。本书便以这种方式为读者提供接近科学的道路,或许我们也可以将这种方式视为从后门楼梯进入,观察科学堂皇大厅中不为人知的一面。虽然从后门楼梯进来的人都是静悄悄地进入知识之屋的,但是绝不会得不到真诚的欢迎,反而都能获得丰厚的报偿,这个报偿便是可以更近距离地认识这些成就科学事业的人物,他们能告诉我们的事可多着呢!

恩斯特·费舍尔

前　言

科学虽然是人类所创的事业，但是出于我们无法解释的原因，社会上几乎没有人认识这些实际从事科学研究的人，我们似乎不会对他们特别感兴趣；不过，如果试着去了解他们，其实可以从他们的生活中学到很多东西，并且因此感到愉快。《科学简史：从亚里士多德到费曼》，应该可以提供这种机会。我想在这本书中描写26位从事科学研究、对科学事业有重要贡献的人物，为读者打通一条路，以通往西方世界最具影响性的力量。当然，通往科学的道路并不平坦，但是在这里我们还是可以试着将它写得容易些。这本书中的内容应该是“在火炉边说给朋友听的简单科学史”，此外，内文中的脚注并不是用来伪装或提高语言上的精确性，只是加上一些相关的奇闻轶事。

只有如此少数的科学界人物为大众所知，其实是一件很可惜的事。当然，我们每个人可能都曾经看过达尔文的照片，或多少对笛卡儿、哥白尼这些名字有点熟悉，但是若说到对于隐藏在社会认同的科学大冒险背后的人物的好奇，那局限性真是令人惊讶。在诗人、作曲家和哲学家传记多得数不胜数并大部分都有人购买的时代，我们的图书馆还是一直满足于仅仅提供少量的科学家传记——那些为数不多的“真正杰出的科学家”。如果出版社着手考虑在其传记系列中推出科学家的传记，一定不会期待它成为畅销书，他们的考虑大部分也是正确的。

甚至当科学家想了解构成科学发展史的人物时，他们也会有很大的知识缺陷。我们似乎有一个僵化的印象，即化学家、物理学家、生物学家以及其他学科的研究人员都过着一种相当无聊的生活，研究者个人在科学的进展中并没有扮演任何角色，而是消失在整体的背后。一般的论点是：人们会说，如果托马斯·曼（Thomas Mann）不曾活过，就不会有“浮士德博士”的出现［译注：1949 年，托马斯·曼出版《浮士德博士的出现》（*Die Entstehung des Dr. Faustus*）］；相反地，人们会说，即使牛顿不曾活过，还是会有另一个人提出重力的法则和颜色的光谱。

这种老生常谈的论调其实是一种相当错误的说法，若是有谁如此论证，他就忽视了一项基本差异，也就是混淆了个人的作品（如小说《浮士德博士的出现》）和作品的内容或中心思想（如重力的法则）。换句话说，他比较了基本上是无法比较的项目。对诗人是正确的事物，对科学家而言可能只是合理的，所以任何想要将他们的成就拿来比较的人都必须更仔细地思考，因为下面的事情是相当有可能发生的：即使牛顿不曾活过，重力的法则也一定会在某个时候被发现，但是绝对不会有人撰写一本《自然哲学的数学原理》（*Philosophiae naturalis principia mathematica*）；反过来也很清楚，即使没有托马斯·曼，浮士德的传奇还是会普遍传开，毕竟这个传说早在托马斯·曼写作《浮士德博士的出现》之前就已经为人所知了。

这个事实并非代表一种文化与另一种文化的地位争夺战，这种竞争的企图只会给现代的科学界带来恶果，因为在科学的事业中还非常缺少一般人熟知的美学面向。重要的是，从事科学的人和从事艺术的人一样重要，或者至少他们的生平都值得我们去认识。借由这本书，我们可以很容易地相信通往科学的大门是为每个人敞开的，我们诚挚地邀请所有对科学感兴趣的人来一探究竟。

目　录

亚里士多德

阿尔哈曾

阿维森纳

我们应当不厌其烦地研究每一种动物，因为任何一种动物都揭示了什么是自然和什么是美。自然演化自无穷，因为无穷永无止境，并不完美，而自然总在想方设法地达到完美的境界。

——亚里士多德

第一章　古代的开端

· 亚里士多德(Aristoteles,公元前384—前322年)

·《至大论》与炼金术

· 阿尔哈曾(Alhazen,965—1039年)与阿维森纳(Avicenna,980—1037年)

万事开头难,但是摆脱这个好不容易才建立起来的观念更难。亚里士多德在科学上的贡献之所以如此吸引人,就是因为所有现代形式的科学研究都是在他的思想基础上发展起来的,其后亚里士多德思想的实践者又从他的观念中解放出来,甚至到今日情况都还是如此。例如,在逻辑学的新发展中有时还是会见到亚里士多德的身影。没有一个个别人物——例如欧几里得或托勒密——被单独提出来讨论,因为重点是要强调从古代早期到阿拉伯科学高峰这1 000年当中科学发展的趋势,特别是那些促使近代科学发展的思想内容。

关于阿拉伯世界对科学的贡献,读者将会看到:它不仅具有传递、中介的作用,也留下一些到今日我们都还遵循的指示。从那时起,从事科学就应该不会再像过去那么困难了。

第一节　亚里士多德:不动的最初推动者

“小眼睛的亚里士多德双腿显得有些软弱无力,说话也模糊不清。”尽管亚里士多德后来被视为现代西方科学发展的关键人物与伟大哲学家,但无论如何这就是亚里士多德同时代的人对其外表的描述。亚里士多德就像是个现代科学的“最初推动者”,他在他的宇宙系统中引入了“不动的最初推动者”这个概念;根据“最初推动者”这个概念,亚里士多德解释了宇宙的秩序,并且希望借此理解宇宙的永恒性。宇宙中的“最初推动者”或“不动的推动者”是指那个最终的、最高层级的力量,它不直接推动任何事物,仅仅影响、操控并维持着天体的运行。当然,这个概念可以毫无困难地运用在其他科学领域中。在生物学中,基因就可以被称为“最初推动者”,因为基因本身并不是使生命成为可能的基本动力或因素,而是仅仅控制着基本遗传信息的传递与循环,遗传信息的传递与循环使得生命成为可能。事实上,亚里士多德应该可以因为提出“不动的最初推动者”这个概念获得诺贝尔生理学或医学奖,只可惜斯德哥尔摩章程没有规定诺贝尔奖能在死后追赠。

亚里士多德真的可以称得上是我们理性世界的“最初推动者”,他提出的概念与流传下来的著作直到如今都还是西方科学的源泉。一开始,人们翻译他的作品,然后整理编辑,接着有人评论注解;不知从什么时候开始,也有人开始批判、驳斥他的思想,有时也会有人忽视他。不过,无论如何,这样的情况就在历史发展中不断地循环,一直到今天还是有许多人研究亚里士多德的思想,而整个人类理性也会因亚里士多德这个最初推动者继续保持其永恒的活力。任何尝试学习科学的人,无论想要如何随便对待亚里士多德的思想，到头来都还是无法不受他的影响，既无法忽视，亦不能走马看花地对待。因为亚里士多德的著作几乎涉及所有科学知识，例如天文学、逻辑学、物理学、生物学和大气科学；而他涉足未深的领域，也就是那些在他的整体知识分类系统中留下的空缺，也都成为今日特殊的研究领域，例如化学。亚里士多德对化学所知不多，化学知识的发展拥有它自己的历史，它的发展比其他学科晚了数百年，直到中世纪才从充满神秘色彩的炼金术逐渐发展成一门西方的科学。这一晚了数百年的起步，造成许多科学家不重视化学作为一门自主科学的地位，甚至到了今天，还是有许多物理学家在讨论生物学的问题时略过化学，他们认为物理学直接就能解答生物学的问题并解释生物学现象，而不需要化学这个中介。

亚里士多德虽然让我们的理性一直保持着活力，但是直到最近才有人严肃地尝试用新的观点来取代亚里士多德的逻辑及其四个公理（即同一律、矛盾律、排中律与充足理由律）。这个新的观点虽然被称为"模糊逻辑"（fuzzy logic），但是它与它的古希腊榜样一样能够让人清晰地思考，甚至更贴近现实。模糊逻辑否定了亚里士多德的排中律。根据排中律，一个陈述非是即非，就像我在中学的拉丁文课程中学到的句子"Tertium non datur"[译注：没有第三者]所说的一样。似乎真的不存在第三种可能性，因为我们只能说我们已经结婚或是没结婚，买了书或是没买，读过这本书或是没读过。不过，仔细想想还是有第三种可能性存在，我们举个例子来说明。根据亚里士多德的说法，正在阅读这个章节的人不是完全满意就是完全不满意作者的意见，没有其他描述阅读者感受的说法，这样在逻辑上虽然比较容易处理，但是现实并不是那么容易就被理论的架构框住，不是理论怎么说，现实就是那么一回事。我们每个人都能很清楚地知道作者哪一段写得好，而哪一段却显得多余。

我们很少会完完全全地赞同，也几乎不会彻头彻尾地反对，对事情的态度通常都是又满意却又不是那么满意；也就是说，虽不满意亦可接受。在所谓的现实里并不存在自亚里士多德以来逻辑学家使用的那种可以被精确区分的量，因此我们必须在现实里学着将这些模糊易变的概念——例如准确性、纯粹、满意——尽量精确化，至少要让自亚里士多德以来的逻辑还能有所根据，但是又不能失去“模糊逻辑”描绘现实的能力。

“存在‘或’不存在”这样的问法是错误的。当然，这个错误并不是到现在才被发现，如果指的是存在的“可能性”，那么“存在‘且’不存在”的情况也是会有的；亚里士多德当然不是不知道这个道理，但是这个概念在他的逻辑中只被附带提到。在轻率地指责亚里士多德给我们提供的是一个不够充分的逻辑之前，我们应该尝试更清楚地理解，为何亚里士多德会选择“或”这个概念，并且认为这个概念更适合运用在他提出的二分法中；在其二分法世界中有许多的运动，但是只存在一个不动的最初推动者。

时代背景

为了能够正确地思考，亚里士多德在分析方法中引入了“二元性”这个概念，它体现在亚里士多德对事物的二分法中。例如，他将世界区分为天与地，或是将力区分为内力与外力。稍后我们谈到亚里士多德的生平及其时代背景时，会再一次提到这个二元性的概念。

公元前384年，亚里士多德出生于远离雅典的哈尔基季基（Chalkidiki）半岛上的斯塔基拉（Stagyra），他的父亲是马其顿国王的御医，家境富裕，因此亚里士多德如愿得到父亲的支持学习哲学。古代的哲学与我们今天的哲学相比，其含义更为广泛与全面；

在古代的希腊，一个人如果想找一份不只需要灵敏手工技巧的工作，刚刚在希腊诞生的哲学就是第一选择。17 岁时，亚里士多德来到首都，为的是进入柏拉图创立的雅典学园。从学生到教师，亚里士多德在雅典学园一共待了 20 年。公元前 347 年柏拉图逝世，一方面因为无法继柏拉图成为雅典学园的负责人，另一方面因为受到赫米亚斯（Hermias）的邀请，亚里士多德到位于小亚细亚海岸的阿索斯（Assos）工作，离开了雅典。他只在阿索斯停留了两年，之后结了婚便迁往位于小亚细亚北部莱斯沃斯（Lesbos）岛上的米蒂利尼（Mytilene），他在这里为生物学研究收集了许多资料，其中不乏令人惊叹的观察记录。

不过，亚里士多德在这儿的工作也只持续了短短几年。公元前 342 年，马其顿国王腓力二世（Philipp II）征召亚里士多德到其首府佩拉（Pella）的王宫，请求他以希腊文化教育后来被人称为大帝而当时还只有 14 岁的亚历山大王子。亚里士多德接受了这份工作，并造成一段令亚里士多德的传记作者们感到痛心的历史空白。传记作者们不是很清楚，究竟 42 岁的亚里士多德带给年轻的亚历山大王子什么样的教育，也不知道亚里士多德如何看待亚历山大日后的帝王事业；能够确定的是，亚历山大在征战途中一直随身携带着亚里士多德注解的《伊利亚特》（*Iliad*）。此外，也有谣传说亚历山大曾对后来极为著名的《形而上学》①的出版表示不悦，因为他认为《形而

① 亚里士多德并没有为这本书命名。后来，当人们在亚历山大港［译注：Alexandria，亚历山大大帝在埃及建立的一座城市］的图书馆整理亚里士多德的著作时，将这本书编在《物理学》（*Physics*）之后。由于这本没有名称的著作被编列在《物理学》之后，希腊文的说法是“meta ta physica”，因此现在我们称之为“Metaphysics”。所以，“形而上学”用来指亚历山大港图书馆中摆在其物理学著作之后的亚里士多德著作所探讨的学问。

上学》只是献给他的，因此对此书出版后每个人都能轻易接触到这本书而感到恼火。

亚历山大在公元前336年继承了其被谋杀的父亲的王位，并且在即位两年后，即公元前334年，横渡达达尼尔（Hellespont）海峡，开始了他的远征侵略。尽管学生已经贵为国王，但是亚里士多德还是决定回到雅典建立自己的学园并教授哲学。他在教学或与学生讨论哲学时，习惯把手放在背后并且逍遥地绕着花园里的廊柱散步，因此今日我们将以亚里士多德哲学看待世界的人归入亚里士多德学派，也就是所谓的“逍遥学派”。虽然现在我们已经很少背着手踱步讨论哲学，但是某种角度上，我们每个人都属于“逍遥学派”，因为亚里士多德的思想一直在追求知识的道路上引导或影响着我们。

当亚里士多德还在世时，学生们注意到他们的老师有一个奇怪的举动，他们发现亚里士多德经常在休息时拿着一条装有热油的软管放在胃部上方；据猜想，亚里士多德是想用温度来转移对疼痛的注意。事实上，根据记载，亚里士多德的确死于胃病，公元前322年，他在他的学生亚历山大大帝逝世不到一年之后离开了人世。亚里士多德的敌人们一直在等着国王逝世，因为唯有亚历山大大帝过世，他们才敢动国王的老师。这些反对马其顿的希腊人攻击亚里士多德的学说，并指控他亵渎神明。面对这项指控，亚里士多德决定离开雅典，“不给雅典人第二次对哲学犯下罪过的机会”。第一次即雅典人在公元前399年仅凭着有破绽的理由判处苏格拉底服毒酒自杀。亚里士多德最后逃到埃维亚岛（Euboia）上的哈尔基斯（Chalkis），并在此终老。

雅典在苏格拉底被判处死刑时——也是柏拉图开始撰写对话录的时代——已经不再民主了，政治权力渐渐由北边的马其顿掌握;后来的亚历山大大帝正是以马其顿为基础,向东击败了波斯帝国,并征服了南方的埃及。在指出这些政治事件的同时,我们也必须知道,正是在这个时代,由于累积了许多天体观察的经验,希腊人渐渐地认为诸多天体秩序井然地排列在地球上方的宇宙中,虽然这个宇宙的秩序还有待解释。对于地球上的事物,从公元前4世纪起希腊人就一直借由"四"这个数字来理解,"四"甚至被毕达哥拉斯(Pythagoras)学派视为神圣的数字;①亚里士多德受到毕达哥拉斯学派数字理论的影响,例如在他的逻辑中即提出了四个公理。事实上,在亚里士多德之前就已经有许多希腊哲学家将"四"这个数字应用在他们的思想系统中,例如恩培多克勒(Empedocles)就提出"四元素说",他认为宇宙中各式各样的事物都是由火、土、水、气四种元素依不同的比例混合组成的。医学之父希波克拉底(Hippocrates)则提出"体液学说",它们分别是血液、黏液、黑胆汁与黄胆汁;根据此学说,人类是由这四种体液组成的,它们的平衡则是健康的前提。此外,柏拉图也提出四种人们应该遵循的基本德行:勇敢、智慧、正义及节制。顺便一提,若是不论其神秘主义的部分,我认为这些以各种数字为基础所构成的体系事实上提供了一个完整一致的宇宙观;关于这个观点,我们还会谈到,届时读者或许就能更明白我的意思。②

---

① 毕达哥拉斯学派对于1、2、3、4这四个数字之和等于10的现象十分着迷,并且崇拜以下的形式,也就是用以下的点排列可以组成一个每一边具有四个点的正三角形:

② 关于数字的重要性的其他例子,请参考第三章第三节,对开普勒而言,基督教教义中三位一体的观念具有极重要的地位。

亚里士多德的学说中与“四”这个数字相关且对后代影响较大的，就是我们今天称为“因果性”的概念。他以四种原因解释所有事物或事物的状态；换句话说，他用这四种原因来描述事物的变化或运动。第一种是“质料因”（causa materialis），它指的是我们为了制成某些东西所需的原料或物质；例如某些汽车的部位所需要的铅金属。第二种称为“形式因”（causa fomalis），它指的是某物应该获得的外表形式；在我们的例子中相对应的就是车子造型的设计图。亚里士多德将第三种原因称为“动力因”（causa movens），它涉及实际的推动因素或是蓝图的具体执行；在车子的例子中，动力因所指的就是那些工人，他们实际负责装备工作，将各个部分组合成一部完整的车子。第四种原因当然是最重要的，它与企图或目的有关，正是它促使我们去研究事物的因果性，称为“目的因”（causa finalis），它描写存在事物的意义与目的；对车子而言，目的因就是指汽车公司推出某特定车型的计划。

人物侧写

只要我们有意研究亚里士多德的科学，就应该牢记亚里士多德所谈的事物都与他提出的四个原因有关。例如，当我们研究一块石头的运动或是一个球体的抛物线轨道时，我们考虑的只是那些影响物体运动的外力；也就是说，我们追问的是所谓的动力因。然而，这个原因在亚里士多德的“四因说”中是最不重要的，让亚里士多德更费心思的无疑是被现代科学排除在研究范畴之外的目的因。现代科学想要了解的是运动如何进行，亚里士多德则想知道运动为了什么原因或目的而进行。因此，要想了解亚里士多德的这个思考重点，就必须改变对亚里士多德的嘲讽态度，尽管他提出了不少在当今物理学家看来是“错误”的理论。此外，他那个“不动的推动者”概念也暗示了所谓的“运动”必须要有更广泛的含义；例如，对运动的了解不仅仅是清楚地描述或正确地预测标枪的飞行轨道。

不过，以这样纯思辨的方式来理解亚里士多德可能太理论化了，亚里士多德本人并不见得会喜欢这样纯粹的理论；对他而言，最重要的知识来源还是那些直接存在于眼前而能够被感官知觉的事物。事物本身才是最基本、最重要的，而不是那些可能存在于事物背后的种种性质或原因。亚里士多德对他的老师柏拉图在雅典学园里教授的那个能脱离事物而存在的纯粹“理型”（idea）以及利用它解释事物本质的整套说法，一点也不感兴趣。柏拉图将思考的重心放在天空，企图在那儿找到不灭的永恒，例如椅子或鱼的“理型”；然而，不同于他的老师，亚里士多德却将注意力放在地球，或者说地面上。他更关心存在于自然中的事物本身，比如说，他称人类为一种“政治的动物”（zoon politikon），因为人类的行为是以所有人类的幸福为指导原则的。因此，人类自身必须解决各种争端，并和睦相处，而不能如柏拉图所主张的：依靠一个由理性创造但人类自己都还无法全面理解的最高价值来指导人类的行为。

在实际的研究中，亚里士多德先自己观察那些出现在他眼前的事物，其次再将他从与猎人和渔民谈天之中获得的知识与他自己的观察详细地整理记录下来。例如，他从乡村中打听到有关猎鹿的事情；根据猎人的说法，他们利用“吹奏笛子和唱歌”来引诱野鹿，待野鹿因“陶醉”于美妙音乐而渐入梦乡时，就可以轻易捕捉到它们。同时，亚里士多德也提到一种有 6 支叉角的公鹿，今天我们便以记录者的名字称这种鹿为“亚里士多德鹿”。除此之外，还有一种以亚里士多德之名为其命名的鲶鱼（Parasilurus aristotelis)，因为亚里士多德已经清楚地记录了这种鲶鱼的特殊行为：

> 比起其他淡水鱼，雄鲶鱼更致力于照顾它的幼鱼。雄鲶鱼会先占据一个能够聚集许多卵的地方等待雌鲶鱼产卵，产卵后的雌鲶鱼就会离开所产的卵；相反地，这时雄鲶鱼就会像是这些卵的守卫一般，守护着卵和刚孵化的幼鱼，避免它们成为其他鱼的食物。就这样，雄鲶鱼必须守候 40～50 天，一直到所有幼鲶鱼成长到有能力自己躲避其他的鱼。只要鲶鱼守卫着幼鱼，渔民就能知道鲶鱼在哪里产卵，因为雄鲶鱼为了吓阻其他企图偷卵的鱼，会急速地呼吸，借以发出“隆隆”的声音。雄鲶鱼是如此体贴地守护着鱼卵，因此渔民们只要将原本在深水中沾有鱼卵的根状物拉到浅水处，就会将雄鲶鱼引诱过来。然而，即使是如此，雄鲶鱼还是不会离开鱼卵，它会以为是其他的鱼来偷卵，因而努力尝试捕捉在附近游走的鱼；也就是因为这样，雄鲶鱼很容易将钓饵误认为偷卵的小鱼而成为渔民的捕获物。不过，即使雄鲶鱼知道自己已经咬到钓钩，它也不会放弃它守护的卵，反而会用锐利的牙齿咬断钓线。

一直到 19 世纪，生物学家才发现原来亚里士多德不是在编故事，而是将真正的观察结果记录下来。1906 年，为了表彰亚里士多德，生物学家才开始以他的名字为这种鲶鱼命名；如果有人要因此恭喜他，他可能也会搞不清楚缘由，因为他还没有近代分类学的物种概念。亚里士多德很可能知道“物种”这个概念，事实上我们今天定义的“种”就是由亚里士多德的概念发展形成的；不过，当亚里士多德提到物种时，他指的大约是生物界展现出的组织秩序下的一个等级，他的主要目的是揭示各式各样生物的连续关系。① 现代生物学者使用物种概念的目的是尽可能地区分物种，也就是找出不同物种的差异界线，例如我们今天常说的大自然为防止物种任意交配而设下的生殖障碍。不同于现代的生物学者，亚里士多德怀着大自然具有连续性的信念，尝试找出这个连续阶梯中的每一阶，“大自然中所有的物质，从无机物一直到植物、动物，一连串、秩序井然地在这个连续阶梯上占据着属于自己的位置”。他的这个概念成为后来“自然的阶梯”（scala naturae）概念的基础，直到 19 世纪更深化的进化概念取代它之前，这个概念一直指导着人们对大自然的研究。我们可以想象一下，如果亚里士多德能像后来的达尔文一样有更多的机会到各地考察旅行，人类思想的历史又会是怎样的光景？

当然，我们也别忘了亚里士多德曾旅行过许多地方，所以才留下如此丰富的观察记录。这些丰富的记录有时也值得我们思考，毕竟亚里士多德并没有显微镜或今天我们认为理应有的设备，仅仅靠着他的双眼观察就能拥有如此丰硕的成果。不过，正因为他只靠着裸眼观察，所以他的观察很明显受到眼睛辨识能力的限制。其天马行空的想象力并不满足于眼睛有限的辨识能力，因而做出许多错误的分类，其中有些还遭到极力嘲讽，例如我们在脚注中提到的例子：心脏用来思考，大脑则用来冷却血液。在此就不再继续

---

① 亚里士多德基本上将生物区分为“有血”和“无血”两类，血液对他来说是如此重要，以至于他视充满血液的心脏为思考的器官，大脑的功能则是冷却血液。顺便一提，若以心理学的角度来看，亚里士多德的这个“错误”倒也还有一点意义，至少今天我们能了解为何我们会说用心来了解，而用理智来控制情绪使自己冷静。尽管亚里士多德留下了不精确的心脏解剖学知识和错误的心脏生理功能分析，但是他的学说还是产生了指导作用，一直到血液循环［译注：哈维（William Harvey）于公元 1628 年发现血液循环］被发现为止，影响着心脏研究几乎 2 000 年。

讨论这些错误了,重要的是,亚里士多德到底提出了什么新的基本看法,而这些概念在后来完全被我们视为理所当然。我们来看看这个基本的例子。

亚里士多德将自然界视为一个整体的单位,也就是一个“自然的阶梯”,同时他也认为自然界显示出一个以“二”为单位的分类形式。曾经人们认为物质①是生物界的基本组成单位,但是无机物也是由物质构成的,因此对生命而言,应该还必须具有一些特质,一些使有机物的物质基础发展成特有复杂之生命形态或更复杂之行为模式的特质。亚里士多德选择了一个既困难又通俗的概念“eidos”来指代这个生命的本质,这个概念之所以通俗,是因为柏拉图也正是使用这个词来代表其学说中的永恒理型(柏拉图肯定希望这个词的意义能一直被沿用下去,但是谁料到他的学生却破坏了他的希望)。此外,“eidos”这个词的困难之处在于,当亚里士多德提到它时,我们不知道该如何翻译。

如果看看今天的生物学,就可以发觉亚里士多德的二分法原则早就已经内化为我们思考方式的一部分。比如说,亚里士多德认为,生命是“物质”加上“eidos”;我们则认为生命是“分子”加上“信息”,或是“硬件”加上“软件”,或诸如此类。当代著名的生物学家恩斯特·迈尔(Ernst Mayr)自20世纪60年代起即建议将亚里士多德的“eidos”理解成现代生物学提出的“遗传程序”概念,这个建议听来似乎非常贴切,不过我却认为这个说法并不是那么合适,

① 亚里士多德用希腊字汇“hyle”来指称物质,后来西塞罗(Cicero)将其译成拉丁字汇“materia”。德文中的物质“materie”,正是来自这个拉丁字汇。在德文中,我们通常用“物质”这个词来表示那些既不具有生命亦没有灵魂的东西,不过自从量子力学的观念发展以来,这个说法是否还合适的确值得怀疑。

因为我们的下一代或者再下一代，可能就不再能理解“程序”这个词用在生物体上是什么意义了。对他们而言，程序可能只是在机器上运转的语言，它不再具有人类的知觉或是其他类似的特质；生命虽然可以回溯到某种形式的程序，却不能说生命就是单纯地被这个程序确定。

我们要知道，至少有两种理由使我们无法确定亚里士多德的“eidos”究竟是什么。第一个原因是，究竟“material”是指什么？虽然它听起来和德文的“物质”（materie）这个词是那么的相像；相信亚里士多德指的一定不是如今被我们称为物质或材料的那些无生命的东西，在他有机的世界观里，每个物体至少都拥有一个灵魂。第二个原因是，亚里士多德的“eidos”所指的不只是复杂的自然秩序，它也企图反映出大自然中那明显摆在我们眼前朝目的发展的特性；亚里士多德信赖自己的感官能力，借由感官的帮助，他能直接认识自然的内涵与意义，尽管他也因此犯下许多错误（特别是在物理学方面）。[①] 因此，若我们仅以现代科学的眼光来看待亚里士多德的学说，的确无法再了解它，因为现代科学引以自傲的就是其不受感官表象限制、能直接研究隐藏在表象之后本质的能力。自

---

① 想让亚里士多德出丑只需指出以下的错误推论即可。亚里士多德推论：有两个自由落体，其中一个是另一个的两倍重，则较重的物体会以两倍的速度落下。当然，今天我们这些事后诸葛亮从学校的物理课中就知道，地球的重力对每一个物体的作用都是一样的（与质量无关）；不过，以前的人的确也观察到羽毛会比小金块更慢落到地面，当然我们后来也知道，这是空气阻力造成的结果，但是仍然不能断言亚里士多德丝毫不考虑这样一个影响落体运动的外在因素。亚里士多德只是对运动的目的特别有兴趣，他认为这个目的是物体自身规定的。我们的确可以提出异议指责亚里士多德偏重目的性的思考方式，只是要在批评之前先正确地理解亚里士多德的理论系统。可是，有谁会花工夫这么做呢？

培根以来(请参见第三章第一节),新一代的研究者便多多少少被阻止去提出“为了什么目的”这样的问题。如今,自然科学研究者已经很久没有去思考自然的目的性了,任何现代的科学概念也都不再包含任何形式的目的性概念。在这样的情况下,几百年来都没有人去探究“eidos”究竟是什么意思,除非我们愿意一反流行趋势,重新提出问题去追问我们的一切所见所闻,也就是一切事物存在或现象发生的目的。

随着自然科学的发展,我们一定会再次探讨到目的性这个问题,不过现在必须先抓住亚里士多德学说的重点,也就是感官知觉的事物或现象是包含整个世界的。虽然亚里士多德将大自然中存在的物体区分为生物和无生物,但这并不是说无生命的物质就没有一个目的;对亚里士多德而言,任何一块石头,任何存在于自然中的物体,都一定具有一个致力追求实现的目的。目的的希腊文是“telos”,亚里士多德由这个词又创造了另一个词来指称生命的原理,即“Entelechie”;所谓生命的原理,就是任何一个物体都能实践其内在的计划,并朝向它在宇宙中应有的位置前进。亚里士多德感兴趣的运动并不是由任何外在形式的影响(物理力)所引起的,而是由物体内在的驱动力所引起的,这个驱动力使得每个物体占据它在自然界中应有的位置。在自然界中,一小块石头的位置在下,所以像小石块的物体就会以直线向下落至所属的位置;此外,诸如火和气等气态物质的自然的位置在上,所以火焰会向上冒蹿。

亚里士多德在《物理学》中确定了只有火、土、水、气四种元素拥有其自然的位置,其他的物质都是这四种元素不同程度的组合,这些组合物运动的目的可以通过包含于四种元素中的驱动力不同程度的组成来理解。例如,水的部分可使物体相当程度地向下运动，气的部分则驱使物体向上提升。亚里士多德正是从这样的系统中发展出他的动力学，我们不想在这里继续深入其动力学内容，而是想谈谈另一种运动，一种能诱使我们去讨论化学的运动，尽管亚里士多德的讨论很少涉及化学的领域。这种“运动”是发生在物体的组成改变之时，在此只举出两个人类自古就很熟悉的例子，即盐溶解于液体和木材燃烧形成火。这两个例子说明了元素是能够被运动转化的，它的原因就是我们之前介绍过的“形式因”。当然，这样的变化必须以一个不动的推动者为基础，在这里亚里士多德选择了一个阴性名词“prima materia”（元物质）来指称这个基础，这个“元物质”就是后来的炼金术士一直想要提炼出来的物质。亚里士多德试图以元物质和四种基本元素等概念来说明四种元素所有可能的交互结合与运动，用现在的话来说，就是以物理学的方式来理解化学反应，即化合物质的产生或分解过程。亚里士多德虽然试着将物体区分为松散的混合和紧密的聚合，例如他说：“只要在组成成分中还含有可辨识的小粒子，就不能说这是一个‘紧密的聚合物’［译注：即化合物］……更确切的说法是，在所谓的‘紧密的聚合物’中，所有的组成成分都必须是相同的，因此任何一部分和整体都是相同的。”但是，亚里士多德不敢再继续追问这些小粒子或不能再分割的最小粒子究竟是什么。亚里士多德似乎一直不同意留基伯（Leucippus）和德谟克里特（Democritus）的原子论，根据原子论，世界是由不可再分割的“原子”和空间构成的。亚里士多德当然也提出一套他自己的分割自然物原则，他称之为“minima naturalia”（最小颗粒），请不要和另一个由他同时代的学者提出的概念“minima naturalia”混淆。亚里士多德的重点不是寻找个别粒子单位间的空间，而是着重于物质的连续性，我们可以将这个连续性理解为推动运动、造成变化的元物质。

似乎正是亚里士多德引进的二分法阻碍了他提出有关化学的基础理论,他提出的二元性指出天体与地上的物体本质上是不同的,天体的运动服从其他法则。例如,他说:“我们称天体的本质为以太(ether),因为它不断地做圆周运动[译注:根据亚里士多德的说法,地上的物体是做直线运动的],以太具有一种与我们熟知的四种地上元素不同的本质,既神圣又永恒不朽。”亚里士多德要么像同时代的学者一般进行抽象思考,要么就只是处理感官能直接知觉的事物,似乎未留给第三种思考方式任何余地。现在我们很清楚地知道,化学研究正是处于单纯的观察和高度的抽象之间;在某种程度上,抽象能力在化学研究中是必需的,不过亚里士多德这个伟大的希腊学者还是把这第三种可能的研究留给了后人发展。

还有一件不可不提的事:亚里士多德绝对不只是因其丰富的知识和令人印象深刻的理论体系而被称为现代科学之父和伟大的哲学家,还因为数百年后阿尔伯特(之后我们会再谈到)及其学生阿奎那(St. Thomas Aquinas)的功劳。他们两人为自己也为整个基督教世界重新发现了这位伟大的非基督教思想家,并致力于调和亚里士多德与基督教的思想;如果不是这两个人,也许亚里士多德的学说会在中世纪神学家的评价中——相对于柏拉图的思想——退居次要的角色。果真如此,谁知道我们的历史又会变成什么样子?不过可以确定的是,一定不会是我们在后面章节中叙述的那个样子。

第二节　《至大论》与炼金术:一千年的大空当

想理解亚里士多德及其科学当然是一件困难的事情,为了消化它，每个人都需要一个喘息的机会；科学家的确也让自己休息了好一阵子，至少乍看之下就是这么一回事。大约在亚里士多德之后 1 000 年，阿拉伯世界才出现了两个真正能够吸引我们目光的人物，这两位科学家便是我们下一节的主角。在下一节，希望通过介绍这两位科学家的事业，我们能对阿拉伯的学术世界多一些认识，并且在阿拉伯文化中找到西方中世纪所承继且一直到现代都还是西方文化主要内涵的西方古典文化传统。中世纪时，欧洲人通过大翻译运动重新接触古希腊的文化，在阿拉伯世界接受了西方古典文化再将它回传到欧洲之后，欧洲和后来的新大陆才又逐渐产生一批有趣的人物；正是经过这批人的努力研究与发展，今天我们熟悉的科学才慢慢地发展成形。虽然这个科学发展所展现的历史过程并不是唯一的道路，我们还是可以在历史进程中发现其他的建议和可能的替代选择，但是在这里我们还是不想免俗地将焦点放在当时的胜利者身上，无论他们的科学理论在今天是否还能享有那样高的评价。这样的考量值得我们将注意力集中在下面的人物，看看他们是否在所有的可能性中为我们指出一条最好的发展道路，或者将我们引至错误的方向。

当现代科学在中世纪晚期和文艺复兴初期形塑之际，人们为了接受这个新的思想，必须克服流传已久的世界观和熟悉的思考模式，有时也正是这些传统或历史背景会被现代人轻率地讥讽为愚蠢幼稚。著名的例子就是一直到今天还经常被提到的托勒密的宇宙模型，在托勒密的体系中，地球静止不动且位于宇宙的中央，四周是绕着它旋转的诸天体；此外，还有炼金术士致力于转变或精炼元素的工作。在说到这两种研究运用的思考方式之前，应该先提醒大家：当我们说某种思考方式犯了错误时，我们并没有将来龙去脉说清楚,事实上现代科学曾花了极大的心力澄清这个不清楚的细节部分;正因为我们不自觉地以现代科学的眼光看待过去的理论,所以能毫不费力地指出过去的错误。不过,有句话怎么强调都不为过,即科学的历史比我们熟悉的科学哲学重构出来的过程还要复杂许多;就像哲学家卡尔·波普尔(Karl Popper)带给我们的那个颇受欢迎的概念所鼓吹的一般:科学的概念可以在历史中不间断地追溯至遥远过去的直系血亲。另一方面,我们也可以随时轻易地区分出胜利者如哥白尼和失败者如托勒密。

当然,我们会在后面的章节再详细讨论哥白尼的学说,但是要理解哥白尼就必须先对托勒密理论体系的内涵有较多的了解,不能只是知道托勒密的体系无法对宇宙提出充分的解释。同样,对炼金术也有重新认识的必要,我们不能将炼金术士的努力视为毫无价值,认为他们只是想把普通的金属炼制成金子(严格说来,炼金术根本不是这么一回事)。在我们真正讨论托勒密和炼金术之前,还应该再将一段历史的空当补足,因为在亚里士多德和那些阿拉伯学者之间还有许多重要的学者,他们的工作内容从各方面来看都是科学历史中的重要资产。

历史的空当

亚里士多德逝世那一年,欧几里得(Euclid,公元前330—前275年)正好出生,他汇集了希腊古典数学的诸多定理,出版了《几何原本》一书,奠定了几何学的基础,因此到今天我们还是将这个领域称为“欧氏几何”。根据欧几里得的定理,三角形的三个内角和是180°,平行线永远不会相交,这样的说法一直持续了2 000年左右,直到数学家想到还有其他的可能性看待空间及其形成物。然后,又经过半个世纪之久,才有物理学家——特别是爱因斯坦——看出"非欧几何"中的另类观点对我们的世界确实有意义。非欧几何中陈述的性质确实属于宇宙实际性质中的一种，其中有弯曲的空间，在这个弯曲空间里的平行线的确会相交，而三角形的内角和有可能大于或小于180°。

欧几里得之后的著名人物是阿基米得（Archimedes，公元前287—前212年），他最为人津津乐道的就是在浴缸中发现浮力原理的故事。他在洗澡时想通了如何鉴定出王冠究竟是纯金还是由含铅的合金制成的，①当他突然想通这个道理时，嘴里还大叫着"Eureka"［译注："Eureka"为希腊文，即"发现了"之意］。后来的伽利略为了了解各种在运动中产生作用的力，还曾经讨论过阿基米得有关浮力的著作《论浮体》。此外，对于科学的批评者来说，阿基米得是一个非常特殊的例子，因为似乎没有一位科学家如此努力地钻研战争的器具，自觉地将技术上的才能完全使用在毁灭的目的上。科学技术产生毁灭性的力量似乎不只是现代科技才有的问题。

阿基米得之后出现了希帕克斯（Hippparchos，公元前190—前127年），他是第一个将几何学应用于解释宇宙天体的科学家，因为应用几何学估算出地球到太阳的距离而受到后人的称颂。希帕克斯之后不久出现了一位从根本上改变我们的历史和纪年方式的人

---

①　当一个物体被放到装满水的盆子里时，会有水溢出来，溢出来的水的体积和放入的物体大小有关。例如，同样1千克的铅比铝的体积小，如果将这两种金属分别放入水中，铅排出的水会比铝排出的水少。阿基米得受国王的委托，在不破坏王冠的前提下鉴定王冠是由纯金制成，还是掺杂其他较便宜的金属。于是，阿基米得就比较王冠排出的水量和与王冠同重量的纯金块排出的水量，如果王冠排出的水的体积较大［译注：铅的密度较金小，即同样是1千克的铅的体积比金大］，就可证明王冠不是纯金的。

物,即耶稣基督。在耶稣基督出生532年之后,人们才正式确定他的出生年代,将他出生的那一年称为公元0年(即公元元年)。关于这个"0"年有两点必须补充说明:首先,尽管大约在400年前开普勒就已经"证明"了公元1年时耶稣就已经是7岁大的小男孩,照今天的规定都是该上小学的年纪了,但是直到今天我们还是一直沿用这个错误的纪年方式。第二点补充和开普勒修正公元1年这件事有关。当教会确定开始使用新的纪年方式时,"0"这个概念才刚刚在印度而不是在西方发展起来,那时的基督教神学家并不理会这个异样的数字,因为它似乎不代表任何数值;这些神学家就和每一个不是数学家的人一样,从1开始数数。当然,还有一个理由不把0而把1放在首位,因为首位应该是基督教中那唯"一"的神的位置。

基督教在其创始人出生整整300年后,才因君士坦丁大帝受著名的格言"在这个标记之下,你将获得胜利"的鼓舞宣布信奉而获得正式的承认[译注:君士坦丁在一次重要的战役前夕梦见天使带着十字架告诉他,如果他以十字架为名出战,将会获得胜利。后来君士坦丁的确大获全胜,所以他在获胜之后不久便宣告基督教为合法宗教,并受洗入教]。正是因为君士坦丁大帝的这个决定,古代的"四"从此失去了重要性,基督教文化把这个数字减一,以"三"取代"四"的地位,并以各种形式表现出来,比如"圣父、圣子、圣灵"三位一体和"信、望、爱"三种美德。听起来虽然很不寻常,但是基督教文化的科学创造力就在这个由四到三的微小转变中丧失了。公元400年时,世界的总人口数大约是两亿,但是发现零和负数的并不是拥有希腊文化传统的西方人,而是东方的印度人。后来的阿拉伯人亦逐渐表现出他们在科学上的洞察力,在我们泛称为阿拉伯的这个区域里逐渐形成一种炼金术。

此外,伟大的阿拉伯数学家花拉子米(al-Hwarizmi)在公元800年时就已经系统地寻找解方程式的方法,如今我们熟悉的术语“互除法”(algorithm)和另一个来自希腊字源的概念“对数”(logarithm)并没有关系,“互除法”这个词是源自于其拉丁化的名字[译注:“al-Hwarizmi”在本书中并没有“k”这个字母,但一般书籍中都是写成“al-Khwarizmi”。另外,互除法这个词是来自花拉子米一本书的书名“Algorithmi de numeroIndorum”,意为“花拉子米论印度人的数字”,其中“Algorithmi”是“al-Khwarizimi”的拉丁文,后人便用书名的第一个字同时也是作者的名字来称呼这个数学方法。今天我们使用的数字其实是印度人发明的,但是西方人是通过阿拉伯数学家花拉子米的书才知道的,因此误以为是阿拉伯人发明的数字,后来人们就习惯地称之为阿拉伯数字了]。

现在让我们先来看看那些由阿拉伯科学家发展起来,今天却声名狼藉的研究领域。

炼金术

现代的科学史学者从不顾忌将炼金术士说成是一群被错误理论误导的科学家,这些人依照自己的方式从事实验,试图把铅变成金。这种鄙视炼金术的态度一直到科学史家在档案室中发现新的事实才逐渐转变,档案中的资料显示,事实上伟大的牛顿在炼金术上花费的心力比他花在赖以成名的力学和光学上的还多。或许炼金术的基本思想还会再次具有现实意义,只要我们学会将其基本概念放在正确的基础上;就像近代的物理学家发现的那样,将它运用到藏匿在表象之后的“现实”层面。

炼金术的基本思想确实和转换变化有关,而在所有的尝试中真的也有将贱金属变成贵金属的企图。然而,炼金术毕竟并非只是把铅变成金这么单纯的事(倒是在今天,我们几乎毫不费力地就把纸转变成金钱),炼金术士思考的重点涉及亚里士多德提到的元物质。他们认为,所有的物体都含有元物质,炼金术的目的就是要将元物质从物体中释放出来;换句话说,炼金术士是想办法促进以元物质形式存在于每个元素中(当然也包括铅)的金成分的成长,进一步让它显露出来,他们最终当然还是想要把金释放出来。

炼金术士生活的年代盛行着一种有机的概念,人们认为金属能够在地球的子宫中孕育成长,或者适合的射线(更正确的说法是天体的位置)亦会促进金属的转变。在炼金术的理论中,元物质是黑色的,根据这个说法,有人推论炼金术(alchemie)这个术语是源自埃及文"kheme",即黑土;此外,也有人回溯至希腊文化,认为炼金术来自希腊文中表示金属浇铸的字,即"chyma"。不过,无论字根的来源是哪一个,都同样拥有一个阿拉伯文冠词"al",组合起来就是所谓的"alchemie"。事实上,这个阿拉伯文字首已经暗示出阿拉伯世界在继承与传续希腊文化中扮演的中介角色[译注:另有一派关于字源说法,即阿拉伯文炼金术的拼法为"al-kimya",而"kimya"的读音类似闽南语"金液",这是因为阿拉伯人与福建人通商时将这一术语带到了西方]。此外,我们要说的是,前面提到的这个有机概念还给炼金术士提供了无限的联想,他们想从无机物创造出生命,甚至想创造出"化学人"。关于这个概念,我们较熟悉的说法是在歌德的《浮士德》中提到的"人造人"(homunculi)[译注:"homunculus"的复数形式为"homunculi",拉丁文的意思是小人,它是炼金术中一种关于人造人的概念。炼金术士认为,把精液、尿液和血液(血液中的营养)放在密封的玻璃瓶中,就可以培育出拇指般大的小人。《浮士德》中提到的人造人是浮士德的助手利用化学方法制造出来的人]。炼金术士最终的目的是希望摆脱物质世界的形式,追求精神上的本质;换句话说,炼金术士企图将灵魂中的金质释放出来,借由灵魂金质的释放使炼金术的信徒和掌握这个秘密的人达到更高层次的存在。

在炼金术的哲学系统中,金(像太阳一样)代表的是永恒与不朽(例如金子不生锈);相反地,铅则是象征短暂与非永恒,因此被视为具有和土星同类的性质。土星的希腊文为"Kronos",而"Kronos"后来被写成拉丁文"Chronos",因此,以其为字首的字都表示时间的流逝或所有物体与人类的非永恒性。根据炼金术士的术语,他们称自己为"真正的哲学家",他们这种试图把铅转变为金的工作就是在尝试克服短暂、获得永恒。换句话说,炼金术是人类企图战胜时间限制、自己做自己主人而付出的努力。炼金术士希望自己成为创造者,前面人造人的尝试就是个清楚的例子;当然,他们同时也希望运用这种能力来理解自然的秘密,并且促使自然完美地运作(控制自然),我们在文艺复兴时代的帕拉塞尔苏斯(Paracelsus)身上还能再次看到这个传统。总而言之,炼金术是人类在尝试理解自然、控制自然时选择的一条不寻常道路,至少他们处理的不是(或不再只是)那些只具纯天然性质的事物,如面包、酒和衣料。

最后我们要再次强调的是有关炼金术士的工作态度。根据炼金术的理论,使黑色的元物质发生转变的关键在于是否拥有催化剂,这种催化剂被炼金术士称为"哲人石",炼金术中最困难的部分就在于炼制哲人石。从历史上流传下来的数量惊人的配制哲人石配方一事,就可见炼金术士无视一次次的失败仍坚持自己信念工作的精神。

《至大论》

当阿拉伯炼金术士和今天的西方科学家一样热衷于科学研究时，基督教世界的科学创造力则进入近乎休眠的状态。这时的基督教世界并没有花费很多心力去研究外在于人的事物，例如世界或宇宙的构造，他们并没有积极建构新的概念体系去解释人们对于自然现象提出的各种问题。他们的世界观承袭了希腊文化圈中埃及人托勒密（Ptolemy，约 90—168 年）的宇宙体系，这个体系在公元 200 年左右托勒密出版的第一卷天文学手册中就确定下来了；在他的宇宙模型中，地球是静止于宇宙中心的，其他的天体则环绕着地球旋转。由于这个模型不仅符合美学原理，也能解释人类眼睛观察到的天文现象，因此数百年来一直能令人类的理智满足，同时也能满足教会当权人士的要求。

然而，为何健全的人类理智需要一个静止于宇宙中心的地球？答案其实很简单，因为当我们每天以眼睛观察太阳的运行并满足于对这个所见现象的直观描述时，实在很难想象不是太阳绕着地球转，而是我们所在的地球绕着太阳转；毕竟，太阳真的就如同我们平常所说的一样，从地面升起，又降落于地面。

当然，不只是我们自己的眼睛让我们相信地球是静止的宇宙中心，基督教的《圣经》同样传播着这个概念；虽然《圣经》只是以间接的方式表达了这个概念，但重要的是教会强迫人们接受这个观点。在《摩西五经》之后的《约书亚记》中记载着以色列子民与亚摩利人的战争，当白天过去、日近黄昏时，约书亚就向耶和华祷告："在以色列人眼前说，日头啊，你要停在基遍……于是日头停留……直等国民向敌人报仇……日头在天当中停住，不急速下落，约有一日之久。"［《约书亚记》第 10 章的 12 ~ 13 节，译注：此段翻译取自联合圣经公会出版的新标点和合本《圣经》]。

因为“停止”这个命令只有在事物移动时才有意义，所以这段话很难不让我们推论出《圣经》的看法也是和我们眼睛所见的一样，即太阳绕着不动的地球转。在这两个因素的影响下，后来的基督徒和早期的天文学家都把地球放在其宇宙模型的中央，下面我们将看看由托勒密提出并主宰天文学千年之久的宇宙模型。托勒密的原名是克劳迪欧斯（Claudios），公元170年逝世于上埃及的托勒密这个地方，因此我们一般称他为来自托勒密的克劳迪欧斯（Claudios aus Ptolemaios），在德文中我们习惯以拉丁化的地名托勒密（Ptolemäus）来称呼这位伟大的天文学家。

托勒密曾在亚历山大港的大图书馆工作，他为后代留下大量的著作，其中有一本名为《占星四书》（*Tetrabiblos*），这是一本在基督教以“三”为重心的思考方式普遍之前、以古典的“四”为基础写的介绍星座意义的书籍。另有一本名为《和声》，则可视为第一本处理音乐理论的手册，这本手册在后来开普勒“倾听”宇宙的乐章时产生了不小的影响。托勒密甚至研究过光的折射，并且写下第一本光学专著《光学》。虽然这些著作内容极具原创性，但是光彩却全被其著名的13卷天文学巨著掩盖，这13卷巨著记载了观测天体所需的“重要技术”。这部作品的希腊文书名可能简称为《重要技术》（*Megistetechne*），后来阿拉伯人翻译了这套书，并将原标题修饰过后加上阿拉伯文的冠词“al”，因此我们可以在“Al midschisti”（伟大之至）的标题下找到有关托勒密行星运动模型的论述。中世纪时，人们从这个阿拉伯字造出一个字，即“Almagestum”，后来又被简称为“Almagest”，这也就成了今天《至大论》的书名[译注：一般我们说它的原书名是“*Hemegiste syntaxis*”，意思是“当时天文学知识的重要总结”。原标题中的“megiste”可以解释为“重要”，也可以解释为“伟大”。阿拉伯人可能误解了原标题希腊文的意思，将“megiste”倾向解释为“伟大”，因此后人才认为阿拉伯人将这13卷著作推为“伟大之至”，这也是中文译名为《至大论》的原因]。

托勒密想在《至大论》中强调的其实不只是宇宙与天体的几何模型，重点更在于利用这个模型来解释当时所知的7个“行星”的运行轨道；这7个星球除了太阳和月球之外，还包括土星、木星、火星、金星和水星。这位来自埃及的克劳迪欧斯为自己设定了一个非常高难度的任务，因为他想把前辈天文学家记录下来的所有天体运动都用他的模式去理解，但是这有什么难度呢？对此，我们要了解托勒密面对着两个流传已久、被人深信不疑的观点：首先，地球必须静止地停在宇宙的中央；其次，天体的运行轨道必须是正圆。关于这两点，人们还是信赖自己的感官能力，更何况还有亚里士多德的哲学作为基础，因此托勒密在这两个概念上并没有什么建树。不过，任何人在同情托勒密因为受到传统的束缚而窄化了自己的视野之前，至少也要先知道，托勒密究竟是用什么方法来“拯救”那些无法用旧体系解释的天文现象的。

比起今天许多自以为是的专家，托勒密很清楚自己面对的困难。他知道“行星”不可能在一组同心圆的轨道上运行，为了“拯救”这个现象，他提出所谓的“本轮—均轮”宇宙体系。根据这个体系，“行星”本身并不是以地球为中心旋转，而是以一个假想点为圆心，环绕着它做正圆运动。这个“行星”所走的圆就是所谓的“周转圆”(epizykel)，也就是“本轮”；而这个“周转圆”的圆心再以正圆轨道环绕着地球，此二正圆轨道即为“均轮”。

不过，即使托勒密将“均轮”的轨道视为正圆，还是无法用这些正圆轨道的相互关系解释一些“不规则”的天文现象，例如“行星”运动的不均匀性，因此他又必须引入第三个假想概念，这个解决方式在1 000多年后才由哥白尼从另一观点发现。托勒密假设“均轮”的圆心并不是在宇宙的中心点（地球），而是在地球旁边的一个假想点上，如此，“均轮”相对于以地球为圆心的圆就成了所谓的“偏心圆”。整个“本轮—均轮”宇宙体系虽然相当复杂，但是在这里只想简单地强调两点：首先，托勒密假设“行星周转圆”（本轮）的圆心并不是绕着宇宙中心（地球），而是地球旁边的偏心点。其次，或许是因为引进偏心圆的概念，“行星”的非匀速运动获得了适当的解释；根据模型计算相同的不是“行星”在轨道上的运行速度，而是相对于等分点的角速度。

现在没有人会认为更清楚地了解托勒密的宇宙体系是必需的，不过，从他的故事中我们也许会感到讶异，人类竟然如此信赖一个形而上的假设，即使这个假设不一定来自理性的推论。其实，科学发展过程中有许多领域在开始的阶段都或多或少含有非理性的成分，尽管很多非理性的受益者在事后都想撇清与非理性之间的关系，或是至少忽略其重要性。事实上，非理性在某种程度上是重要的，因为它会非常顽固；不过，凡事过犹不及，我们将在后面的章节中看到，这份对托勒密体系的坚持使我们又等了多久才能真正了解天体的运行到底是怎么一回事。

第三节　阿尔哈曾与阿维森纳：伊斯兰观点

阿尔哈曾与阿维森纳两人的科学工作在西方科学史上不曾受到普遍重视，因此他们的名气也不是特别大。毕竟，在西方从事科学研究的工作人员并不需要对他们讨论之理论中的阿拉伯文化传统有太多认识。从下面这个简单的例子就能发现我们的态度：我们在提到这些阿拉伯学者时，都是沿用中世纪欧洲人为他们取的拉丁文名字。阿尔哈曾的名字——如果以其第二故乡埃及的文字来说——应该是阿布·阿里·哈桑·伊本·海赛姆(Abu Ali al-Hasan ibn al-Haitham)①,我们可以将这么长的名字简化为"伊本·海赛姆",或是以拉丁文名字"阿尔哈曾"称呼他。另外,在波斯出生的阿维森纳全名是阿布·阿里·胡沙林·伊本·阿布都拉·伊本·西纳(Abu Ali al-Husalin ibn Abd Allah ibn Sina),通常我们都用"伊本·西纳"或更简单地用拉丁文"阿维森纳"称呼他。虽然他们两人同时活在公元1000年左右的阿拉伯世界,却分别在不同的领域中为科学的延续与发展贡献自己的心力。其中,阿尔哈曾是物理学家,也是数学家,他提出一个全新的观点探讨有关视觉与光线的关系。阿维森纳则是医生兼哲学家,他的研究工作经常被视为伊斯兰文化对科学所做的仅有贡献,因为他的思想继承了希腊科学的传统,并且为创造力明显衰退的中世纪西方科学注入了生机。当然,阿维森纳并不只是扮演知识传递者的角色,他自己也有许多具有原创性的医学著作。例如,他强调每一个医生都必须了解天文学,并且在诊疗时要将天文学与人类的关系考虑进去。② 事实上,阿拉伯人在科学上还有更多具有原创性的贡献,至少不是只有阿尔哈曾与阿维森纳这两位科学家,我们使用的每一个数字都可为下面的事实做见证:我们使用的数字符号是传自阿

---

① 为了方便,我们在这里都以拉丁字母拼写这些阿拉伯人名;当然,如果要将阿拉伯文的读音完全正确地表达出来,就必须尽可能使用所有语言学家创造出来的特殊符号。不过,因为我们并不是要介绍阿拉伯文,所以采用了我们最熟悉也最容易拼读的方式;对此,恳请所有熟悉阿拉伯文化的人能谅解我们草率的态度。

② 当然,以今天的眼光来看,考虑天文学与人类的关系并不是一个医学上的进步;然而,若是换个角度想想,有多少人相信星象?我们或许可以说阿维森纳想要满足病人的心理需求,就这个意义而言也是和医学有关,不是吗?

拉伯世界，后来普及全球，成为一种全世界都能理解的符号语言。

时代背景

比阿尔哈曾和阿维森纳分别在埃及与波斯生活及工作的时代早400年左右，出现了一位将人类历史带至一个转折点的人物，他的影响力直到今日都还能清楚地看到，这个人就是公元570年出生于麦加的穆罕默德。穆罕默德在40岁时接受第一次天启，大天使加百列（Gabriel）告诉他，他将成为一位传道者，但也会因此而成为其家乡统治者的眼中钉。后来，穆罕默德被迫离开麦加，他穿越了400多公里的沙漠流亡至一个名为麦地那的绿洲。我们在学校时都学过这段逃亡的历史，称之为“希吉拉”（Hijra），它发生于622年7月16日，后来这一天便成为伊斯兰纪年正式起始的日子。

流亡在绿洲时，穆罕默德让人把他从大天使加百列那里多次得到的启示记录下来①，今天我们见到的《古兰经》正是从这些手稿中慢慢发展出来的一段一段的章节，最后才成为一部完整的经典。《古兰经》宣告的最重要的一件事就是“万物非主，唯有阿拉是真主，穆罕默德是神的使者”。

穆罕默德这位先知为了使其信徒有所依循，提出了三项信徒必须身体力行的本分，即祈祷、斋戒与行善；此外，他也希望发展类似基督教的教区组织。由于他没有指定继承人，因此在他过世后造成了继承权的争夺，许多哈里发［Caliph，译注：原意为先知的继承者，是伊斯兰教政教合一的领袖］，甚至一些个人都认为自己才是真主派来的伟大先知之继承人，后来伊斯兰教产生了四个主要

---

① 请人记录这件事可能会造成一些麻烦，传说穆罕默德并不识字，因此有些记录者很可能会在记录时偷偷地在文中加入自己的意见。

派系，分别是伊斯玛仪派（Ismailis）、萨依德派（Saidites）、什叶派（Shiites）和逊尼派（Sunnah）。一直到今日，这场继承人争夺事件都还是阿拉伯世界无法团结的历史心结，尽管所有的派系都对向外拓展伊斯兰教采取了一致看法，但是要清楚地区分各个派别就不是那么容易了。因此，想要了解伊斯兰教更是需要一些时间，可以说，到今天为止，我们对伊斯兰教的认识还是不够深入。

思想的渗透终究还是比武力的压迫更能长远持续下去。比起穆罕默德的思想教育，他那些在沙漠里的继承人发起的征战效果毕竟差了一些，但是无论如何，在穆罕默德死后，这个一直被人忽略的沉默民族便逐渐苏醒，并展开统领从西班牙到印度这一片广大土地的事业。以科学发展的角度来看，阿拉伯民族向东方的侵略成果是最丰硕的，因为在 6 世纪，印度的数学家正在发展十进位的计数系统，他们发明了 0 的概念，因此拥有了从特别的 0 到相对不那么难以想象的 9 这 10 个数字。阿拉伯人征服印度时接受了这套系统，今天我们之所以将使用的数字称为“阿拉伯数字”，就是因为我们是通过阿拉伯人才知道这些数字的写法，这个数字系统发展史上的最迷人之处，就是它竟然变成一种全世界都在使用的符号语言；1 000 多年后，莱布尼茨亦曾尝试发展一个世界通用的符号语言，但是并没有成功。

还是回到穆罕默德和阿拉伯人伴随着天启而来的觉醒。随着阿拉伯人在军事上的胜利，阿拉伯文亦扩展了其势力范围，穆罕默德之后的伊斯兰教、犹太教和基督教的学者都使用阿拉伯文写作。许多民族虽然从未融合成一个均质的单一文化，但是巴格达还是逐渐发展成一个多元文化的中心，这个以巴格达为中心的阿拉伯势力在 1055 年土耳其人占领巴格达之后就结束了其统治地位，从那时起，阿拉伯世界就再度走入沉寂。另一方面，由于土耳其人并不急于发展科学和文化事业，结果这片广大土地上的科学文化事业就逐渐不受重视，最后终于持续多年停滞不前。

这个停滞的确令人感到可惜，毕竟这里曾经酝酿出如此多的思想，也推动过那么多科学文化的发展。巴格达是由哈里发曼苏尔（al-Mansur）于762年建立的，伊斯兰科学曾经在这座城市中发展到鼎盛期；然而，熟悉所谓现代科学的我们大多只能对这些伊斯兰科学耸耸肩，虽然它的内容让我们感到十分惊讶，但是我们却无法理解，这些科学包括炼金术、奥秘学和术数。这里并不是想为一些耸人听闻的内容或学科之弊病辩护，只是建议至少要知道这些学科赖以发展的思想基础。以术数来说，这并不是对数字的某种迷信（例如，一直到今天都还有许多人相信所谓黑色的13号星期五，或认为奇数是不吉利的），它最重要的但在今天仅属于边缘的想法就是：数字不只具有量上的意义，更具有质，甚至是美学上的意义。虽然每个人都知道数字透露的信息或其代表的意义比我们熟悉的使用方式所传达的还要丰富（例如，汇率或经济增长率透露出许多政治、经济、财政和社会等问题），但是人们似乎总是避免将如此想法和科学联想在一起。一方面，我们不愿考虑数字在质上可能具有的意义；另一方面，我们也宁可让自己沉浸在大量的数字堆中，而且很高兴地将这些能输入电脑的数字称为信息。想想，我们是不是会希望精确地知道类似下面这样问题的答案，并且把这样的问题交给联邦统计局调查：生活在大都市中超过30岁、相信上帝却不会将选票投给基督教民主联盟的人有多少？虽然我们时常使用数字，但是对于数字真正的价值或对数字所隐含的有关质方面的意义之重视与了解，可能远不如当时的巴格达人，我们实在应该多多尝试理解数字代表的质的问题。

当炼金术和术数在巴格达流行时，在欧洲正好有查理曼

(Charlemagne)加冕称帝。当欧洲的卡洛琳艺术达到鼎盛的时期,阿拉伯人正计划制作一份星图。当欧洲人盖起工寮准备一步步建造他们的大教堂时,也是奥托一世(Otto I)在罗马成为神圣罗马帝国第一任皇帝之时,山鲁佐德(Scheherazade)正在巴格达王宫讲着《一千零一夜》,而我们的主角之一阿尔哈曾也在伊拉克的巴士拉(Basra)出生。第一个千禧年到来之前的欧洲教会尚未以末日审判吓唬民众时,人们在伊斯兰世界的亚历山大港建立了一座藏书超过百万册的图书馆。当伊斯兰世界的人们忙着整理这些众多的文化遗产并致力于翻译许多古希腊的经典作品时,来自土耳其的军事压力却逐渐升高,最后征服了阿拉伯世界。阿拉伯的书籍已不再由埃及的纸草制成,大约在 8 世纪末期,阿拉伯人已经接触到了由中国发明的比纸草还坚固的纸,也发展出书籍市场的雏形,而欧洲一直到 1179 年才经过阿拉伯世界接触到这项新的造纸技术。当然,欧洲人在认识这项新技术的同时,也接触到了阿拉伯人使用的记数符号,1200 年意大利数学家斐波那契(Leonardo Fibonacci,1175—1250)将阿拉伯数字和阿拉伯的算盘同时介绍至欧洲。

阿维森纳

阿维森纳一直过着不稳定的生活,大部分时间都是在 10 世纪和 11 世纪那些分布于布哈拉(Buchara)、伊斯法罕(Isfahan)、撒马尔罕(Samarkand)和哈马丹(Hamadan)显贵的波斯宫廷里度过。就像贝克(Boris Becker)以 18 岁之龄拿下温布尔登网球锦标赛冠军一样,阿维森纳在事业上也是年轻时就一举成名。据说 18 岁的阿维森纳治愈了布哈拉的苏丹,苏丹为了感谢年轻的阿维森纳,特别允许阿维森纳使用宫廷里藏书丰富的图书馆。图书馆丰富的馆藏包括亚里士多德的全部著作,阿维森纳在这里尽可能地阅读他所能接触到的书籍，其中盖仑（Claudius Galenos，129—200 年）的医学著作对他产生了最大的影响。盖仑是古罗马时期的一位名医，他的名字到今天都还保留在我们使用的"盖仑式治疗法"（Galenik）这个名词中①。阿维森纳 21 岁时自认为已经学到了不少知识，而且也觉得该把自己学来的知识记录下来，特别是有关医疗知识方面的著作；从医学史的角度来看，这可以说是一种企图以整体、统一的观点来描述医学的尝试。很幸运，这项尝试并未无疾而终，阿维森纳最后完成了 5 卷医学著作，并将之命名为《医典》（*Canon Medicinae*）。第一卷谈及医学理论，接着是药剂学。第三卷处理病理学和治疗法，虽然一般来说将这两个领域合并在一起讨论有些奇怪。在第四卷中，他说明如何进行外科手术。最后一卷则记载毒药的影响和如何寻找解毒剂。

从中世纪一直到 16 世纪，阿维森纳的《医典》在欧洲都拥有极为重要的影响力。《医典》一直享有盛名，直到德国南部施瓦本（Schwaben）地区一个名叫富克斯（Leonhardt Fuchs）的人发现这本阿拉伯医生的著作中藏有古代名医盖仑的身影后，它的权威才逐渐消失。富克斯建议大家，与其阅读阿维森纳的《医典》，不如直接回到盖仑的原典。

的确，阿维森纳在医学理论上并没有提出比盖仑更新的观点；不过，或许正因为如此，阿维森纳的《医典》被认为比盖仑的学说更好、更理性，毕竟阿维森纳和大多数阿拉伯医生一样，比较注重临

---

① "盖仑式治疗法"原来是指利用天然药物，特别是利用植物熬出来的汁液治病的医疗方式，后来也用来指传统药局自制的药剂，以便和工厂中以工业生产方式制造出来的药剂有所区分。今天"盖仑式治疗法"是整个制药工业的一个环节，它的任务是用一种成分将有效的主要成分包裹起来，制成能发挥最大医疗效果的药锭。

床的观察与医疗方式的实际运用。此外,《医典》中记载的医药材料也包含了许多来自印度的药物,阿维森纳收集各地的药材知识,扩充和丰富了传统希腊药典的内容。

尽管阿维森纳被后人尊称为“阿拉伯的盖仑”,但是他在医学理论上还是完全继承了希腊名医盖仑的观点,例如,关于疾病的本质,盖仑所持的意见就是我们今天一般所说的“体液学说”。用“体液”这个日常生活用词并没有贬低的意思,根据体液学说,所有疾病的原因都一样,都是身体内的体液不均衡导致的混合状态。至于是多少种体液在起作用呢?想想我们在前面章节提到的希腊世界神秘数字,对了,当然是“四”!这四种体液分别是:黏液、黄胆汁、黑胆汁,以及到今天都还具有特殊意义的血液。

历史学家称此体液学说为医学史上的“体液典范”,体液典范在1 000年间提供了许多过去日常生活中常见医疗方式的理论基础,例如放血、灌肠和催吐。这个典范一直到18世纪才由另一个新的观念取代——18世纪的人们逐渐注意到必须观察以下的现象,即有时器官就是会失去其正常功能并逐渐演变为疾病。不过,体液学说的基本假设阻碍了人们的眼光,让人们无法思考另一种可能性,那就是在自然界中存在着极微小、微粒子状的病原体或病原菌。对相信体液学说的人而言,很难想象存在着那么小却又可以将之区别开来甚至单独辨识出的独立个体,当然更难以相信这种小东西会给健康带来不良的影响。我们肯定阿维森纳会对以下说法感到陌生:黑死病是由一种细微的结构体,或者用今天的话来说——一种极小的生物,即细菌引起的;对他而言,瘟疫的原因必须是某种具有连续性的物质。以黑死病为例,阿维森纳并未猜对真正的病因,他认为黑死病是由某种不洁的气体,即一种瘴气引起的,这种瘴气是因地层的摇动或地震而从地底冒出来的。

不论谁意识到从前的人是如此片面地理解事物，都不应在心里窃喜，反倒应该反观自己；今天的我们也不过是从事物的另一角度片面地理解它，在这一点上并没有比从前的人更周全。19 世纪末，在科赫（Robert Koch）等人的努力之下（后面的章节还会提到科赫），细菌学取得巨大的成果，这使得我们能够从研究者绘制的图片中看到许多病毒、寄生虫和其他微生物的形象。在这样的背景下，我们很难再去想象有任何的疾病“不是”由可辨认出的病原体引起的，[①]甚至胃溃疡——根据最新的趋势——很可能也不是因为胃酸太多（注意，这也是一种液体，是体液学说喜欢的说法），而癌症不再只是由来自空气中（瘴气的影子再现！）的致癌物质引起，也可能是由细菌或其他具有传染性的微生物造成的。任何仅仅从和阿维森纳完全相反的角度思考疾病的人，都还有待努力才能从一个较不偏颇的立场正确地判定或诊断出疾病——如果“正确地”这个词在这种关联下还具有意义。

在哈马丹宫廷中作为王子沙姆·达拉赫（Sham ad-Dawlah）的医生时，阿维森纳在其《医典》里亦讨论到黑死病。在哈马丹的日子比起之前从一个宫廷换到另一个宫廷的生活稳定许多，这位阿拉伯医生兼学者在这里写下了超过百万字的医学著作，内容包含今天我们所称的解剖学、生理学、病源学、诊断学和药物学。1022 年，阿维森纳因为哈马丹王子死亡必须离开此地，他先投靠伊斯法罕苏丹阿拉·达瓦赫（Ala ab-Dawah）。不久之后，伊斯法罕苏丹就发起了往哈马丹方向的战争，阿维森纳也随着部队出征；不过，他

---

① “病毒”（virus）这个词原指“毒液”！用病毒来表示一个微粒子状的结构则是近代的事。在分子生物学兴起之前，病毒一直都还含有液体的意思，我们称它为滤过性病毒，就是因为它无法被过滤器滤出。当然，在微观的原子世界里很难区分连续性和个别的微粒子，但是这样的差异的确存在。

若是没有经历这次冒险行动,就根本不会在回程中过世。1037 年他在哈马丹病逝。关于他的死,友善一点的说法或不友善的谣言都指出,他的死亡可能是自己造成的,即可能是贪杯致死。根据同时代人的说法,阿维森纳热衷于一种特别的治疗法,到今天在德国的某些地区还有人鼓吹这个方法——每天喝一杯酒来消除疲劳,并希望借此恢复精力。无论如何,只要我们看看他那些涉及诸多主题的著作,就能清楚地知道他还是很有贡献的。除了上述的《医典》之外,他还写了一本很特别的书,名为《疗养之书》。这是一本有关心灵的书,身为哲学家,阿维森纳尝试调和亚里士多德和伊斯兰的形而上学。此外,他甚至曾思考一个山脉形成的理论。

在此,让我们先将哲学放到一边——毕竟我们对伊斯兰文化中的许多理念了解太少,回到阿维森纳的医生身份上。他的医学著作和医疗上的教导在西方被热衷地拥护着,例如,甚至到了 1508 年,维滕堡大学(Universität Wittenberg)的医学院(1502 年建立)还在院里的章程中规定,大学讲座中必须特别讲解阿维森纳的著作。至于在推动卫生事业的进展方面,则还要过数十年才会掀起一阵新风潮,这阵新风潮是由巴塞尔(Basel)一位名叫霍恩海姆(Theophrastus von Hohenheim)——被称为帕拉塞尔苏斯——的人鼓吹的。他批评过去的教科书,并用以下的话预告一个新时代的开始:"谁不知道今天大多数医生的错误治疗只会给病人带来伤害,因为他们像奴隶般太过于依赖希波克拉底、盖仑、阿维森纳和其他人的话了。"显然,从帕拉塞尔苏斯开始,也就是说在大约 500 多年前,终于开启了一个不只是产生新式医学的新时代。

阿尔哈曾

让我们再一次回到第一个千禧年开始的时候,更准确地说正好在公元1000年，这时在埃及出现了一个名叫阿尔哈曾的人，他曾在法蒂玛（Fatima）王朝哈里发哈基姆（al-Hakim）的宫廷里服务。从962年起，法蒂玛王朝统治了埃及，并且建立了开罗，后来亦定都于开罗。据说，大约在1000年至1010年这10年间，尼罗河的水位一直很低，农作物也长期歉收，因而产生了许多政治上的问题。许多人都到王宫向哈里发提出建言，其中阿尔哈曾提出一个足以让当时听到的人大呼惊奇的建议——他认为应该改变尼罗河的河道！当然，他的意见没有被采纳，但是为了避免因为这个惊世骇俗的建议被哈里发下令处死，他只好在后来一段相当长的日子里装疯卖傻，直到哈里发于1021年去世为止。随着哈里发的死去，阿尔哈曾必须离开王宫，离开宫廷之后，他试着在一些阿拉伯市集上为人代笔写字，以求糊口度日；一直到今天，这个地区都还有人仰赖这个职业为生。

当阿尔哈曾没有被委托写字时，他便利用这些空闲将一些想法写在纸上；就这样，阿尔哈曾一生完成了200多部作品。他的主要著作大约在1030年成形，12世纪被翻译成拉丁文，最后终于在1572年出版了完整的版本。其中一部名为《论视觉》（*Opticaethesaurus*）的著作记录了与视觉有关的丰富光学知识，后来的开普勒也算是阿尔哈曾《论视觉》的读者，他从这部著作中得到许多鼓励，并且在某些地方更是以阿尔哈曾的概念为基础，才能继续迈出关键性的一步。虽然阿尔哈曾对眼睛的构造已经拥有粗略的概念，也了解一些光线透过透镜折射的效果，但是整个世界的景象是以倒立的形式呈现在眼睛后方（视网膜）这个事实，则是开普勒发现并且为我们记录下来的。

眼睛特别引起阿尔哈曾的注意力，他对眼睛功能的理解与希腊的科学传统存在着极大的差异，我们甚至可以说阿尔哈曾的理解是视觉理论发展史上的一次革命①。希腊人认为眼睛的任务是放射出一种光束(一种视线),这种视线在扫描到物体后会反射回眼睛;不同于希腊的传统,阿尔哈曾认为眼睛是光线的接收者,光线则是从物体本身传出来的,而这样的看法至今都还一直保持着。在阿拉伯有关视觉的学说里,眼睛被视为一种光学仪器,它的工作原理即今天我们称为折射的物理性质。光线的折射发生在光线由第一种介质(例如空气)进入第二种介质(例如玻璃或水)时,光束的偏转,使我们观察到这个折射现象。这个对光的折射的观察所引发的新观念不仅成为之后数百年间光学的关键问题,也促成了一个充满创造力的新开始:因为从希腊的"视线"观念中并不能推想出一个机械模型,相反地,阿拉伯的革命却能将机械的隐喻应用在理论的建构上,并且获得成果。根据阿拉伯的科学,光束被比拟成一种"被射出物",它能直线飞行,而其转弯或折射则可用不同的行进速度加以解释;至于造成不同速度的原因,则可能是光线通过的物体密度不同。阿尔哈曾在《关于光的论文》中写道:

> 在透明物体中传播的光线其运动的速度相当快,也正因为这个极快的速度,我们无法察觉到光束;尽管如此,光线在较薄的物体中——也就是那些透明的物体——的行进速度比在厚的物体中还快。事实上,在光线通过时,每一个透明物都会阻挡光线的行进,这个阻挡的大小则与介质的性质有关。

---

① 按照一般的说法,革命(revolution)代表一种激进彻底的创新或一种完全不同的思考路线;无论如何,革命都是一种进步而非退步,虽然"re-"这个字首实际上具有不同的意义。基本上,人们会再加入到革命,不过究竟是否会因此获得进展,可能还是个问题。

这段话听起来似乎很现代，或许会有人为阿尔哈曾这位阿拉伯光学家惋惜，因为他无法继续提出一套有关颜色的理论；毕竟从物理学的角度来看，颜色也是可以用光线折射的现象解释的。尽管如此，阿尔哈曾关于光线在不同物体中行进速度不同的论证还是极富创意的，但这个观点一直到 14 世纪末才再次被中东的科学家谈论到。这些科学家首次利用暗箱来解释光的行进速度与其经过介质的密度成反比，他们推测光线通过越薄的物体速度就越快；不过，虽然他们提出了假设，却无法证明，这个证明的出现是很久以后的事了。

除了光学知识之外，阿尔哈曾亦尝试探索其他领域。例如，他试图借由黎明的持续时间估算大气层的厚度，因为大气层能折射光线，使光线转变方向，因此就算太阳本身已不在我们的视野内，也就是说，太阳下山了，我们仍然能够看见物体。这个能折射光线的气层从 17 世纪起就被称为“大气层”，一直到这个时候人们才能较正确地估算其厚度；同时，“大气层”这个新观念也取代了古代天空具有许多“以太层”的理论。从亚里士多德以来，人们就认为天空被许多层以太占据着，并借着与地面物质本质上的不同解释行星的性质与行星的运行轨道。虽然过去托勒密可以利用多层以太的交互作用解释行星的运动，但是阿尔哈曾觉得这个解释还有修正的空间，并着手尝试改善古代的宇宙模型。他先将诸多以太层合而为一，并且和许多人一样反对托勒密那个声名狼藉、有关均轮的运动。为了摆脱这个概念的纠缠，他重新改组了托勒密的机械天象仪。机械力学是属于地面上的性质，比如光线进入眼睛，但是在天空中发生的应该是另外一回事。数百年来，无论在东方还是西方，这样的想法都是一致的，一直到牛顿的出现才又为科学点燃了新的火光。

尽管阿拉伯的光学成果非常丰硕,但很可惜的是,它的重要性很快就消退了,原因是一种受东方光学影响而出现的神学光学取代了它。神学光学是人们在12世纪透过大翻译运动接触到阿拉伯的文化之后发展出来的,此时的欧洲正处于一个人口激增、城市快速发展的时代,这些城市里的人求知若渴,他们建立大学并接受阿拉伯的知识。不过,西方世界并不需要新的宗教,它已经有了基督教;也不需要新的法律,它以罗马的法律为典范。西方世界需要的只是一种对宇宙的解释和从事科学的可能性,大量的资源都是来自阿拉伯学者的著作及其翻译,今天我们应该牢牢记住这一点。

大阿尔伯特

哥白尼

人的天职在于勇于探索真理。

——哥白尼

第二章　第一波革命

· 大阿尔伯特(Albertus Magnus,1193—1280 年)
· 哥白尼(Nicolaus Copernicus,1473—1543 年)

所有的事物都缓慢发展着,中世纪的人们对确定的事物比知识更有兴趣,他们在信仰中找到了“确信”;然而,我们内心似乎仍然感觉少了些什么。渐渐地,这种不满足的感觉激起了观察自然的兴趣,人们也开始思考与自然秩序相关的问题。一位多明我会(Dominican)修士发觉哲学思考是件非常愉快的事情,因而不想放弃它,尽管他可能一辈子都必须为此担心害怕,因为哲学思考的结果可能动摇他的信仰。

事实上,的确很快就有一些观察不再与教会正式宣告为真的世界相吻合,所以哥白尼革命是无法避免的。不过,待所有主张都得到证明、所有科学上的疑惑都被排除,又要过好几百年。

第一节　大阿尔伯特:信仰与知识的和谐

从14世纪开始,人们便给了阿尔伯特一个别名,即“伟大的”,也就是尊称他为大阿尔伯特。如果我们也将他视为一个当代意义上的科学家,他就是唯一一个以这种方式被尊称的科学家①,长久以来这个别名已经成为其名字的一部分了。由此我们会问,为什么大阿尔伯特能拥有如此崇高的地位?乍看之下,这位多明我会修士暨主教并没有在当时的思想界留下具体的踪迹,如果把眼光转到神学,我们就会发现他的学生,即著名的阿奎那(Aquinas,1225—1274年),在神学上享有更高的知名度;可惜的是,大阿尔伯特那些自由不拘、规模宏伟的想法被僵化的教条思想压迫排挤,最终失传。阿尔伯特之所以被尊称为“大阿尔伯特”,可能是因为他很早就有意从事一些伟大的任务,并且面对一些至今对我们而言仍是无法解决的问题。② 这个问题就是,如何调和深植于人类心中对上帝的信仰和人们探究自然种种奥秘之间的冲突,或让二者相

---

① 很可能是在13世纪、14世纪时,人们突然流行称呼人或物为“大”,至少《大术》(*Ars magna*)和英国的《大宪章》(*Magna Charta*)就是源于这一时期。此外,人们也将1347年流行的黑死病称为“大瘟疫”。具体到阿尔伯特,大概一开始人们称他为“大哲学家”(Magnus Philosophus),渐渐地省略而直接称其为大阿尔伯特。“大哲学家”在这里所表示的意思和《新约圣经》中《马太福音》第5章第19节一样,指任何一个对律法忠实的导师都会在天国里被尊称为“大”。作为一位教师,阿尔伯特的确是伟大的。

② 试着将越来越明晰的、有关宇宙的知识与上帝的存在整合起来也是20世纪的科学家,如玻尔(Niels Bohr)和爱因斯坦等人,进行哲学探讨的重点。我们将会看到爱因斯坦一而再地避免直接回答这个问题,而且总是用一个关于上帝的笑话来搪塞。到今天为止,这个由爱因斯坦引发的主题还是和800多年前一样重要和复杂,在这一点上我们似乎没有获得太大的进展。

互协调。阿尔伯特并不试着揭示信仰与知识这两种人类需求如何并存或互相归属,而是以自己的生活方式见证这种可能性;也就是说,我们必须将这两个领域区别开来,并接受它们是对立的、不一致的。以阿尔伯特的话来说即是:

> 在自然科学中,我们不应去探究上帝如何依照它的旨意直接创造万物,并经过此神迹来显示它的万能;相反,我们要研究自然领域里自然万物的内在及其经过自然的方式显示出来的因果关系。

另外,我们还可以读到:

> 如果有人提出异议,认为上帝能按照它的旨意令自然的发展停止,就好像给定一个时间,在这个时间内没有任何变化发生,之后又继续令其发展。如果是这样,对此我必须持反对的意见,因为在研究自然的时候,我不去考虑上帝造物的奇迹。

说也奇怪,这么清楚的想法在西方过去和现在的思想中竟然非常不容易生根,即使是来自那不勒斯的阿奎那,也在信仰与知识之间划下一道比来自施瓦本的阿尔伯特更清楚且绝对的界线。阿奎那顶多只是承认理性的能力能够察觉我们的知识与神的启示之间可能产生的矛盾,但是当阿尔伯特献身于追寻神学与哲学的和谐时,人们却又根据他对信仰的看法,认为与其他的道路相比较,信仰才是真正能够通往知识的道路。直到今日,我们还是无法克服这道思想上的鸿沟。例如,生物学家必须时常为自己推论出进化的自然法则而辩护,事实上他们根本不是想要借此宣告上帝不存在;上帝既没有禁止人类对它的创造物感到赞叹,也没有禁止人类对它的创造物进行探究,科学家所做的不过是以神奇的科学解释取代神奇的自然现象罢了。

时代背景

阿尔伯特一生的大部分活动都发生在13世纪前半叶,欧洲人在这个时期开始在航海中使用罗盘,地球逐渐地也是第一次显露出它的面貌,从阿尔伯特在欧洲各地的求学经历和不久之后马可·波罗的世界航行中都可看出这种趋势。在科学的世界里,格罗斯泰斯特(Robert Grosseteste,1175—1253年)在牛津建立了大学,而鲁尔(Raimundus Lullus,1235—1315年)在西班牙因其著作《大术》而闻名,他试着用系统的组合方式获得知识。在德国,弗赖堡的迪特里希(Dietrich von Freiburg,1250—1310年)则首次正确描写出彩虹的颜色,他甚至还尝试提出一个关于这个现象的理论解释[《论虹》(*De iride*)]。

此外,从政治的角度来看,阿尔伯特的一生处于罗马教皇与神圣罗马帝国皇帝政教冲突激烈的时代。罗马教会在教皇英诺森三世(Innocent III)的领导下达到权力的顶峰,他曾革除神圣罗马帝国皇帝奥托四世(Otto IV)的教籍,甚至宣布废黜他的帝位。虽然这个时期产生了最优美的诗歌如沃尔夫拉姆·冯·埃申巴赫(Wolfram von Eschenbach)的《帕西法尔》(Parzival),却也有最不寻常的紊乱状态,1212年甚至有小孩子受征召参加十字军东征的悲惨事件。1215年,英国的男爵集团强行要求实施《大宪章》,这段时间神圣罗马帝国的版图正逐渐扩展到南意大利,霍亨斯陶芬(Hohenstaufen)家族的弗里德里希二世(Friedrich II)以其领地巴勒莫(Palermo)为首都,建立了一个流通三种语言的西西里王国。在他的统治下，欧洲教育事业亦发生了转变，亚里士多德作品的拉丁文翻译从四面八方进入帝国领域；在充斥大量的翻译注疏的情况下，我们很自然地就会想到，会是哪一个人来注解和评论这些重要的原典呢？担下这个重任的当然就是阿尔伯特，他那被视为划时代的亚里士多德评注，同时带领了整个基督教世界重新接触当时已被遗忘的文化遗产，因为这些横跨古代晚期希腊罗马、阿拉伯和犹太的知识遗产都是通过与亚里士多德作品的对话发展出来的。①

人物侧写

公元 1193 年，阿尔伯特出生于多瑙河畔施瓦本地区的劳因根（Lauingen），②据说他的父亲曾在皇帝亨利六世（Henry VI）手下做事，因此家境富裕。除了知道他有一个兄弟后来在符兹堡（Würzburg）担任一间修道院的副院长外，我们对于他的家庭生活所知甚少。阿尔伯特很可能一开始也是在一间修道院中学习，不过根据文献记载，他的求学生涯是从 1222 年在北意大利开始的，一共经历了 7 年。在结束学业那一年，即 1229 年，他加入了多明我会的托

---

① 乍看之下，这个广博的翻译运动似乎让人觉得当时对异质文化相当宽容，其实并不尽然。要说明这一点，有件事就必须要提出：阿尔伯特结束巴黎的学业前，曾经签名支持一项法令，这项法令谴责了犹太律法。虽然阿尔伯特曾经研读犹太哲学家摩西·迈摩尼德斯（Moses Maimonides）的哲学，但是当他知道有人准备第一次公开焚毁《犹太法典》（*Talmud*）时，并没有提出任何抗议。阿尔伯特对迈摩尼德斯的哲学感兴趣之处是迈摩尼德斯对创世的提问，例如，创世如何在时间的流逝中发生？也就是说，如果上帝的创造不是在一瞬间完成的，所有的事物就不只是被创造，而是必须经历一种发展的过程。

② 关于阿尔伯特的出生年，各方说法不一，可以确定的是他在 1200 年之前出生，1280 年过世时肯定已超过 80 岁。这种不确定性当然会使文中关于阿尔伯特年龄的叙述不精确，但一般并不影响对其一生的整体了解。

钵修会。做这么一个决定对他而言是很困难的,这并不是因为他必须从此以贫苦的生活方式过日子,再也不能拿出部分财产作为私用,或是等待得到属于他的遗产,而是因为他不确定是否有足够的力量一辈子坚持自己这个决定。他将一部分父亲的遗产捐给教会修筑教堂,一部分则捐给女修士们使用。当然,他并未将所有财产捐出去,也为自己留下一部分,并花费在一些新的哲学书籍上;不过,教会却视这些新的哲学书籍为"异教的",非常不希望会中的弟兄拥有。面对这种指责,阿尔伯特并不直接回应,只是意有所指地抱怨:"反对修习哲学只会让会中弟兄无法在舒适的环境中合作并追求真理。"在此,"真理"是个重要的概念,因为教会中有三条戒律,即"敬上帝、在他的名字中赐福、宣告他的真理",这可能也正是阿尔伯特想做的事,只不过他或许只是借助亚里士多德或阿维森纳的哲学著作而已。

阿尔伯特的想法非常现代,譬如他曾经指出,若是关于信仰或道德方面的问题,可以多听听奥古斯丁(Augustinus)的哲学;但是,如果事涉医学,他就对盖仑或阿维森纳比较有信心,同时他也认为亚里士多德比任何一个教会里的人都熟悉自然和神的创造物。这些文献阿尔伯特都知道,因为他有极多的时间从事这一类的学习,亦真正愿意下功夫去研究。阿尔伯特在36岁时加入托钵修会,但是他并不愿意因此放弃学习,所以过着一种完全不同于一般隐士的修习生活。他先被派到科隆,必须在科隆结束一个正规的教会学程,接着又到希尔德斯海姆(Hidesheim)、弗莱堡(Freiburg)和斯特拉斯堡(Strasburg)。1243—1248年,他又到了巴黎,在巴黎除了传统的自由七艺[译注:文法、修辞、逻辑辩证、算术、音乐、几何与天文]之外,他也接触了医学与自然科学,研读亚里士多德的著作,最后的确也总结出一些心得。阿尔伯特50岁时还无法拿到他的神学硕士学位,不过他那个时代的人似乎对具有天分的人拥有较多耐心,并且给予他们较多的时间成长;从阿尔伯特的例子看来,这样的等待是值得的。

阿尔伯特于1249年再度回到日耳曼地区,被分派到科隆担任教人阅读的一般教职,最后亦终老于此。正是在科隆的日子里,阿尔伯特逐渐成了一位博学之士,后来他的教友们都尊称他为“全能博士”(doctor universalis),其思想的影响在某种程度上的确也可称为是世界性的。1251年,阿尔伯特在科隆主持教会的一般学习事务期间,以近60岁并不算年轻的年龄开始了他心目中真正的工作,即评论亚里士多德的作品,尽管这段时间他还是必须忙于处理许多教会的事务。[①] 在这方面,他显示出相当的仲裁能力,不仅调解了许多科隆民众与主教之间的争执,也调解了主教辖区内发生的纷争。[②] 正是因为这项能力,阿尔伯特于1260年被任命为雷根斯堡(Regensburg)主教,但是他只担任了两年。

当然,这么一个精彩丰富的生涯很容易滋生一些谣传,因此也有许多传说围绕着阿尔伯特。例如,有人说阿尔伯特拥有一间秘密实验室,他在里面偷偷做了一个女人的模型,而且这个女人偶尔还会根据机械命令说:“Salve!”[译注:拉丁文“你好”之意]。[③] 此外,还有人说科隆大教堂的建筑设计图是圣母玛利亚在一个充满

---

① 阿尔伯特的足迹南南北北踏遍了整个日耳曼地区,无论到什么地方他都是步行,甚至到年老时都拒绝乘车;更彻底的是,他不仅要求自己,也要求别人遵守。据传阿尔伯特曾将一位修道院长革职,并且命令他禁食或只能吃面包喝水,只因这位院长骑马去参加一个地区教会的例行会议。

② 阿尔伯特必须调解的纷争在我们今天的生活中还会一再看到,这种问题类似于这样:由于谷仓会在一定范围内投下影子,妨碍邻居采光,一个谷仓到底盖多大合适?

③ 这则轶事还有另一个版本。人们传说阿奎那有一天发现了这个“机械人”,而且被它吓了一跳,所以就用一根木棒将它捣毁了。

幻象的夜里显圣告诉阿尔伯特的,所以科隆大教堂才能在1248年破土,立下基石。

显然,阿尔伯特和女性的关系并非毫无困难,事实上在他的思想中也可以发现这个奇特的弱点。在他授课的讲稿中某一处有这样的句子:"因此,人们必须提防女人如提防毒蛇或长角的恶魔,如果允许我说出对女人的看法,整个世界很可能会因而震惊不已。"或许阿尔伯特真是一点也不了解女性,也或许只是因为我们读了其学生的课堂笔记,毕竟我们无法在其他地方找到他还写了些什么;无论如何,那个时代的学者对女性的看法就是如此充满偏见。事实上,阿尔伯特对女性的观念是从亚里士多德那里一脉相传下来的,在这个传统中,男性享有世界上所有的优势,而且必须要能应付"女性生理学上的低能"。男性会说出这种话显然是患有哲学上的弱智,阿尔伯特一定也注意到了这一点,因此他想提出一种新的概念以避免这种偏激的想法。他试着将人理解为"心理—生理"的统一体,在这个统一体之下,个体(性别)的差异仅是一种变异,而此变异可能来自灵魂与人体的共同作用。

和亚里士多德一样,阿尔伯特也在思考"自然的目的"这个问题,他留下一个我们今天非常熟悉的想法,即自然的目的在于保持物种;以他的话来说,就是维持"宇宙和它的部分"。他也特别强调自然会以其特殊的方法展现影响力。例如,燕子总是能找到旧巢,蜘蛛也总是会织出相同的网,但是只有人类被赋予变异的自由。说同类中存在着相似性是相当正确的,不过奇怪的是他的推论,他说:

> 仔细来看,自然的目的在于创造出一些与它自己相类似的事物,因为在创造具有感觉能力的生物时,是男性的力在起

作用，而不是女性的力，所以自然的目的尤其体现在创造具有男性特质的生物。

我们不想再谈这个偏见，倒要看看阿尔伯特“具有感觉能力的生物”这个观念，因为阿尔伯特很喜欢使用这个指称动物与人类的观念。今天我们当然也会将植物视为具有感觉能力的生物。例如，植物具有视觉，能对光产生反应，或者具有一种能感觉到地球重力并对此产生反应的能力。不过，我们真的了解阿尔伯特的意思吗？特别是当他说到“感觉”时，究竟赋予“感觉”多广阔的意义呢？只是单指一般的器官？还是也指涉所谓的心灵或灵魂？

毫无疑问，人类在阿尔伯特有关生物的理论中占有最高的地位，因为他视人类为一种“最完全的感觉生物”。在《论灵魂》与《论生物》中，阿尔伯特评论对应于亚里士多德作品中有关生理学的细节，他使用一种问答体的写作方式来呈现他的想法，这很可能是他向学生提出的问题。此外，文章里也有许多和亚里士多德的思想无关的问题，这很可能是他的学生在课后提出的疑问，其中有些问题就算以今天的科学眼光看也相当现代化，但是这些讨论在当时仅被人不屑地视为多明我会修士荒诞不经的念头。譬如，阿尔伯特问道：“为什么视觉会对绿色产生比较愉悦的感觉？”①“为什么死人会浮在水面上，而活人反而会往下沉？”“为什么有些人吃了很多却还是很瘦，有些人只吃了一点点却很胖？”“为什么被疯狗咬到就会变疯？”“为什么女人有较大的乳房，而男人的不是这么

---

①　关于颜色，阿尔伯特有个很棒的想法，他认为所有颜色都可以在白色中找到，也就是说白色包含了所有颜色。至于他为何会有如此的想法，那就更妙了，因为他观察到从白色的蛋中可以孵化出一只颜色缤纷的鸟。

大?”诸如此类的问题还有很多。

如果今天有人能正确回答所有的问题,他就可以骄傲地自称是一位拥有广博知识的自然科学家,毕竟阿尔伯特也是借由对此类问题的思索而深入到各个领域的。今天,绿色及其影响已经因为我们对眼睛结构知识的增加而获得较好的解释,我们认为这是因为眼睛里一种对光敏感的结构造成的;而死人浮在水面、活人下沉的问题则需要通过一个关于身体的抽象概念——比重来理解;至于肥胖或肥胖症则与新陈代谢有关,近来也把遗传的因素考虑进来。现在我们已经知道狂犬病是由病毒引起,但是对病毒进入生物体之后影响神经系统的种种细节并不是很快就得知的,而是许多研究的成果。至于前面提到的最后一个问题,以今天的知识而言,我们可以说是人类进化的结果。

如果称赞一个人“伟大”是因为他能提出正确的问题,这些问题未必能被彻底解答,却能持续启发新的研究,阿尔伯特就可以因他那些“稀奇古怪”的问题而被称为伟大的自然科学家,因为从这些问题来看,阿尔伯特知道了隐藏在表象之后的秘密。阿尔伯特对这种研究方法十分在行,也认为这种研究是值得的,即使提出的是看起来既琐碎又愚笨的问题,他也相信借此可以探索这些愚笨的问题之后深藏的秘密。此外,阿尔伯特也不害怕这些看法会威胁到他的信仰;在当时,教会方面担忧研究自然和自然科学文献会导出与基督教信仰无法相容的结果,阿尔伯特对此并不同意,这种对科学的畏惧在阿尔伯特身上是看不到的。很明显地,这位科隆的多明我会修士热爱追求事物的道理,也掌握了自然科学的思想;不仅如此,他更开辟出了一条道路,一条在之后几个世纪里有越来越多人效法的道路。

虽然我们在这里一直着眼于阿尔伯特从事自然研究这件事,

不过还是必须提醒读者，阿尔伯特更多地被后人视为哲学家或神学家，因为他试着证明上帝的存在，也思考伦理的问题（《论善》），并讨论世界的永恒性与灵魂的不朽；更重要的是，他通读并整理了亚里士多德的著作，而且加上了注解，使当时的人比较容易理解。阿尔伯特将亚里士多德的著作整理成共70多册、2万多印刷页［译注：大约40多万页］，我们只能详细讨论其著作中的一小部分。例如，当我们讨论到自然科学时，宁可引用他有关炼金术的思想，而不去解释其神学思想。

我们的确是因阿尔伯特的工作而更坚持亚里士多德的想法的，不过多多少少是照着阿尔伯特的理解方式。下面我们来看两个例子，首先是个令人觉得无聊的对运动的分析；其次是一个较能引起读者兴趣的假设，这个假设是说没有所谓的第一个人类这回事。

关于运动，如大家所熟知的，亚里士多德将运动分为自然的和偶然的（非自然的或被迫的），前者就像一个往下掉的石头或球，而后者就像朝空中抛出的石头或球。虽然这位伟大的希腊人坚持这种差别，却没有加以阐明或深入解释；相反地，阿尔伯特则强调，我们可以（也必须）将造成这些运动的力区别开来。自然的运动——物体朝它在自然中所属位置的运动——源自内含在物体中并属于物质自然本质的一种力，这种内含的力作为推动者，使物体朝自然所属的位置前进；偶然的、非本质的运动则是由其他（外在）的各种力引起的。

虽然阿尔伯特紧紧遵循亚里士多德的想法，但是他并不排斥在某种程度上修改亚里士多德的学说。阿尔伯特亦经常以同样的态度对待阿维森纳的著作（非医学著作），阿维森纳曾在著作中提出有关第一个人类的问题，阿维森纳问道：人类是否可能不由自然生殖而由自然发生存在？阿尔伯特以拉丁文称此“自然发生”为

“per putrefactionem”。关于第一个人类的问题,阿尔伯特当然有他的立场,他在13世纪时写了一段话,一开始一般大众都非常惊讶阿尔伯特对此的态度[这个想法在500多年后被哲学家康德在其《纯粹理性批判》(*Kritik der reinen Vernunft*)中清楚地强调],但是不久之后这个想法就对整个知识界产生了某种程度的约束力。阿尔伯特是这么说的:

> 不存在第一个人类这样的说法并不是一个哲学上的假定。哲学家固然要证明自己所说的话,但是在这里他也一样无法证明确实曾经存在着第一个人类,也无法证明没有第一个人类的存在。所以,尽管两种说法都不具说服力,总是还存在着一个较大的可能性,那就是的确曾经存在着第一个人类。

但是,如果这第一个人类在任何具有生殖能力的人类出现之前就存在了,他是如何产生的?阿尔伯特将这第一个人称为“第一因的投影”(imago causae primae),他认为人类就是由此第一因造成而存在于世的。为了支持自己的推论,阿尔伯特援引了亚里士多德的想法,他利用亚里士多德描绘的场景来说明自己的概念:

> 如果有人偶然闯入一片不毛之地,却在其中发现一座宫殿,在宫殿里又只见到燕子筑巢,那么他从整个建筑的结构布局就可以立刻知道宫殿并不是燕子建造的。尽管不知道建造宫殿者的姓名,但是却可以了解一定是个具有心灵的人精巧地建造了这座宫殿。同样,宇宙也是一个人工和心灵的作品,它是否永久存在并不依靠那些被生育出来的生物。因此,若说第一批借由生殖这条路径创造而成的生成物其实是由众神

之神的主意而来,这也并非绝无可能。

阿尔伯特不只是赞同亚里士多德在其关于天空的论文[《论天》(*De caelo*)]中所提的这段话,更对此做了一个结论,他说:“认为第一个人类是经过创造而成的这种想法,比认为根本没有第一个人类存在的想法要来得理性多了。”

虽然阿尔伯特多少会小心地对传统让步——特别是上面提到的那些知识领域,但是一些炼金术士的说法还是引起他这位坚定的理性主义者的反对。他对这些炼金术士的尝试提出强烈的质疑,但是也有人认为,身为自然科学家的阿尔伯特把炼金术视为一种将金属纯化的学说,并且对它做出过独立的贡献。关于这一点,我们可以从他在学生时期亲眼观察的一些事物中得知一二,例如他说,“当我以前在异乡时”,曾经“走了很长一段路到挖掘金属的地方”,“就是为了亲自体验认识金属的本质”。下面是他的一段话:

> 我自己曾亲眼见到纯金是如何从坚硬的石头中被发现的;同样,我也曾见到那种和一团石块混杂在一起的金。银也是一样的,我自己曾找到银,有一次甚至不是找到和石块混杂在一起的那种,而是一块石头中所含的纯银很干净地和石头分别开来,就像它只是贯穿在这块石头中的一条纹理。

在此,阿尔伯特做出了一个具有重大影响力的决定:他把炼金术从自然科学中区分出来!他认为一些较困难的技术或灵敏的技巧是属于自然科学的领域,譬如把金属从石块中分离出来并加以纯化的工作,但是他对炼金术则持相当怀疑的态度。阿尔伯特认为炼金术只是一种用来转化金属的技艺,或者只能提供线索以某种介于“纯化分离”与“转化”之间的方法寻找金属；它可能具有神秘的色彩，也可能只是平常的处理程序。

阿尔伯特虽然赞同炼金术士的话，即“金属由四种元素（火、气、水、土）组成，这是不容否认的”，但他也指出，根据他的想法，“事物的性质并不受到所有构成元素的影响，而是取决于主要的组成部分”。这句话是针对炼金术士的意见特别提出的，炼金术士认为：“在金子中展现出来的基本特性就是所有金属的基本特性。”阿尔伯特认为炼金术士这种主张既没有经验的事实，也没有具体的证据，而且说他们讨论事情的态度“仅是诉诸权威，将自己的意图隐藏在比喻的名义下，这种做法在哲学中是罕见的”。

此外，阿尔伯特还强调自然物是存在的，而且这种存在是可“持久”的——阿尔伯特举银和锡为例，就此他又下了一个结论，就是自然物的特性是由其个别的基本形式决定的，不同的基本形式可以造成互相区分的特性。不过，阿尔伯特不仅对自然物的特性由其组成物质之基本特质决定这一现象感兴趣，他更对自然物能够呈现出多样化的特性感到着迷，因为他认为既然金属可以通过颜色、气味和敲击所发出的声音来分辨，那么炼金术士坚持金属只有一种特性的主张一定是站不住脚的。

在下面的领域，我们可以看到阿尔伯特的态度和今天的自然科学家是多么相似！阿尔伯特也想通过观察动物的反应与生活过程来了解人类的行为方式与日常生活的模式，但是他从未将自己完全从观察对象所处的环境中抽离出来，客观地作为一个观察者或实验者。此外，阿尔伯特对许多问题的想法还是深受当时流行观念的影响，例如，宝石具有神奇的力量，女性地位的状况，或是星座会影响尘世的生活等。虽然他对不得不阅读或学习的权威感到不满，亦尝试要摆脱这些权威，却无法完全不受影响，所以尽管他预见到现代科学发展的方向，却还是无法清楚地引导出可行之道。虽然阿尔伯特可能无法弄清楚今天科学专业分科这些事情，但是他应该对我们今天所做的许多事情都不陌生。不过，阿尔伯特绝对没有在现今意义上的科学领域中建立起他的事业，像他兴趣这么广泛的人在今天更有可能被繁多的个别问题分散心力；然而，一个像阿尔伯特如此兴趣广泛的博学之士不也正是我们今日所缺的？当今多样化的世界令人无法一目了然，越来越多的信息讯亦逐渐成为或已经成为我们的负担，这时候的确需要一位具有全方位视野的人为我们指引方向。

今天的教会同样需要如阿尔伯特这样的典范。慢慢地，人们赋予他极高的荣誉，他分别在1622年与1931年被封为贤人与圣人。阿尔伯特是个伟大的人，他之所以想要知道，是因为他相信有一些事物是能够被知道的。

第二节　哥白尼：第一次逐出宇宙中心

今天我们对哥白尼外形的印象大多来自一张他手持铃兰的肖像画，这张肖像看起来和天文学似乎没有什么关系，但是它反而很直接、清楚地告诉我们，哥白尼是从一个与我们完全不同的角度来评价自己的一生的。当我们视他为著名的“哥白尼革命”（Kopernikanische Revolution）①——一个将人类从静止的宇宙中心拖拉到运

---

① 德文中我们已经习惯在称呼哥白尼时以“C”为字首，写为“Copernicus”，但是在提到“哥白尼革命”时，则使用“K”为字首。这个用法乍看之下似乎有些紊乱，但是这种区分实际上有两种好处：第一，拉丁化的名字写成“Copernicus”是正确的，就像将恺撒写成“Caesar”一样；第二，“哥白尼革命”这种说法并不是哥白尼自己发明的，而是数百年后史家创造的概念，“C”和“K”这两个字母正好区分了两个原本就风马牛不相及的事物。

动的边缘的思想革命——的推动者时，他反而特别想表现出自己是个受病人敬爱的好医生。当哥白尼在16世纪的前10年提出日心体系而引起科学思想的大转变时，他正好在教堂里任职；在公务上，他不仅要处理教堂里的行政事务，还要负责教区居民的医疗工作。在日心体系里，因为宇宙的中心位置已经给了太阳，所以人类无法避免地被推离他们偏爱的中心位置。哥白尼并未计划将这些想法详细记录下来，至少并不打算公开，一直到一位维滕堡大学的数学教授雷蒂库斯（Georg Joachim Rheticus）鼓励他，他才有意愿将著作公开发表。1543年5月，就在人们将刚印制好的书交到哥白尼手中之后不久，哥白尼就过世了。这本书的原名叫作"De revolutionibus orbium coelestiurn"，若是将它正确翻译成中文，应该就是《论球壳状天空的旋转》（*Von den Umschwüngen der himmlischen Kugelschalen*）。我们如此字字推敲是有其必要性的，因为哥白尼要讨论的是对我们而言相当隐晦不明的概念，即天空中的诸球状物，而不是去讨论那些可以具体观察、测量的天体轨道。虽然哥白尼的著作引起了思想上的大变革，但是他并未计划创立一套新的物理学，只是依照他喜爱的方式来编排这些地球之外的球状物（天体）。

虽然这个当时的新观念从普及、获得承认到产生持久的影响还需要一段时间，但是人类的确因此第一次失去了在宇宙中的特殊位置，从那时起，至少在我们的头脑中，我们便生活在另一个世界中。与哥白尼同时代的人对这个彻底变革的观念的直接反应都还算相当客气。例如，哲学家梅兰希通（Philipp Melanchthon）顶多只是取笑那些声称地球转动的人自作聪明；1549年，他曾在书中写道："这样的笑话并不是新的。"不过，要提醒大家的是，后来他自称这句话是多余的而删掉了它。

1543年,一个科学新时代开始,可惜哥白尼也在当年逝世。这一年,不仅有关在我们头顶上的天体的论述产生了革命性的转变,在地面上,我们对于人体也产生了新的看法:荷兰医生兼解剖家维萨里(Andreas Vesalius)第一次提出了有关人体结构的可靠图解,其作品的标题就叫作《人体的构造》(*De humani corporis fabrica*),正是这本书让近代的解剖学逐渐步上轨道。在1543年,无论是对人体之内或人体之外,我们的看法似乎都不一样;虽然难免还存在着谬误,但是这些观点基本上都是正确的,我们到今天都还是继承着他们的看法。

时代背景

从阿尔伯特去世(1280年)到哥白尼出生(1473年)之间大概有200年的时间,这200年内发生了三件乍看之下没有任何关联、事实上却紧密相关的事件。第一件事是火器的发明,它使人类的生命受到更大的威胁。第二件事是时钟的发明,时钟的普及十分迅速,发明后不久所有教堂的钟塔都悬挂着它,钟塔报时逐渐地影响并决定了一般民众的生活步调。第三件事是所谓的"大瘟疫",这场大瘟疫在1347年从东方经过意大利传至欧洲,造成许多人死亡;如此巨大的浩劫似乎是提醒人类"记住死亡",也就是让人类清楚地认知且永远铭记:事物是短暂的,生命是脆弱的。

这场大瘟疫标示了中世纪的结束,在这场如世界末日般的灾难之后,欧洲开启了一个伟大的新时代。哥白尼还在世时,正是所谓文艺复兴的黄金时期,在意大利有达·芬奇(Da Vinci)、拉斐尔(Raphel)和米开朗琪罗(Michelangelo),在荷兰有博斯(Hieronymus Bosch),在日耳曼地区则有丢勒(Albrecht Dürer)等伟大的艺术家，那时的人们感觉到整个世界应该存在着一种转机与进步。1455年，人们发明了书籍印刷术，第一批如亚里士多德、托勒密和盖仑的科学著作因此出版；在意大利的花园里，人们开始培养栽植蔬菜，如洋蓟、胡萝卜、花椰菜等。1503年，在威尼斯有人发明了镜子，亨莱因（Peter Henlein）在德国地区设计了第一块怀表。而在哥伦布发现美洲（1492年）不久后的数十年内，第一批黑奴就被带到这块新大陆，大约在同一时期，南美洲则必须忍受来自西班牙征服者日益增加的蹂躏，结果先是带来墨西哥阿兹特克（Aztec）帝国的灭亡，不久后则是秘鲁印加（Inca）帝国的消失①。这段时期，马丁·路德在维滕堡提出了他对基督教的主张，后来却因此被开除教籍；也是在这个时期，人们第一次成功地将火药运用在经济的用途上——利用它拓宽矿坑，不过当时的人当然没有考虑到今天所谓的环境破坏问题。当然，将火药应用于采矿之后不久，科学界也开始讨论火药应用的问题，在意大利出版了一本名为《火法技艺》（*De la pirotechnica*）的书，但是该书作者比林古乔（Vannoccio Biringuccio）较感兴趣的是开采出来的金属和冶金的淬火性质，而不是火药炸开矿坑的惊人爆炸效果。

人物侧写

哥白尼生长的时代是一个爆炸性的时代，许多事物在此时逐渐成形。哥白尼的父亲[起先自称为尼古拉·哥白尼（Niklas Koppernigk）]从克拉科夫[Krakow，译注：波兰旧都]搬到维斯瓦河

① 欧洲人并没有在秘鲁遭到任何阻碍，例如在原住民中流传的传染病。另外，欧洲人也在秘鲁发现了马铃薯并带回欧洲，一直到现在马铃薯都还是欧洲人的主食之一。

(Weichsel)下游一个当时相当繁荣的商业城托伦(Thorn),①并在那里成为富裕的市民,哥白尼就是在此地出生。老哥白尼也将这个儿子命名为尼古拉。从文件记录上我们只能得到1491年之后哥白尼的生活资料,这一年,18岁的哥白尼在克拉科夫的大学注册,我们可以在大学第一年的档案资料中发现这样的句子:“哥白尼付了全额的学费。”在接下来的大学日子里,哥白尼修习过关于亚里士多德、托勒密的讲座课程;不过他很少接触《至大论》②,接触较多的反而是《占星四书》和书里有关占星学(连同算命的应用)的内容。

我们也许可以想象得到,年轻的哥白尼过的是一段快乐、不虞匮乏的学生生活,接下来发生的事情就更加幸运了——从1495年8月起,他一辈子再也不必为经济问题烦恼了,他的舅父,弗龙堡(Frauenburg)③的红衣主教沃特仁德(Lukas Watzenrode),提供给他一个教会里的终身职位,即所谓的“僧正”(Numerarkanonikat)。哥白尼虽然多少需要为铸币的事情操心——他在1519年写了一份关于铸币的意见书,但是基本上拥有更多的自由与时间去学习感兴趣的事物。的确,他也抓住了这个机会,利用接下来的几年时间到意大利的博洛尼亚深造天文学与法律。在他停留于意大利的这段日子里,首印(并修订过)的托勒密《至大论》在威尼斯出版了(1496年),哥白尼对托勒密天文学的认识主要就是依据这本书,他

---

① 哥白尼的家住在一个海边的城市,因此可以推测他们很可能知道许多其他航海者的海外经验,至少他们应该听过哥伦布的事迹,甚至登陆美洲的事情,不过,这样的文献并不存在。

② 请见第一章第二节有关托勒密的讨论。

③ 弗龙堡属于埃姆兰(Ermland),在波兰的海边,位于但泽(Danzig)和柯尼斯堡(Konigsberg)之间。

阅读使用过的那本册子仍然被保留着。

哥白尼在博洛尼亚一直待到世纪末——我们还可以看到他在1500年3月4日对月球与土星交会①的观察记录,然后转往罗马停留一年,同一时期米开朗琪罗和布拉曼特(Donate Bramante)亦活跃于此地。1500年10月6日,哥白尼在此观察到一次月全食,他在当今意大利的首都停留一年后,继续前往帕多瓦(Padua)研读医学。当然,他并未完成整个医学学业。最后,他前往费拉拉(Ferrara),在那里以一篇关于教会法的论文于1503年获得法学博士学位。② 哥白尼拿到博士学位时已经30岁了,教会支持的这段漫长游学终于告一段落。弗龙堡教堂的教士谘议会清楚地表示,哥白尼应该开始为教会服务,他的主教舅父于是认命他为主教秘书和私人医生,他接受了这项工作。在为教会工作的日子里,哥白尼不仅了解了许多国家事务,也因为高明的医术而声名远扬。因此,哥白尼对于自己的肖像画是以医生身份被画出来感到相当骄傲,这件事我们在一开始就提到了。

1503年,哥白尼回到日耳曼地区,这一年整个天文界正在期待一次主要星球的交会;不过,因为期待过高,所以失望也越大,结果证明学界的预测是错误的,实际上行星的交会较预测晚了10天。由于这次错误的预测,再加上其他一些不精确的地方,人们不得不怀疑过去对天体的叙述是否正确。特别是托勒密的《至大论》,甚至连马丁·路德在一次演说中都提到当时天文学中的"混乱"情形。也许有人会将这些天文学问题归因于当时并不十分可靠的观

① 星球的交会表示人们观察到的星体出现在同一经度;也就是说,对地球的观察者而言,它们像是遇到一起,故而在天空中产生一个特别亮的点。

② 尽管没有经济上的问题,但哥白尼也不是那么毫无节制。他进修博士学位的这条路是他能找到的花费最少的选择。

察技术,我们知道当时还没有望远镜,而人类肉眼观察所能达到的精密度顶多只到 20 弧分。

哥白尼也注意到其从事的科学缺乏可靠性,他特别对托勒密体系中的“均轮”感到不满。虽然他觉得天体的运动方式应该可以解释得更明白易懂,而且他也有自己的想法,但是因为教会的工作占去他大部分的时间,所以他一时也无法将自己的想法付诸纸笔。教会的事务十分繁忙,哥白尼首先被派到海德堡(Heidelberg)的主教官邸,他在这里一直待到 1510 年,之后又回到弗龙堡的舅父那里履行他的义务,教会要求他处理有关法律与医疗的事务。最迟从 1512 年起,哥白尼开始仔细观察行星的运动。随着观察经验的增加,他越来越不满意托勒密的行星体系。一直到 1514 年的这几年间,他都在写一本只打算在朋友之间流通的天文学小评论,他将这本小书命名为《概要》(*Commentariolus*)①。在《概要》中有一句话很清楚扼要地表现出哥白尼日心体系的想法:

> 所有的天体都绕着位于中心的太阳旋转,因此太阳才是宇宙的中心。

哥白尼并不是第一个提出这种想法的人,他的想法之所以获得重视,主要是因为他在一个适当的时刻提出他的体系;而且他不只是随意谈谈,而是提出了令人信服的论证。哥白尼的确造成了一种转变,这种转变是静静的、从容不迫的,但我们总是将这件事大肆颂扬为“哥白尼革命”,并强调哥白尼的宇宙模型能以崭新又

① 现代新版的《概要》被换上一个较学术的名称,即《宇宙体系初稿》(*Erster Entwurf eines Weltsystems*);事实上,哥白尼这本书的企图并没有那么大。

简单的方式解释行星轨道。事实上,这种说法并不十分合适,因为任何曾花费精力计算行星运动与轨道的人都能明确指出,哥白尼的模型在数学上并不比托勒密简单多少,而且哥白尼模型所需的天体数也没有比托勒密体系中的少很多。实际上,哥白尼并不比托勒密精确多少,而且哥白尼的说法也不能说是完全正确的,至少以现今天文学的知识来看,太阳既不位于宇宙的中心,也不位于任何一个哥白尼从过去的模型中保留下来的他认为是正确的轨道上。

基本上,哥白尼根本不想创造一个新天文学,他还是以托勒密的体系为依据,让他感到困扰的只是托勒密那些安装在天空模型中的“均轮”。对此,哥白尼曾有些意见,如他在《概要》中写道:“我认为这样的看法似乎还不够周延到足以称为理性。”接下来他继续写道:

> 在我认识这个均轮理论之后,我时常考虑是否可能找到一种圆:它不仅更合乎理性,也能解释所有观察到的不均等现象;也就是说,在这个新的圆上,所有的运动都是均质的,如同一个完美的运动所要求的那般。但是,当我着手这个工作时,才发现这个问题相当困难且似乎无法解决,不过事实表明,要达到这个目的无须如事先所想的那么多的辅助,但是需要更合适的工具;换句话说,只要我们承认一些基本原理,或者说是公理,就能达到目的。下面即是这些公理。

这个公理含有七条定律①,它已经比我们之前提到的主要观点——太阳为宇宙中心更复杂了。哥白尼在关于宇宙体系的初稿

① 七条定律,如七天为一星期以及七个行星。

中提出以下七条定律：

> 定律一：任何天空中的圆或是天体并不只有一个中心。
>
> 定律二：地球的中心并不是宇宙的中心，只是地球重力和月球轨道的中心。
>
> 定律三：所有圆形轨道都围绕着太阳，好像太阳就位于正中央。因此可以说宇宙的中心就在接近太阳之处。
>
> 定律四：日地距离和恒星天高度的比例小于地球半径和地球到太阳之距离的比例，所以，相较于恒星天的高度，太阳与地球的距离是微不足道的。
>
> 定律五：所有在恒星天中显而易见的运动并非本身就是那样，而是我们从地球观察造成的，也就是说，地球和紧邻它的一些基础物质每天会绕一次通过地球南北极、不变的地轴旋转，但是恒星天相对于最外层的天空还是比较不动的。
>
> 定律六：太阳呈现出的所有运动现象并不是太阳自身的运动，而是由于地球或者说是由于我们那个圆形轨道的缘故。地球和其他行星一样，都是沿着各自的圆形轨道绕着太阳旋转。
>
> 定律七：行星的逆行或前移现象并不是本身如此，而是因为我们从地球观察造成的。地球本身的移动就已经足够造成天空中这许多不同的现象。

读者第一次读到这七条定律时也许会感到十分困惑，因为任何一个认为哥白尼只提出了太阳为宇宙中心这个观点的人都会发现，哥白尼不仅提出上述的观点，更讨论了许多需要时间思考、消化的细节。尽管一些现代评论者认为《概要》是一本匆匆写就的书，但是从上面引用的一些话来看，我们还是觉得哥白尼的定律及其有关宇宙体系的初稿是值得慢慢阅读和仔细思索的。其实，《概要》只是在数学上（质量上）还有不完美之处，在一些细节上亦不够深入。但是一些狂热追求精确的人却指出哥白尼忽略了一些天文现象，例如，岁差和每 19 年出现一次的“月球节点”的旋转，而且还一直满足于用 34 个圆周运动（取代旧有的 38 个）来描写所有行星，并预测它们在天空中的位置。无论如何，这都改变不了下面的事实，用哥白尼的解释的确较为简明易懂，而且这七条定律也包含了一个受过教育者应当知道的天文学基本内容，因为它包含了我们依赖的所有素材。①

在深入讨论第四和第五定律中的日心体系之前，我想再提出一项推测：虽然哥白尼宣称，基于理性与简洁性，太阳应该位于宇宙的中心（或是接近中心），但是在他内心深处应该另有一种想法，或许我们可以称之为诗意或美学上的理由。我们可以从其主要著作里一段谈到中心这颗闪耀星体的话中嗅出一股欣喜若狂的味道：

> 在所有星球的中央坐落的就是太阳，因为有谁会想把这个富丽堂皇的神庙中作为光源的太阳从一个已经可以同时照耀所有事物的地方移到另一个——也许甚至是更好的——地方去呢？有一些对太阳颇为贴切的形容词，例如宇宙之灯、宇宙精神或宇宙的领导者；赫耳墨斯·特里斯墨吉斯忒斯（Her-

① 阅读哥白尼的主要著作、理解其论证过程和计算细节当然是值得的。但是这里并不是一个介绍地球或其他行星运动细节的合适之处。在这里，我们只想强调哥白尼的主要著作《天体运行论》共有 6 卷，但是整体内容与结构在第六卷呈现出突然的中断，可能是死亡使他无法完成撰写第七卷的计划。

> rnes Trismegistos)①称太阳为“可以看见的上帝”,索福克勒斯(Sophocles)在《厄勒克特拉》(*Electra*)中称之为全视者。因此,太阳仿佛位居王座,控制着环绕它的群星;而地球也绝对没有让月球失去自由,月球正如亚里士多德讨论生物的论文中所说的,和地球具有最相近的性质,因为地球接受太阳的光源,所以有幸获得每年的收获。由此看来,除了这种排列,我们无法从其他的排列中发现宇宙的美妙对称性,也无法发现运动和天体大小之间不变的和谐关系。

哥白尼清楚地知道其日心体系的弱点所在,或许正因如此,他非常热衷于研究太阳。如果是因为地球在一年之内绕着太阳转,我们从地球上不同的地方观察恒星就一定会得到不同的视角;换句话说,如果在春天观察一颗恒星,秋天时再观察一次,就一定会发现两次观察的方向——视线到恒星的方向——有些许不同,当今的天文学家称这个差异为视差。18 世纪时,有人批评哥白尼无法计算出这个差异,哥白尼回答(见上述定律四):因为宇宙非常大。这点他是对的,视差的问题,一直到 19 世纪中叶才被德国天文学家贝塞尔(Friedrich Wilhelm Bessel)成功地解决。贝塞尔利用夫琅和费(Joseph von Fraunhofer)制造的测日仪从柯尼斯堡(Konigsberg)观察一个位于天鹅座、今天称为“61Cygni”的双星,他分别在 1837 年 8 月和 1838 年 10 月进行了“天鹅座 61”(61Cygni)的两次测量,克服了许多计算上的困难才证明了恒星的视差。②

---

① 这里所指的是传说中炼金术的创立者,我们会在介绍牛顿的那一章再谈到他。

② 这个待辨识的角度差异相当小,只有 0.31 角秒,鉴定这个角度差异需要相当的技巧、精确度和大量的计算工作。

基本上，我们可以说直到贝塞尔（与夫琅和费）的计算出现，才能证明哥白尼的宇宙模型比起托勒密的宇宙体系不仅更美，而且更好。当我们提到之前哥白尼的继承者为哥白尼体系辩护时，还必须注意一点，就是那些辩护者手中并没有任何经验的证明。但是说来也颇奇怪，当此证明最终被提出来时，并没有什么人对它感兴趣，至少在科学界外；不论基于什么理由，太阳为中心的宇宙观早已被接受了，甚至在哲学界也发生了一次“哥白尼革命”。

特别是康德，虽然康德从未如此形容自己的哲学，但是当他在《纯粹理性批判》中讨论形而上学的观念转变时，确实提过哥白尼。康德开创了形而上学的新篇章，他清楚地指出，我们无法在自然中找寻自然的法则，也无法从自然中获得；更确切地说，是我们为自然规定法则的，并且是或多或少强加于自然的。法则是我们思想上的发明，不是自然预先的规定。在此，康德和哥白尼一样，转变了我们思考的方向，他回想起那个历史上的模范时说：

> 正是这一点和哥白尼最初的想法一样。哥白尼认为，若是假设群星围绕观察者旋转无法很好地解释行星运动，不如假设观察者旋转而群星静止不动，或许能得到更好的解释。在形而上学中，我们亦可尝试以相同的方式来思考与物体有关的概念。

任何因为读到大思想家这段轻松的话而感到愉快的人也会察觉似乎有什么地方不对劲，康德是否真的在哲学思想上完成了一次哥白尼式的转变？他不是将人类视为其哲学体系的中心点吗？就这一点而言，将康德的形而上学称为托勒密式的反革命不是更恰当吗？

如果有人提出这些问题，就是忽略了康德强调的重点，他强调的是哥白尼的“最初想法”，而不是把地球从宇宙中央挪开这件事；更清楚地说，康德指的是哥白尼《概要》中的定律五，也就是地球绕着自己的轴心自转这个主张。① 这个“最初的”想法解释了表面上太阳和恒星相对于地球的运动与日夜交替的节奏，直到第二个想法，也就是太阳为宇宙中心的概念，才解决了有关行星运转的一些特殊问题，例如行星的“8”字形运动和四季的交替。

由此看来，康德并没有完成哲学上的“哥白尼革命”，而且他也从未如此表示。他还是视人类为认识和思想的中心点，而这种以人为中心的思考方式一直到20世纪才被生物学家洛伦茨（Konrad Lorenz）扬弃，巧的是他刚好和200多年前的康德一样，都曾在柯尼斯堡大学哲学讲座担任过教职。

当康德和洛伦茨还在专心思忖他们的问题时，另一个曾让哥白尼绞尽脑汁的世界观已经被克服多时，这里要说的是从亚里士多德时代就存在的二元性，也就是天与地的区分：在上面的是完美的，在下面的则是不完美的；在天上的是神圣的，在地上的是罪恶的；此外，天与地亦分别代表神性与人性。古代的学者将地球置于宇宙中心，不仅借此赋予人类宇宙中心的地位，也为人类找到一个距神最远的位置。当哥白尼将地球从宇宙中心推向边缘时，亦使我们更接近神圣的天体，如此的结果是古代二元论理论体系或想法无法承担的。只有待上帝能无所不在和地球不一定要处于宇宙中最低微的地方这些观念，②再加上太阳并不在宇宙正中心点的想

---

① 哥白尼在其主要著作中清楚地区分出三种地球的运动，即每日的自转、每年的公转以及在宇宙中地轴方向的旋转，也就是周期25 700年的岁差。

② 中心和边缘的相对化是库萨的尼古拉（Nikolaus Cusanus，1401—1464年）的贡献，他就是著名的布里克森（Brixen）主教。

法——心脏也不在身体的正中央——被广泛接受之后，转变道路上的障碍才算被清除，也才有了今天我们所称的哥白尼革命。

哥白尼的伟大贡献在于他接受了当时各式各样的思想，并且充实改良天文学体系，使其更具启发性。在天与地之间的二元性被相对化甚至解除了之后，哥白尼才能着手撰写他的主要著作并安详地死去。不过，或许哥白尼太过谨慎小心，以至于只完成了6卷，那计划中的第七卷肯定已在哥白尼脑海中，只不过哥白尼已将它带入墓中。

培根

伽利略

开普勒

笛卡儿

培根真正关心的是现实，而不是理论。

——黑格尔

自然科学的诞生要归功于伽利略。

——霍金

我的灵魂曾横越天际，此刻要测量地球的深度；
若我的灵魂属于天空，尘世的躯体则在此安息。

——开普勒为自己写的墓志铭

我思故我在。

——笛卡儿

第三章　现代欧洲四杰

· 培根(Francis Bacon, 1561—1626 年)

· 伽利略(Galileo Galilei, 1564—1642 年)

· 开普勒(Johannes Kepler, 1571—1630 年)

· 笛卡儿(René Descartes, 1596—1650 年)

大约 400 年前,科学才开始获得它今日具有的形象,整个事件甚至牵涉一个欧洲化运动。下面几章的主角分别来自英国、意大利、德国与法国,顺便一提,并非只有在这几个国家才有人提出新观念,或是提出那些甚至到今天都还决定着我们与自然打交道时采取的新法则。

在此,荷兰也扮演了一个重要的角色,如我们将会介绍到的,特别是望远镜从荷兰传到意大利这件事;借由望远镜,宇宙才更清楚地呈现在人类眼前。不过,人类不会因而只专注于宇宙,人类的视野也转移到地球和人类本身必须克服的难题上。在 17 世纪初期,科学显露出具有实用价值的一面,从此必须且能够赋予我们力量。

第一节 培根:科学促进人类福祉

一些在弗朗西斯·培根的思想中寻寻觅觅的人似乎被搞糊涂了,因为即使翻遍他在17世纪初——也就是介于文艺复兴和近代之间——完成的所有作品,也找不到他那句被众人援引并实践的名言,即"知识就是力量"。不过,并没有人愿意像培根一样那么直接地主张科学就该为社会的进步服务,所以也有人称培根为"工业化的哲学家",但是这些人无法像培根一样将人类该如何应用科学一事说得清清楚楚。即使到现在,在科学组织方面我们并没有比培根计划中提出的蓝图更为高明,无论我们是否知道这个事实。不过,科学界并不想承认培根的贡献,①正好相反,科学家避培根如恶魔避圣水。首先,在19世纪,人们指责培根根本不是科学家,并且说这个英国贵族根本没有发现任何自然法则,"只"是以一位哲学家的身份从事研究,因此顶多只能说他研究了一些方法论的问题。甚至到了20世纪,人们都还想要将科学方法上的不完美归咎于培根的哲学,而且为了规避培根的哲学,把它说成是科学的错误指南。

我们先来看看当代的情况:首先,一些名人认为是该放弃培根建议的科学方法的时候了,或者根本就是把培根的方法论当成笑话。这里所指的科学方法当然就是所谓的归纳逻辑,归纳逻辑原则上是研究如何或何时才能从许多单一的事例(我看到许多黑乌

---

① 一点提示:弗朗西斯·培根和罗杰·培根(Roger Bacon,1214—1292年)并没有任何关系,后者是一位多才多艺的修道士,他在当时以炼金术士的身份著名。例如,罗杰·培根深信地球是圆的,而且在哥伦布200多年之前就已经尝试寻找一种绕行地球的技术。

鸦)中推导出一个具有普遍性的结果(所有的乌鸦都是黑色的)。培根很早就认识到实验在本质上是属于科学的,但是即使借由实验的帮忙,人们也只能进行一些个别的独立测量。然而,从测量数据到具有普遍性的法则,这一步究竟是如何达成的?研究的逻辑(归纳逻辑)是如何产生作用的?特别是在每一个归纳过程之前都还存在着一个从已知事物推演的过程(演绎逻辑)。

培根的问题大致是如此,许多人受到他的影响着手研究这些问题,其中特别值得一提的是哲学家卡尔·波普尔。波普尔出生在20世纪的第一个10年——大约是培根过世后300年,他提出一个被信以为真的新逻辑方法,即其《科学发现的逻辑》(*Logik der Forschung*),他在这本书中指出我们可以不必重视归纳法。不过,我们若仔细看,就会发现波普尔并没有注意到自己的论文内容和"伟大的培根"的著作相比,可以说没有太多新鲜的东西。此外,从布莱希特(Bertolt Brecht)的一首诗中也可以感觉到一般人对归纳逻辑所持的轻蔑态度。布莱希特用了三个反讽意味的词汇,即"über induktive Liebe"(关于归纳式的爱),作为一首诗的开头,并且明确表明此诗是要"献给弗朗西斯·培根"。在诗中,诗人以令人惊异的文字建议读者在恋爱中进行尝试(科学意义上的实验方式)。布莱希特认为,也许只有通过如此方法,恋人们才能发觉自己的伴侣是"喜欢在一张帆下"躺着;在诗的末尾,诗人更以玩弄逻辑的文字写下了以下的诗句:

Gestattete sie, dass er sie begattet
Ist ihm, sich nicht zu gatten, auch gestattet
若是她允许了他与她发生关系
他就被允许不用与她结为连理

如果诗人嘲弄严格的科学方法会妨碍爱情乐趣还算不痛不痒,那么今天一些来自科学界的批评就不是这么轻松了。今天的科学界批评培根根本没有做过任何意义上的科学研究,他们援引培根在1623年所说的话作为证据。培根说:

> 若以目的性而言,对自然过程的观察是空洞且无结果的,就像一个奉圣职的处女是不会生育的一样。

不止如此,科学界更将当今科学遭遇到的困境,也就是只追求力量的倾向,归咎在提出归纳法的人身上;除此之外,他们也批评培根从不考虑其他的领域,例如伦理学与美学。其实,一个如此诋毁培根的社会不经意间显露出来的是自己更多的不足,现在或许是恢复培根名誉的适当时候了。令人鼓舞的是,这件事其实并不困难,只要查阅一下培根真正写了什么就可以了;如果我们回到培根的原著中,就可以清楚地了解他究竟说了什么。我们可以发现,特别是在我们失败之处,都是因为我们的行为超越了培根的建议,培根实在是把我们看透了,或许这也是他的思想使那些引用它的人感到困惑的原因。

时代背景

当培根于1561年在伦敦出生时,世界上开始了奴隶贩卖活动;同一时期,欧洲爆发了宗教战争,这个悲剧的最高峰就是所谓的“三十年战争”(1618—1648年)。当培根稍长时,英国成立了第一个证券交易所,而大英帝国也正逐渐成为世界的霸主;它在美洲建立了第一个殖民地(弗吉尼亚),打败了来袭的西班牙无敌舰队(1588年),并成立了恶名昭彰的东印度公司(1600年)。德雷克

(Francis Drake)乘船环行世界,墨卡托(Gerhard Mercator)绘制了100多幅航海图,威廉·吉尔伯特(William Gilbert)从磁倾角的存在推测出地球是一块大磁石,莎士比亚则完成了十四行诗,并着手撰写《哈姆雷特》(*Hamlet*,1603年)。日本实施锁国政策(直到1868年),并将首都由京都迁到江户。在欧洲,第一份周报于1609年发行,一本名为《化学入门》(*Tyrocinium chymicum*)的教科书讨论的不再是炼金术,而是化学。开普勒在当时提出椭圆行星轨道的想法,伽利略发现太阳黑子,在蒂宾根(Tübingen)的施卡德(Wilhelm Schikard)则根据算筹的运作方式制造了第一台计算机。当培根于1626年在伦敦附近的海格特(Highgate)逝世时,英国有了专利法;也就在那时,公开决斗被完全禁止。

人物侧写

培根出生在伊丽莎白时期的一个贵族家庭里,他的父亲是掌玺大臣(Lord Keeper of The Seal)①尼古拉·培根爵士(Sir Nicholas Bacon),母亲则是爵士夫人安(Lady Ann)。培根最初在剑桥三一学院(Trinity College),后来又到不同的地方学习法律。从所有方面来看,培根都应该拥有光明的政治前途,因为当他在1582年成为辩护律师时,就已经在议会拥有议员的身份了。在政治上,培根非常精明,通常都能很有技巧地改变自己的意见,使自己站在得势的一方,因此他的官途一路顺畅。1603年,培根被封为爵士,1613年为首席皇家律师,三年之后他也和父亲一样成为掌玺大臣,1618年更因被任命为检查总长而被册封为维鲁拉姆男爵(Baron Verulam)。

---

① 掌玺大臣是伊丽莎白女王赋予的最高级法律职位。

这一时期，培根不仅写出了很多的作品——其主要著作《新工具》（*Novnm Organum*）①在1620年出版，也找得出时间准备一场并非毫无品位的结婚典礼。1607年，培根很可能为了丰厚的嫁妆而与一位14岁的年轻女子结婚。对于这场婚礼，我们所知的只是一些婚宴的描述，一位参与婚礼的宾客如此描写婚礼的主人培根："他从头到脚一身紫色，新娘身上则罩着嫁妆中的金银装饰的长袍。"

当时已经有人怀疑培根在财务上或许有问题，而且很有可能受贿。1621年，培根终于因为接受金钱馈赠而被控告；由于培根深深卷入王室与议会无止境的冲突中，因此他最后被判有罪，法庭宣布培根"永远不能担任国家或团体的公职"，而且"应该囚禁在伦敦塔内，直到国王满意为止"。幸运的是，国王很快就谅解了这位哲学家，培根才关了几天就被释放了。培根重获自由，但也被贬为庶人，他的晚年是在贫寂交加中度过的。不过，说来也奇怪，在经济、心理双重的压力下，培根反而文思泉涌地完成了许多著作。其中，培根在《新大西岛》（*New Atlantis*）中勾勒了他的理想国度，直到今天我们才认识到书中处理的问题之重要性，即如何应用科技的进步来确保政治上的公平与社会的福祉。

可惜的是，《新大西岛》在培根于1626年逝世时只完成几个不完全连贯的部分。事实上，培根的死正是他对科学的强烈好奇心导致的。1626年初的某一天，培根从伦敦回到海格特（Highgate）时正下着雪，于是他想到要"做一个关于尸体的保存或持久性的小实

---

① 培根想借着这本书为科学提供一种新工具，其实这也就是书名的意思。《新工具》是培根计划中百科全书式的巨著《伟大的复兴》（*Instauratio magna*）的一部分，在《新工具》里可以发现科学与革命这两个概念第一次被放在一起使用，这两个概念后来被紧紧地拴在一起。

验”。他正确地猜到肉类放在雪里可以保持较久的新鲜度：他把宰杀后的鸡雏体内塞满冰冷的雪，然后观察鸡肉腐烂的过程，特别是整个腐烂过程因低温而减慢的现象。然而，培根在做这个实验时染上了感冒，后来更恶化为肺炎，最终导致死亡。这场病实在是对培根命运的嘲弄，因为其主要著作中一再表现出来的愿望就是人类可以不再听任大自然的摆布，但培根却正是因为寻找从自然中解放出来的道路而死亡。

接着我们要探讨两本培根的著作，两本书的书名都有“新”这个字，即《新工具》与《新大西岛》。《新大西岛》是针对柏拉图叙述的大西岛而言的，若柏拉图是想借着这个传说中在数千年前沉入海底的岛屿来控诉过往理想典型的消逝，培根则是希望在这个新的大西岛上建立一个更好、更适合生活的未来（之后我们会再提到）。另一本书《新工具》则是针对亚里士多德的《工具论》（*Organum*）而作，培根在此反对亚里士多德的思想，特别是他的演绎法。如前所述，培根尝试建立一种归纳法，人们可以借由这种方法知道如何从单个的观察——如同在实验中或日常生活中（在自然中）所做的——中得知普遍性的事实情况，或是推导出一个全面性的法则，特别是后者，一般人都很感兴趣。今天我们早已接受，并没有一个系统的方式能让我们从索引式的资料中得到假设或科学定义上的假说，我们认为所有的法则或多或少都是自由幻想的产物。然而，培根有一个更实际的愿望，他希望能找到一条“帝王之路”，或者至少有一个可靠的方法让人们获得对复杂事物的知识（从而促成进步）。

譬如，培根利用他偏爱的归纳法得到一个非常基本而且在今天也广泛流传的看法，即“热”可以被理解为一种运动。为了得到这个结论，他从搜集、整理许多单一的事例开始，运用三种表格来记录正面的、负面的和可比较或可对比的例子。换句话说，培根是用表格来整理、筛选那些需要被解释的素材的。在关于“热”的这个例子中，培根将大约20多个表现出热的事例列在第一张表格上，这些例子包括从太阳的光线到口中产生刺激辣味的调味料。①第二张表格上记录的是一些看起来像热却没有将热的性质表现在外的事物，例如月光以及液体无法长久保温的事实。在第三张表格上，培根比较了许多与热有关的事物，例如他比较了鱼和鸟，并且认为鱼是冷的而鸟是温热的，他也以同样的方式比较了腐烂的东西和马粪。

当然，以我们今天的眼光来看，这种列举或分类方式是相当混乱而无系统的。不过，培根的思想中真正值得我们学习的还在后面，因为在列举和分类之后开始的才是研究者真正的任务，也就是所谓的归纳。它的重点在于从诸多事例中找出一种性质，“这种性质与一种已知的本质总是存在着关联性，它或许缺乏这种已知的本质，或许只是增加或减少”。培根想法中最重要的一点是，他并不是根据第一张表格上的正面事例来辨认判断，而是根据第二张表格上的反面事例。因此，培根早在波普尔②之前就已经提出一种观念，他认为，“只有经过被否定的事例才能往前迈进，一直到最后，在排除掉一些应该考虑的事例后才能转变成确定的”。只需一个反例，就足以反驳一个假设（即证伪），即使在此之前已被证实数千次。例如，一只黑天鹅就能使“所有的天鹅都是白的”这个假设无效。

---

① 不过，培根不像布莱希特，他从未将恋爱中的情侣考虑在内。

② 在培根之后的300多年，波普尔在其《科学发现的逻辑》中提出一个观念（也因此备受赞誉），他认为自然法则或理论无法被实验证实，顶多只能被证伪。虽然培根早已提到这一点，但是波普尔只在书中的一个脚注中提到培根的著作。

为了解释“热”这个现象，培根又设计了一种表格，在这第四张表格上记录着一些“不符合热的形式”而被排除的事例。例如，他观察到所有的物质都是能被加热的，因此并不是一种特别的元素造成这种现象。因为有这样的推测，所以他坚持“热”本身并不独立存在于自然界中，而是经过摩擦物体产生。在完成这些工作之后，科学家接下来要做的既重要又需要勇气，即提出假设。培根说：“我将这种类型的尝试称为对事物意义的赋予，或是初步的解释，或是首次的拣选。”后来培根几乎想要为此道歉，其实培根并不需要对他的想法表现得如此谦逊，毕竟他以下的想法直到今日都还上得了台面，即“热”是一种特别形式的运动。而且，他很清楚“并不是每一种运动都是热，但是每一种‘热’却都是运动”。

当然，首次拣选也可能得到错误的假设，但是只要一直回归到所观察的事实并以实验结果为指导，便可以很快发现错误。培根不仅极力推荐这种寻找错误的做法，他也看出可以对同一现象同时提出许多假设，之后再从中选择其一。在这个选择的过程中，必须专注于一个培根称之为“instantia crucis”的决定性程序或步骤，“决定性实验”(experimentum crucis)①这个现代观念正是从培根的想法中发展出来的。甚至到了今天，自然科学的教师们不仅还在

---

① “决定性实验”这个观念最先出现在17世纪，也就是在胡克(Robert Hooke)1665年的著作《显微图谱》(*Micrographia*)中。之后，它在牛顿的思想中也扮演了重要的角色，特别是在牛顿研究光线的本质与解释颜色时。不过，“光”是很特别的，因为它表现出罕有的双重性质，即波粒二象性。事实上，爱因斯坦在1905年时应该已经认识到，18世纪至19世纪得到的那些“决定性试验”都无法让我们对光的本质做出最终的判断，因为只有在人们面对没有第三选项、也就是只面临二选一的状况时，才算是进行“选择性实验”，这种情况就好像亚里士多德的逻辑。不过，第三选项也是可能存在的——至少在光的例子里。

课堂上讲授这个观念，他们也希望在工作上能进行这么一个“决定性实验”。生物学上就有这样一个著名并且获得诺贝尔奖的“决定性实验”，这个实验是由德尔布吕克（Max Delbrück）和卢里亚（Salvador Luria）在第二次世界大战时期完成的。根据这个实验，实验者能断定细菌体中发现的基因改变（突变）是偶然发生的还是因为外界的影响或控制。

以上许多有关培根的事迹及其政治信念，一方面说明了评价培根为何会那么困难，另一方面也说明了我们这些当代人为何会被培根的思想弄糊涂，因为我们无法简单地将培根归类，在很多情况下他都是孤独的。例如，在时代上，他处于文艺复兴与近代之间；在学科分类中，他既是哲学家，也是博物学家；此外，作为政治人物，他又必须面对今天我们常见的“经研究提出的难以采纳的要求”和“社会群众兴趣”之间的冲突。不过，培根的思想扮演了桥梁的角色，尽管他有过在当时不算少见的受贿行为，而这个中介角色对今天的我们来说是最重要的，特别是以下的想法：他认为科学应该努力追求进步，也应该为人类物质上的福祉服务。

进步的思想从培根的哲学开始，培根的哲学考虑的不是“什么是知识”，它的主题是“如何改善和增加人类的知识”，并且进一步追问如何系统地运用知识使得社会（即人类）受益。

培根是第一个清楚看出科学不仅能对我们的日常生活，也会对人类历史产生影响的人，一直到今天这个事实在历史学界与人文科学界都还没有被广泛接受。培根举了印刷术、罗盘和火药为例来说明科学的影响力，他曾以惊叹的语气说道：“这三种东西为我们这个世界带来多么重大的改变呀！”起初，培根看到的只是发展的光明面，他对一般人认为这三项发明是“知识偶然地被制造出来”的想法感到遗憾，因为他想要创造出更多东西，并且梦想成为一个大的科学行会之领导者。① 培根思想的核心在于,研究应该是经过协调并公开的,唯有如此才能保证研究能促进人类的福祉。实现这个愿望的前提则是:虽然科学能利用所有的事物,但是绝对不能对任何人造成危害。当然,这是科学进步乐观主义观点的基础,它是基于科技具有持续改良的可能性这样的信念,这种乐观主义从近代到20世纪60年代一直主导着我们对科学的看法。②

在这样的关联下,我们可以将进步理解成对世界支配力量的增加,或是对自然宰制力量的扩大。这样的想法也可以追溯到培根,特别是他在《新工具》里清楚地写着,若是希望科学的进步能"促进幸福并且有利于民生",应该注意的事项会有哪些。根据培根的想法,力量并不是毫无限制的,因为他认为"只有顺应自然(及其法则)的引导,人类才能掌握自然"。

前一段的最后一句引言出自《新工具》卷首的箴言,在这里值得逐字逐句地将它摘录下来:

> 一、人类,作为自然的仆人与阐释者,能做的与能理解的顶多只是通过行动与思想从自然的秩序中观察;除此之外,人类并不知道任何事,也没有能力做任何事。
>
> 二、既不是仅凭双手也不是只靠孤立无援的理智就能实

---

① 300多年后,一位著名的预言家与未来学研究者容克(Robert Jungk)承继了培根的这个想法,成立了一个未来工作室。当然,容克并没有注意到培根的思想,因此那些将培根说得一无是处的批评者都为容克的这一做法欢呼。

② 培根的想法在19世纪晚期的工业研究中实现,因此用"工业时代的哲学家"来刻画培根其实是相当合适的。在当时,人们认为马克思的"工作为幸福之源泉"的主张并不完全正确,应该在工作之前加上一个形容词才恰当。也就是说,人类的幸福应该归功于脑力(特别是科学)的工作。

现这许多计划，而是要靠工具和辅助手段才能完成一些事情。理智需要工具和辅助手段的程度不亚于手需要它们的程度，如手的工具操纵或控制运动，思想的工具帮助或保护理智。

三、人类的知识和人类的力量是合一的，因为对原因无知就无法产生所需的效果，只有顺应自然的引导，人类才能掌握自然；而任何在计划中以原因出现的因素，在实际的操作中就是规则。

四、除了把自然的物体拼凑起来或拆开，人类不能多做什么工作了，其余的都受到自然的影响。

如果培根那句著名的格言“知识就是力量”能够追溯到其作品中的任何一处——虽然这几个字并没有直接出现在其作品中的任何地方，应该就是上面摘录的第三句箴言。从这里可以轻易地看出培根的表达方式是比较谨慎的，他只说知识与力量应是合二为一的。当然，任何一个多少了解自然的人都能利用这个知识，并且借此成功地行动。例如，他能因此获得能源或登陆月球。同时，我们也很清楚地知道，如果人类利用这个培根口中的“最真实的知识”来干涉自然（行动），就能产生最大的效果。不过，这并非是指一项越来越成熟的技术或越来越广泛的知识及其带来的剥削，对培根而言，最重要的是那未知的部分。也就是说，他要强调的是人类那个让自己显示出无能的“对原因的无知”。

培根想要寻找的就是一种新工具，例如归纳逻辑，为的就是要让人类从知识中获得更多好处，今天我们用“支配”这个词来形容从知识中获得更多好处的行为。其实，培根是希望见到这具有控制力量的知识能够被运用在增进人类福祉的事业上，当然那时培根还不知该如何进行。不过，对于应用科学一事，他是个十足的乐观主义者,最迟从法国大革命以来,启蒙主义者——特别是培根的后继者——梦想借由理性的计划让人类的生活变得更好;不过,错误的计划导致可预见的二次(更糟的)伤害(环境污染、文明疾病等)是不允许的。说出“实验就是执行为知识服务的力量”这句话的并不是400多年前的培根,而是20世纪的德国物理学家及哲学家魏茨泽克(Carl Friedrich von Weizsäcker)。当魏茨泽克说出这句话时,听众们不停地点头赞许,因为所有人都喜欢拥有力量,而科学似乎就是能提供他们力量的媒介。

“所有的科学只会变得越来越好,并且为人类提供更好的服务”,这种想法是在培根之后才形成的。培根本人还是比较保守一些,他只是想提醒当时的人们不要因崇拜、迷恋古代的一切而阻碍满足人类需要的进步。此外,尽管培根鼓吹进步,但是他一直保持着“今日的知识可能是明日的错误”这样的看法。不仅是自然科学,他也用这种审慎的态度对待其他的学科。培根在《新工具》的第127句箴言中强调:除了科学之外,人们还需要重新了解逻辑学、伦理学和政治学的内容取向,以达到增进人类福祉这个重大目标。

“知识与力量”这个主题在培根的《新大西岛》中以极富启发性的方式再度出现,培根在书中通过获救船员的所见所闻描述了一个全新的社会与国家形态。他写道:一群使用“新工具”航海的船员在一次意外中偶然登上一个名为“新大西岛”的岛屿,岛上有一个独立的机构叫作“所罗门之宫”①。这个机构拥有20间研究室,其中一间大研究室负责研究气象学和人造雨(在17世纪呢!),还

① “所罗门之宫”可以被视为在培根之后才成立的科学研究院或研究所的前身。

有一些小研究室负责饲养一些特别而且有益的动物(如蚕与蜜蜂),研究人员也在工作室中一起制造机器人或其他自动机械。此外,一个最不寻常的单位就是测谎室,若是有科学家或自称为专家的人想利用各种诡计冒充神医或混入政府中,甚至借此愚弄人民,就要在这里被揭穿。“所罗门之宫”的研究工作组织得很好——培根已经将理论性和实用性的科学工作区分开来,就像我们今天所做的。不过,在区分科学性质之后,紧跟着出现的就是我们之前提到的有关知识与力量的问题,一个到今天都还必须面对的问题。关于这个问题,培根通过“所罗门之宫”的一位代表说:

> 我们会通过协商来审查所有的发明和实验,并决定什么是能发表的、什么是不能发表的。另外,我们有个秘密的誓约:如果维持研究成果的秘密比较重要,就应该将成果隐藏起来;也就是说,尽管我们有时会透露一些研究成果给国家,但有时也会保留一些。

这里提到的问题就是有关科学家对其工作或发明的后果所要承担的责任,培根看出这个研究所面临的两难困境:一个不愿(也不该)由国家掌控的研究不能完全不受社会监督,但是科学如何在与社会协调的同时保有自由呢?

培根在《新大西岛》中提到的一个想法就是由社会表达对科学家或发明者的敬仰(遗憾的是,在培根的想法中这些人都是男性),为此,人们应在新大西岛上设立一些摆放立像的长廊。如此做法有两个目的:一方面,希望科学家能被激励,追求被立像的荣誉(对今天的研究员而言,这样的机会是极为缺乏的,在我们的社会里演员或足球队员享有更高的名声);另一方面,民众也可以通过参观长廊中的立像建立对研究者的信赖。培根的乌托邦视科学与社会的并存为理所当然，即研究者应展示并理解那些能提供服务的新发现或发明。例如，它们不仅能预测坏天气或地震，也能警告人们当心疾病、传染病或饥荒。

培根对乌托邦的描述就在拜访“所罗门之宫”后中断，船员们被允许离开，并被期待将他们在岛上所学的公开，以促进其他国家的福祉。培根的蓝图中并没有任何平均主义或征服的思想，因为他凭借的是一个生产力丰富的源泉，它能使科学和技术成为可能。科学和技术提供了舒适、安全的生活，并不因此改变人类本身；对我们而言，还有什么更好的吗？培根告诉我们如何化希望为可能，他是因此把我们搞糊涂了吗？

第二节　伽利略：教会的确在改变

可惜！伽利略并未做过或是经历过那些我们熟知的轶事。他既未在他出生的城市比萨的斜塔上让物体落下来，以反驳那可能一直被广为接受的亚里士多德的观念，即重的物体会比较轻的物体更快地落到地面上，也从未说过那三个和地球有关的字，即“Eppur si muove”（可是她真的在动呀！）①。一直到1633年，伽利略为了避免遭受严刑拷问而被迫屈服于罗马教廷，他一方面承认支持哥白尼学说是一种“错误”，另一方面也承认他在发表著作时

① 这句引言倒是能引发一些有趣的联想，例如最近出版了一本有关性治疗的心理分析意义的书，书名就叫作《可是她真的在动呀！》（*Und er bewegt sich doch*）。如果“地球”这个名词在德文中是阳性［译注：德文中的地球（die Erde）为阴性名词］，那么伽利略这个著名句子的德文翻译在一开始就具有这种绝妙的双重意义了。

并没有能力证明太阳的中心地位和日心体系中的天体排列秩序（在此要强调的重点在于“证明”，这里的“证明”超出了一般简单满足于“好像有道理”的陈述）。关于审判伽利略一事，人们很喜欢谴责当时的教会和教会的代表们，但是他很可能不是完全无辜的，所以教会才会审判他，因为他难以控制的争论癖好老是在挖自己的墙脚。譬如，身为一位科学家，他却大声宣称：凡是不合乎逻辑，即不能被逻辑证明为正确或与《圣经》相反的断言，都应该视为错误。不过，教皇乌尔班八世（Urban VIII）相当善于应付伽利略的脾气，并且轻描淡写地向他指出一个简单的事实，即“证明”只存在于数学中，因此当我们谈到地球或太阳运动时，充其量只能说是得到一种“提示”或“明显的事实”。在这一点上，教皇是对的，因此伽利略才会受审。不过，伽利略这个案件并未就此结束，一直到400多年后的今天它才结案（后面会再提到）。

伽利略属于那种大众喜爱的知名科学家，人们对他的名字可以说是耳熟能详，至少也都听过。也许除了达尔文和爱因斯坦之外，没有其他科学家能像伽利略一样享有如此盛名并且影响后世。伽利略的传记比其他任何一位科学家的传记都多，今日任何一个想要重新为伽利略立传的人，也许都应先对这些传记做一次相关的研究，也就是研究这些书中描述的伽利略及其生活。然而我们想知道的是，为何会有这么多伽利略的传记？伽利略的盛名和群众魅力究竟从何而来？

伽利略享有盛名的原因之一，就是他与罗马宗教法庭抗争一事让人们注意到教廷的权力开始消逝。从那时起，教士们看起来就像是永远的输家，而这对许多处于教会逐渐失去控制权力时代的人而言其实也是正确的。另一个原因可能是伽利略表现出极大的勇气，在启蒙时期来临之前就不畏艰难地担负起启蒙的工作。他为自己设定了任务，并且准备好完全放弃那种由信仰得来的、具有某种程度的“可靠性”，他希望通过自己“证明”的说服力与逻辑推理的真理得到准确无误的“确定性”，以取代前述的“可靠性”。伽利略享有盛名的第三个原因是他用母语意大利文写作，①，借由母语写作可以让那些不懂拉丁文的民众接触到他的想法。除此之外，伽利略的盛名当然也是因为他被宗教法庭迫害，或许我们可以把他称为科学的殉道者（不过，我们应该求证的是，伽利略对太阳和地球位置的证据到底在多大程度上可以被认为是正确的）。

此外，伽利略今天的高知名度还能特别追溯到剧作家布莱希特。布莱希特将《伽利略传》（*Leben des Galilei*）②搬上舞台，并且让剧中的主人翁说出后来让他（或应该能够）出名的英雄式名言：“可是我们如何在拒绝群众的同时还能继续作为科学家呢?”借由这个问句，伽利略提出了一个基本问题，即科学与社会的相互关系，特别是当研究结果越来越错综复杂时，这个复杂的结果既让专家“无法看清全貌”，“更让智力平庸的人无法抵抗”。在此，布莱希特借着伽利略表达出所有研究和提问的目的，他让伽利略说：“我认为科学的唯一目的就在于减轻人类生存的艰难。”虽然众所周知这句话源自培根（我们还会再提到这一层关系），但是伽利略若有机会一定也愿意毫不迟疑地使用这句话。一如布莱希特，伽利略也显示出“对知识的所

---

① 在伽利略之后不久，法国的笛卡儿也决定用他的母语撰写他的主要著作，从这个时候开始，科学家们就不想再和神职人员一样用令人费解的拉丁文与老百姓交谈，他们想要受群众欢迎；不过，这种趋势也有其问题，这一点我们会在第三章第四节讨论。

② 布莱希特原先在1938年至1939年间用丹麦文写下此剧本，1955年至1956年时为几幕戏做了一些修改。这个出自布莱希特笔下并且令自然科学家感兴趣的素材被收录于“苏尔坎普口袋书系列”（2001）。

有权不太在意的态度”，或许这也是他享有高知名度的另一个原因，正是这许多的小缺点让我们对这位伟大的人物产生如此好感。

伽利略不只是受到人们喜爱，也受到专业人员的好评，他们喜欢引用布莱希特剧本中的对白，特别是在节庆演说中援引伽利略的惊人语句，“……绝不怜悯……那些不曾做过研究、只会说话的人”，然后再把目光扫向那些政治人物和媒体记者。

时代背景

当伽利略于 1564 年在比萨出生时，世界上出现了铅笔。18 岁的伽利略有一次在观察一盏沉重的枝状吊灯时，注意到单摆运动的一些原理①，此时正逢教皇格列高利十三世（Gregory XIII）改革历制。在这个时期，雷利爵士（Sir Walter Raleigh）将烟草和烟斗引进英格兰，因为当时的人认为烟草具有疗效，所以烟草被视为“珍贵神圣的植物”（从烟草至香烟一直到越来越多的肺癌病历，这种发展是一段漫长的历史）。1600 年，第一篇有关胚胎学的论文发表，法布里休斯（Girolamo Fabrici）发表了《论胚胎形成》（*De formato foetu*）。1603 年“气体”（Gas）这个词被引入科学领域，被用来批评并克服经典四元素说的缺点。1607 年，蒙特威尔第（Claudio Monteverdi）推出歌剧《奥菲欧》[*Orfeo*，译注：《奥菲欧》确立了歌剧的新形式，使歌剧不再枯燥无味。它不像一般早期歌剧作者较少采用朗诵的方式，而是在朗诵调中加入抒情调、小独唱曲，杂以合唱、舞蹈等方式，丰富了音乐的内容]。1628 年哈维描绘出血液的

---

① 根据传说，伽利略应该是因看到比萨大教堂中一盏摆动的灯而得到的灵感，他认为摆的摆动（来回）所需时间几乎与摆幅无关；事实的确如此，人们也利用这个原理制造了摆钟。不过，这个传说本身很可能是错误的，尽管甚至有一幅沙巴特里欧（Luigi Sabatellio）的画作中画着伽利略在望着吊灯。

循环,1635 年第一次成功测量声速,1642 年伦勃朗完成名画《夜巡》(*Nachtwache*)。也正是在这一年,伽利略在佛罗伦萨附近阿切特里(Arcetri)的别墅黯然辞世,而牛顿则在英格兰诞生。

人物侧写

伽利略是开创现代之“欧洲四杰”中的意大利王牌,他是一位音乐理论家的儿子,父亲曾写过一本名为《音乐理论》(*musica speculativa*)的书,并且亲自教育自己的孩子。年轻时的伽利略就过着这样的生活,直到 18 岁才前往比萨大学求学,在那里他接触到欧几里得的数学和亚里士多德的物理学。不过,不久之后他就辍学在家自修自己感兴趣的科学,例如阅读阿基米得有关浮体及其运动的文章。

伽利略有一个特点,他不愿意像他心目中那些古代的科学英雄一样只谈理论,他尝试在从事实验和操作技术的同时也考虑实际应用的问题。今天我们在某些人家的客厅里都还可以看到伽利略温度计①,就是一个很好的例子。伽利略一辈子都很喜欢动手做实验,也很成功地设计出一些机械装置,成果之一就是他在一篇叫《比重秤》的报告(*La Bilancetta*)中描述的利用流体静力学设计的一个比重秤。虽然以现在的眼光来看,这篇文章在物理学上并没

---

① 伽利略温度计是以物体在液体中的浮力——感谢阿基米得,以及不同材质在提高相同温度时的不同膨胀或扩散能力为基础设计出来的。在一个细长、充满清澈液体的容器中置入一些小球,这些小球内装有不同的有色物质,小球大部分的时间都浮在液面上。温度升高时,所有的物质都会膨胀,如果选择一种膨胀能力比小球里的有色物质的膨胀能力更强的液体放在容器内,小球就会往下沉。因此,整个装置就能以下述的方式测量室内的温度,也就是利用所有小球中最底层的那个球来指示伽利略温度计置放之处的温度。整个发明让发明者最满意的就是那个反方向运动:温度每上升 1 度,就会有一个球下沉。

有什么特殊之处,但是它对后世还是产生了影响,伽利略也因为这篇文章获得了资助人蒙特(Guidobaldo del Monte)侯爵的赏识。1589年,蒙特侯爵为伽利略在比萨大学争取到了数学教授教职。

尽管成名很早,但是伽利略还是有理由不满意他的工作,因为作为一个算数专业人员一年只赚60银币,而这份薪资和当时学院医师的2 000银币年薪简直无法相比。伽利略必须私下授课来增加收入,他甚至受邀制作每张能赚10银币的占星图。

在比萨,伽利略第一次尝试理解运动的本质,并且明显地从亚里士多德的学说中解放出来。不同于那位伟大的希腊学者,伽利略不再去问一个物体"为什么"会往这个或那个方向移动,他想知道的是物体的位置改变是"如何"发生的。他在研究中发现——实际上并没有借助于比萨斜塔,物体并不是如亚里士多德所宣称的,也不是如人类的健全理智所感知到的:以一个和物体重量成比例的速度往地面落下。① 事实上,所有的物体都违反人类素朴的概念,即它们下落的速度应该是一样的——至少在真空状态中。其中真正有趣的是由伽利略首先提出的问题:自由落体的速度如何在下落过程中逐渐加快?② 在比萨,伽利略尚未成功地看出下落速

---

① 正因为人类理智健全,或者简单地说是常识的缘故,亚里士多德的观念才得以长久维持了下来。的确,只要我们观察,就能看到重物会较快落到地面,不是吗? 事实上,我们的确可以看到一根羽毛的下落速度比一个没那么轻的金块慢一些,不是吗?

② 这种在今天物理课中还一定能学到的论断当然只有在真空状态中才有效。伽利略之所以能推导出真空状态中的可能结果,是因为他曾观察小球在不同密度液体中的下沉现象。他试图理解运动本身,所以刻意忽略运动发生时所处的环境条件;也就是说,他思考的是在真空状态中自由落体的运动情形。这种实际存在条件下的抽象思考方式,让人类能够超越他们坚持的、仅靠感官获得的印象观念。

度和时间成正比的现象,那时他倾向于认为加速度与下落所经的距离有关,但是却无法证明,他最大的困难在于没有工具正确地测量极短的时间间距。① 当伽利略还在比萨思考物体的运动[《论运动》(*De motu*)]时,并不是只有哲学上的动机,还有一个更强更具体的驱动力。对此,一如以往,伽利略再次表现出其重视实务应用的特性,他特别想要测量炮弹的飞行弹道。伽利略找到了解决方法,他引入了运动独立性原则,也就是将炮弹的飞行曲线视为两种运动总和所呈现的结果,即经过爆炸得到的向前方和因自由落体而向下方的两种运动(在此,伽利略并未提出任何“力”的概念,因为“重力”的概念要到牛顿时才成形)。借由这个方法,伽利略计算出抛物线运动的运动路径,因此提供给士兵一些有用的建议——根据他的计算,士兵们应该以 45°仰角将炮弹朝上射出,这样炮弹飞行的距离最远。

这里又显露出伽利略之所以著名的一个原因:因为伽利略深信自然法则的数学形式,并且试着用各种数学方法研究自然——身为一位数学教授,他这么做或许多多少少是因为职务之故。1623 年,伽利略在其著作《试金者》(*Il Saggiatore*)的一个著名注释中总结了他的信念,并且阐述了一个现代科学一直都还凭借的信仰:

> 只有在人们事先学会撰写自然的语言和文学之后,才能理解自然之书。它是用数学语言写成的,字母是三角形、圆形

① 直到 1609 年,伽利略才正确地思考到自由落体的加速度是随着时间增加的。伽利略利用一个倾斜的沟槽模拟自由落体,虽然这只是一个速度较慢并往斜下方滑动的物体,但是这个实验提供了一种可能性,即用脉搏来测量物体移动的时间。

和其他几何图形；若没有这些辅助，人类连一个字都读不懂。

其实，我们倒是应该从上面一直提到的伽利略在社会中的知名度这个角度来分析这段常被引用的文字。现在让我们回想一下，如果说伽利略自觉使用意大利文是想让大众了解科学，在这里就必须要对这段引言抱持怀疑的态度并提出问题：如果了解自然之书的重点不是在于意大利文而是数学，结果会是怎样？伽利略并没有注意到这个矛盾，因此到今天我们都还得承受这个矛盾带来的恶果。尽管伽利略所写的关于自然之书的话语可能是对的，但他的推论——这个推论很可能是针对教皇所做——“只有非数学文盲才能理解自然”则未必如此。因为事情若是恰如伽利略的推论，就表示所有无法应付数学公式和几何图形的人——肯定是大多数人——都无法了解自然如何运作。也就是说，不论用德文、意大利文或法文来解释科学到底发现了什么，只要不用数学语言就无法了解事情的究竟。当然，这样的说法只有在下述条件下才能成立，即伽利略是对的或是我们只能相信他，不然没有别的知识来源做解释依据。①

伽利略并没有花太多时间处理这个矛盾，而今天那些忙于让社会了解什么是科学的人也没有看到这个细节。当然，这些人会自我安慰说：伽利略关于数学的言论绝不是针对整个自然界的，充其量也只是自然界中物理学的部分；自然中富有生命力的部分是不需要数学知识就能理解的，生物学者研究的生物体甚至值得人

---

① 我们可以立刻看出不了解数学的人也能了解自然，只要注意到许多作家的直觉，或是如心理学家所解释的一般：思考仅是一种心理功能。当然，也有一些伟大的自然学者，如法拉第，一样不善于数学，我们会在后面适当的章节中加以介绍。

们对之产生感觉或感情。然而，很显然伽利略的说法持续地对后来的科学家产生影响，甚至让所有科学都以物理学为榜样，并以数学语言思考问题。这其实是个非常不好的现象，今天我们越来越了解也越来越注意到它带来的负面影响。

让我们先回到上面抄录的引言中被成熟的科学家伽利略视为自然之书的字母，即三角形和圆形身上。其实，年轻的伽利略在比萨教授数学时，心目中的“数学语言”并不是引人注意的几何图形，而是那些在其落体实验中记录于一张表格上代表时间与落体运动距离的数列。1592 年，伽利略在离开比萨前往帕多瓦之后（因为这里的薪资至少高一些），逐渐增加了这方面的实验。在帕多瓦的日子里，伽利略还是保持着他对实务工作的嗜好。他制造了一种汲水的装置，改良了罗盘，发明了一种类似计算尺的工具，而且还出售了几部这种装置。

在 16 世纪和 17 世纪交接之际，我们看到的是一个罹患关节炎的伽利略，病痛折磨着他，一直到他去世为止。我们也看到这样一个伽利略：尽管他未结婚，却有一位与之私订终身的女伴玛丽娜（Marina Gamba），并生下了两个女儿和一个儿子。此外，我们还能发现这样一个伽利略：他的目光集中于地球，却一直没有发表任何关于天体排列秩序的观点。慢慢地，他才显露出自己是哥白尼日心体系的支持者，但是这样的态度真正为人所知，已经是在 1610 年他把家庭安置好之后；那时他决定与他的玛丽娜分开，之后又决定把两个女儿送到修道院。

从一个一般的哥白尼体系的支持者到日心体系的积极辩护者，这种转变与一项装置有关，即荷兰眼镜制造者利伯希（Jan Lippershey）于 1608 年制造的后来被称为望远镜的仪器。伽利略在一份报纸上读到这项新发明的报道后，便按照报道的介绍试着组装这种新仪器,并且将它介绍给帕多瓦大学的评议委员会成员。尽管不能证明伽利略是否曾主张他才是望远镜的发明者,但伽利略的确让那些在上位者相信是他想出了这个革命性的科学工具,由此可见,伽利略掌握了很好的修辞技巧(这点我们还会再见到)。帕多瓦大学的评议委员会成员被激起热情——如伽利略所希望的,他们决定将伽利略的年薪提高到可观的1 000银币。

在这里,我们不想报道伽利略的"发明"上市后销量不佳的情形,宁可谈谈他如何利用他的新"发明"。伽利略不仅复制,更改良了望远镜,使望远镜的放大率提高到1 000倍,因而观察到了一些著名的天文现象。例如,他看到木星有卫星,也观察到月球表面是粗糙不平的。此外,他还确定了太阳黑子的存在,最后甚至注意到土星不规则的结构。有关最后提到的观察,我们今天都知道土星有一个环,①但是伽利略并未发现土星环,因为当时望远镜的放大倍率还无法达到如此高的解析能力。不过,伽利略倒是确信一定有个东西让土星的外表看起来有些特别,对此,他猜想也许是土星有两个卫星。"卫星"这个名词在当时才刚刚传播开来,它的流行必须追溯到日耳曼天文学家开普勒,我们还会在下一节详细介绍他。伽利略将其发现告诉开普勒,不过他并非依据一般科学家熟悉的原则以简单明了的方式写作,而是用一种特别的伽利略风格。1610年,伽利略寄给开普勒以下如猜字游戏的信件:

SMAISMRMILMEPOETALEUMIBUNENUGTTAIRAS

开普勒的确也能将谜底解开,用拉丁文写出来就是:

---

① 1656年,惠更斯(Christiaan Huygens)确定土星外围有一个环;1675年,卡西尼(Giovanni Cassini)提出假设,认为土星环是由许多小物体组成。直到200多年后,在苏格兰物理学家麦克斯韦(James Clerk Maxwell)指出这种由许多小块组成的环在力学上是可能稳定的之后,这种想法才被接受。

ALTISSIMUM PLANETAM TERGEMINUM OBSERVAL

这句话的意思是:“我观察到那颗最远的行星(根据当时的知识是土星)是由三个部分组成的。”伽利略之所以写信给开普勒,可能是想借此显示他对此项观察享有优先权,但是他又不想让竞争者太容易就了解信息的内容,所以才使用谜语的形式。

伽利略很快整理了所有观察结果,并且记录在一本名为《星际信使》(*Nuncius sidereus*)的书中,这本书让伽利略享有“托斯卡纳(Toscana)首席数学家暨哲学家”的称号。在伽利略离开情人迁往佛罗伦萨之后,他逐渐发觉为这个连开普勒都认为较好的哥白尼体系辩护是非常令人兴奋的事。① 这样的说法好像给人这种印象,即伽利略越来越能通过和他人辩论获得快乐,因此有人想把他称为辩论文化的发明者。我们可以看到伽利略如何运用客观的论证、心理学的技巧、修辞来对抗阻挠他传播新思想的三大权威,即亚里士多德、健全的人类理智与坚守教条的教会。换句话说,伽利略是在对抗全世界,特别是对抗所有表现出权威特性与强制规定人们思考方式的事物。

因此,打破这三种权威带给伽利略非常多的乐趣。首先,伽利略在其1632年出版的《关于两大世界体系的对话》(*Dialogo sopra i due massimi sistemi del mondo*)一书中指出,一个托斯卡纳农夫比一个亚里士多德式的哲学家更能轻易地了解什么是视差运动,以及如何借由这个观念设计实验来检验宇宙的结构。其次,伽利略也喜欢指责别人,特别是指出所谓健全的人类理智之弱点,他说那些人“尽管有好眼睛,却看不到别人借由经验——无论是成功的或失

---

① 必须强调的是,据说伽利略对开普勒的评价并不高,他认为开普勒这个德国天文学家的思想似乎还保有太多神秘主义色彩。

败的——揭示的事实”。由于相当顺利地应付了亚里士多德和健全的人类理智这两大权威，伽利略获得了鼓励，以至于胆敢与第三个大势力——教会——对抗，他甚至欢迎教会提出事实来证明自己是错误的。就像哥白尼对地球所做的事情一样，伽利略也试着改变教会的想法，或许有人会怀疑，伽利略真的是因为那些与常识（健全的人类理智）矛盾的事实强化了他的信念而支持日心体系的吗？毕竟，我们能看到的是太阳在移动，到现在我们还不都是说太阳在升起或落下吗？我想下面的想法肯定引起了伽利略的兴趣：如果哥白尼是对的，我们一定看不到天空中行星真正的移动，顶多能看到地球与行星之间构成的轴线在运行中的变化，并且将它记录下来。

伽利略在短时期（他在世时）内失败了，但是以长远的眼光来看（直到今天）却又是胜利者。在进一步解释为何会如此之前，我们还要再举出两个关于伽利略的辩论癖及其辩论时绝妙的文字掌握能力的例子。首先，我们来看看伽利略如何解释一个物理学中不易掌握的观念，它与人类素朴理智的理解相矛盾，但却是想从事物理学研究者必须面对的问题，即相对运动。也就是说，如果研究者处于静止或均匀的运动（且没有加速）状态中，自然法则与借由它表现出来的种种现象并不会改变。在此，处于静止或同样的运动状态是等值的，这个依据亚里士多德物理学完全无法理解的观念在伽利略这里首次得到清楚的解释。所以，这个基本的观念在今天的物理学课堂上被称为“伽利略不变量”。1632 年，在《关于两大世界体系的对话》一书中，伽利略以优异的教学和修辞技巧将这个反直觉的、不易解释的观念一目了然地展现在所有读者眼前：

在船舱里尽可能找到一个大房间，然后将一群人关进去，

> 同时设法弄进一些蚊子、蝴蝶或其他类似的小昆虫，再拿一个装满水的器皿，里面放一些鱼；另外，在房间的屋顶挂上一个小桶，里面先装满水，然后让水从上面的桶里一滴一滴地滴进一个事先放置在地板上的细颈器皿中。现在请仔细观察，只要船还保持静止，然后让船以任意的速度移动，你将会发现：只要船的移动是有节奏的，而不是毫无目的地摇摇晃晃，船上的所有现象都没有发生任何改变。也就是说，没有任何征兆可以让你察觉船究竟是在停止或是在航行的状态中。如果这时你在船上跳远，你能跳出的距离和船静止时是一样的。也就是说，即使船以很快的速度前进，你也无法期待在往船尾方向跳跃腾空之际，船的前进会将地板从你的脚下带往船首的方向，使你因此跳得更远。如果你想朝同伴扔掷物体，你花费的力气是一样的，无论是你在船尾而你的朋友站在船首或是相反。屋顶水桶中的水还是会滴进地面的器皿中，没有任何一滴会滴到器皿外靠船尾方向的地板上，尽管水滴还在空中时船已经往前行进了一段距离。最后，我们也知道蚊子和蝴蝶都能朝所有的方向继续飞行，绝不会被迎面而来的墙壁压迫，也不必费力追赶快速前进的船只，尽管它们在空中飞行时是与船体分离的。如果在船舱内焚香，就会产生一些烟，不久后上升的烟就会形成一朵烟云，让我们无法分辨出烟飘的方向。所有这些现象的共同原因在于，船的运动本身对所有在船上的事物，包括空气，都有相同的影响。

引用这一长段伽利略在《关于两大世界体系的对话》中的解释，不只是要表明伽利略能够考虑到多样的物体运动，还要指出伽利略借着船舱这个叙述进行了一次“思想实验”。后来的爱因斯坦也靠着思想实验探究宇宙的秘密——如同伽利略海上的船，爱因斯坦提出了太空中的电梯。伽利略在这里所做的不只是以形象化的方式对物体状态加以描述，也是在思维上对隐藏于物理现象后面的原因加以掌握。随着伽利略"思想实验"的出现，物理学界开始了一种研究物理、思考物理问题的新形式。

可惜，这位天才太好争辩，为自己造成了许多困扰。为了争辩，他不得不为自己所言寻找证明，从而陷入不必要的自相矛盾之中。例如，我们可以从他在读到一篇关于彗星的报道之后的反应中看出他的好辩个性。1618 年，在天空中有三颗平常鲜少出现的星体被发现，①这是由耶稣会士格拉西（Orazio Grassi）领导的罗马学院（Collegio Romano）团队观测到的现象。对于这个观察结果，他们只是努力地想要了解，并不想以此作为支持或反对亚里士多德物理学的论据。他们认为，彗星并不是如亚里士多德所说的，是发生在月球与地球之间的现象，他们讨论的重点是一个天体的运动，而在比较过许多从欧洲各地因不同目的收集到的测量资料之后，结果显示这个天体位于月球轨道之外。也就是说，一个彗星离地球的距离很可能和水星或太阳离地球的距离一样远。1619 年，格拉西将这个结论和其他关于彗星本质的认识与理解一起发表了。

基本上，耶稣会士和伽利略的观点是一致的，如果有什么让伽利略不能忍受，那就是"协调"这件事了。伽利略发表了——以一个朋友的名义——一篇对格拉西报道的回应，他在回应中用尽所有非科学的方法打击格拉西，例如使用攻击性的言论、错误陈述别

---

① 在观测中引人注目的现象是，人们发现彗星的尾巴一直背着太阳。这个现象正确的解释是由开普勒提出的，我们会在讨论开普勒的那一节中说明。

人观点、诬蔑对方、模糊焦点等策略。其实，关于伽利略为何掀起这场论战，只有当我们假定伽利略是想借批评格拉西达成其他目的才会明白，这个“其他目的”很容易发现，它和格拉西当时偏爱的宇宙体系有关。到17世纪初，几乎所有的天文学家都已确认托勒密对天空中星球的排列与运动之描写并不正确，所以伟大的天文学家第谷（Tycho Brahe）建议融合托勒密和哥白尼的体系。在第谷的折中建议中，地球还是静止并处于宇宙中心，太阳还是绕着地球旋转，不过其他行星则不再如托勒密所言绕着地球旋转，而是绕着太阳旋转。

尽管第谷的设计和哥白尼式的排列都能适当地解释所有观测到的天文现象，但是这样一个不可靠的折中产物从根本上就让伽利略感到厌恶，所以他才会四处寻找机会摧毁第谷的体系。因此，他抓住了耶稣会士论彗星的机会，但是他对格拉西的攻击却是一项错误的决定，因为他对格拉西的反驳造成一些人的不谅解（例如开普勒），也让他受到他人的仇视（例如格拉西），这件事很可能也是后来宗教法庭审判伽利略的原因。①

伽利略与教会的冲突——太阳为宇宙中心的思想与宗教思想的分歧——大约开始于1614年，特别是在伽利略写信给女大公克里斯蒂娜（Christina）之后。在这封信中，伽利略表达了他对宗教与科学的关系的看法，他指出《圣经》上的一些文句是否能与哥白尼的想法和谐一致根本不是问题的重点，问题的重点其实是，整个中世纪经院哲学的思想体系在放弃地球为宇宙中心的观点之后所应

---

① 为了挽救伽利略的名誉，应该再补充一点说明。伽利略的回应文章虽然辛辣，但一如既往地充满思想灵光，例如关于摩擦与彗星的热的论述。但是对读者而言，将那些挖苦嘲弄人的言语和严肃的论证区别开来是较为困难的。

进行的修正。伽利略建议把宇宙的概念从亚里士多德的物理学中解放出来,因为正是亚里士多德的物理学第一次将地球视为宇宙中心。其实,脱离亚里士多德的物理学应该能回归到柏拉图式的宇宙论。在柏拉图的宇宙中,太阳享有最高地位,因为太阳用它的热“供养”整个宇宙,也用它的能源与力来维持宇宙“循环”的正常运行。

然而,教会并不愿就此可能性深入讨论,因为亚里士多德的哲学不仅是基督教世界观一个巧合的补充,而且经过经院哲学家数百年的工作,它已经内化为基督教思想的一部分。虽然到了1615年还有一个圣衣会士(Carmelite)企图证明以日心体系为基础的宇宙学和基督教信仰并不矛盾,但是教会却在1616年颁布法令,认为这两种主张——太阳为宇宙中心点和地球会自己移动——即使不被视为异端邪说,在“信仰上也是错误的”。换句话说,哥白尼学说虽然被教会判了刑,但是人们还是可以讨论它,不过当然得根据官方的解释。

伽利略利用这个漏洞在接下去的几年内撰写了著名的《关于两大世界体系的对话》,并且在此书中提出第一个对太阳为宇宙中心宇宙观的详细、普及性的描述。《关于两大世界体系的对话》完成于1630年,但是到1632年才得以出版。不过,伽利略随后就被宗教法庭抓去审判,在1633年6月22日被判刑:伽利略必须发誓放弃哥白尼学说,并且承认自己的错误。

根据一个或许是被篡改过的档案摘录或是错误的审判记录看来,这个判决可能发生在1616年。在记录中,不知是谁令人惊讶地如此写下:禁止任何人以“任何形式”主张哥白尼学说。事实上,如此记录当然是要使伽利略屈服,因为伽利略面对着一个有力的敌人——教皇乌尔班八世(Urban Ⅷ)。尽管乌尔班八世在1616年还是枢机主教巴贝里尼(Cardinal Barberini)时站在伽利略这边,但是后来伽利略对宗教的不敬引起了他的反感。伽利略在《关于两大世界体系的对话》中让教皇化身为一个名叫辛普利休斯（Simplicius）的人并与其对谈，而且在文中让辛普利休斯表现得较其思想对手（即伽利略自己）更爱慕虚荣。伽利略让他的对手说出如下沾沾自喜的话：他知道的事物比其他所有枢机主教加起来的还多，而且在任何时刻都可以轻易地与伽利略的想法相抗衡，只靠自己就发现了天空中的新事物。

此外，乌尔班八世和伽利略处于一个教会为了保持其优势政治地位而奋战，并且绝不容许失败的时代，因此教皇势必将《关于两大世界体系的对话》的出版视为对教会的尖刻讽刺，并且视其为促使不可挽救的情势加速恶化的计划。很明显，伽利略想在教会政治势力消逝的同时也让教会丧失在知识领域的控制能力，而这也是乌尔班八世所要极力避免的事。换句话说，伽利略的案件根本就是未审先判了。这个判决一直到 350 年后才被取消，也就是到 1992 年秋天，教皇约翰・保罗二世才取消教会对伽利略的谴责，并且认为对伽利略的判决是“一个因这位比萨科学家与宗教法庭的审判者相互间的不谅解而产生的事件”。

教会对日心体系的承认是一段漫长的历史。直到 1822 年，教会才解除禁令，从此人们才能谈论地球的运动与太阳的静止。又过了 12 年，《关于两大世界体系的对话》才从禁书名单中剔除。一直到 1893 年，教皇利奥十三世（Leo XIII）才决定将宗教与科学的关系描述成和 1615 年伽利略写给女大公信中所阐述的一样。

可以确定的是，好斗的伽利略不会理会所有对他的赞扬与庆贺，也不会因得理而饶人，他可能随时会因自己那不可抑制、以冲突为乐的个性再度挑起新的争辩。例如，他很可能会警告所有教会代表：试图证明一个从未出错的人犯错是一件很无聊的事，重要的应该是继续研究，进而发觉人类未知的事物，譬如光，那个上帝——在没有太阳的第一天和已有太阳的第四天中——创造两次的光。“有时我想，如果自己被关在一个地下十寻[译注：一寻约等于双手平伸的长度]而且光线无法穿透的监狱里，这时一旦我有经验，我马上就可以知道那是什么了——光。更糟糕的是，无论我知道的是什么，我都必须把事实说出来，就像是一个恋人、醉酒者或是告密者。这实在是个恶习，而且会导致不幸，但是到底我还能将实话藏匿多久而不说？这就是问题所在了。”①其实，这个问题到今天都还无法回答。

第三节　开普勒：第一位三位一体说的辩护人

开普勒是一位虔诚的新教徒，他生活在三十年战争的时代，而且大部分时间都是处在因信仰不同宗教的政治势力更迭而不断改变宗教信仰的那些地区。我们可以从这个简单的信息轻易地猜出，开普勒和他的家庭一定受到不少困扰，甚至在日常生活中都有许多异常困难的问题必须克服。除了大环境之外，我们要知道开普勒患有严重的近视，而且是经常生病的虚弱体质。再加上他一共有 17 个小孩（两次婚姻）要抚养，却经常拿不到薪水；另外，他还必须为他的母亲辩护，因为她被指控是个女巫。我们实在难以想象，在诸多事务和精神负担的压力下，开普勒是从哪里获得力量来完成他那具有伟大洞悉力的巨著的。直到今天，他的作品——西方文明的宝藏之一——都还保存在许多图书馆里。

知道开普勒一生经历的诸多不幸之后，再了解以下的事也许

---

①　引自布莱希特《伽利略传》。

就不会特别惊讶了:开普勒去世之前还在向皇帝本人力争他那被积欠已久、早该获得的薪水(总额超过1万金币,当时一般人的年收入才将近1 000金币)。开普勒会这么做也是为贫困所迫,他从波兰境内的西里西亚(Schlesien)到帝国议会的所在地雷根斯堡不过是为了讨债,但是这次旅程却耗尽了他的精力。1630年年底,开普勒甚至还没将他的要求提交帝国议会就在雷根斯堡过世了。不过,命运似乎还不放过开普勒,他的不幸竟延伸至死后——在持续的战争动乱中,开普勒的坟墓被毁,因此这位伟大学者所有的物质遗迹就永远消逝了。①

如果开普勒曾经真正高兴过,那就是1600年之后那几年他在布拉格的日子。他来到这个当时为帝国中心的波西米亚城市,成为那时享有盛名(而且薪水不错)的第谷之助手,目的是要比之前更投入研究天文学。这时第谷却突然逝世,开普勒不仅准备好成为第谷职务的继任者(虽然薪水差很多),也因此突然拥有了许多第谷关于火星轨道精确的测量。② 第谷的遗产继承人先要求皇帝以数千金币买下第谷留下的科学遗产,但是皇帝并不想为此花两次钱,开普勒也认为这是合理的。于是,开普勒不假思索地运用另一个有名的方法得到这些数据,后来就因这些数据的帮助完成了一连串伟大的发现。开普勒发现,火星在天空中的轨道绝对不是如传统所言为一正圆轨道,而是沿着一个椭圆轨道绕着太阳运行。

---

① 我们知道的只有他为自己想好的墓志铭:"我的灵魂曾横越天际,此刻要测量地球的深度;若我的灵魂属于天空,尘世的躯体则在此安息。"

② 第谷一辈子都是在没有望远镜的条件下工作,因为第一架望远镜直到1608年才制造出来。不过,第谷对行星与其他星球的观察达到了没有望远镜帮助所能达到的最高精确度。随着第谷去世,没有望远镜的天文学研究也画下了句点。

如此一来，太阳的位置便不是在中心点，而是必须在一个能充分表现出椭圆特性的椭圆焦点上。①

尽管历史让开普勒的坟墓永远消失，但他为我们留下了伟大的著作和思想。他的作品处处充满令人惊奇的想法，特别是当我们更仔细地阅读他的文章并考虑其思想的背景，②而不只是重视其耀眼的成就时，例如上面已经提过的行星椭圆轨道。历史上很可能没有第二个人像开普勒一样掌握得那么精准，他抓准了科学思考模式发生重大转变的决定性重点。以今天的意义来看，开普勒的转变是往所谓的"现代"迈进。在此，开普勒采取了一种相当清楚的态度：过去曾受神秘学和仍然受炼金术影响的思想应该让位给逐渐强化的理性辩论，而这种辩论一方面必须在没有任何宗教的考虑下也能进行，另一方面则必须尝试不借助任何神奇的力量来解释世界。在伽利略已经激进地转向开始攻击教会并打算用科

---

① 最近有些科学家推测开普勒可能美化了数据，而且在计算火星轨道时有欺骗之嫌，请参考发表于《天文学史期刊》(*Journal for the History of Astronomy*)第19期(1988年)第217页的专文《开普勒的假面具》(*Kepler's fabricaterd figures*)。在这篇文章中，作者指出一个可能的解释，即开普勒可能是利用今天我们所说的开普勒第二定律(也就是面积定律)推导出开普勒第一定律，即行星的轨道是椭圆形的。除此之外，开普勒使用的数据也不是他自己收集的，因此对开普勒欺骗行为的指控根本就无法成立。况且数据显示，最后出现在空中的并不是众所期待的正圆，而是不受喜爱的椭圆。开普勒肯定事先对他要找的东西有一些概念，但是他的伟大之处就在于他愿意依照实验的结果修正原来的想法。也就是说，实验数据比期待更享有优先性。因为椭圆有两个焦点，而太阳仅占据其中之一，所以这个非正圆轨道的发现为人们带来一个额外的问题，即另一个空着的焦点到底要如何解释，对此开普勒也没有答案。

② 关于这一点，我们是承继着天才物理学家泡利(Wolfgang Pauli)于1952年发表的不为人熟知的一部作品中的想法。在书中泡利问道："原型概念对开普勒建构自然科学理论的影响是什么？"

学的世界观取代宗教的世界观时，开普勒也表现出这两种企图。如果我们读到开普勒的一本书中的描述，一定会产生一种印象，即这两种思考方式在开普勒身上亦是紧密结合的。我们所说的就是开普勒于1604年发表的一本不普通但较少人引用的书《对维泰洛光学的补充》(*Ad Vitellionem Paralipomena*)，他不仅在书中讨论科学，例如光学，而且还非常成功，因为他几乎发现了光的折射定律——这里面也有宗教的考虑，尤其是他对三位一体象征进行了一种数学研究。

开普勒的《对维泰洛光学的补充》是一本拥有丰富发现记录的书(为了清楚了解，让我们举个例子来说明。例如，开普勒注意到视网膜才是眼睛真正的感觉器官，他是第一个确认世界的景象是经由视网膜再到脑子里的，而且正确地推论出视觉不能只从物理学的角度来理解)，但他不是仅仅如一般"现代"的科学家般只把精力花在大量的资料搜集工作上，尽管只完成这项成就也足以被视为一位"现代"的科学家。开普勒搜集了无数的数据，并且肯定使用了我们今天熟悉的量化-数学方法来描述自然。除此之外，他也一直在寻找质性，寻找宇宙的和谐，寻找美。他十分着迷于古老的毕达哥拉斯学派的"天体音乐"，他自认为是这个思想传统的继承者。尽管累积了那么多测量结果，数字对他而言还是有一种质性的意义，特别是他喜爱的数字"三"。"三"显示在神学上的三位一体说和三度空间里(而且如果愿意的话，也可以说显示在开普勒的三个定律中)，他认为这样的吻合是一种美，从下面的这句话可以看出他的知识概念的关键所在："几何学是世界上美的原型。"

开普勒是以拉丁文写下这句话的，以这古老的语言来说就是"Geometria estarchetypus pulchritudinis mundi"，关键就是句子中的"archetypus"这个词，它很难直接翻译，也很难理解。不过，这个古老的“原型”概念在我们这个世纪，特别是在心理学中又再次出现——并且是以相当类似的形态出现，通过它，我们可以回顾我们借以建构科学理论的远古背景，或许包括那些不是来自开普勒的传统。

时代背景

公元1572年——开普勒出生后一年，第谷在仙后座观察到一颗今天被我们称为“超新星”的星球诞生。1575年，荷兰莱顿（Leiden）大学成立，在西班牙则有腓力二世（Philipp II）在马德里建立数学科学学院（Academia de Ciencias Matematicas）。1584年，布鲁诺（Giordano Bruno）发表了著作《论无限、宇宙和诸世界》（*Dell infinito, universo e mondi*），他在书中拥护宇宙是无限宽广和太阳系外诸星亦能组成许多行星系的观点；在另一本书《圣灰日的晚餐》（*La cena della ceneri*）里，布鲁诺为哥白尼体系辩护，尽管不是从科学的角度，而是因为神秘学的缘故（1600年，布鲁诺因其学说被视为具有异教思想而被处以火刑）。1586年，那根早在古罗马时代就从埃及运到罗马的300多吨的方尖碑，被搬运到圣彼得大教堂的广场上竖立。1589年，瑞士的巴塞尔首次出版了帕拉塞尔苏斯的作品（共三卷）。在世纪交替之际，吉尔伯特在其作品《论磁》（*De magnete*）中建议将地球理解成一块很大的磁石。1618年，三十年战争爆发。尽管如此，1622年还是成立了德国境内第一所科学院，即位于罗斯托克（Rostock）的科学协会（Societas Ereunetica）。1629年，布兰卡（Giovanni Branca）设计出第一台蒸汽涡轮机，一年之后全法国建立了公共邮政服务体系。最后要提的是一些与开普勒同时代的著名艺术家，例如勃鲁盖尔（Jan Breughel）、鲁本斯（Peter Paul Rubens）与伦勃朗等。

人物侧写

公元1571年，开普勒出生于今天德国南部符滕堡（Wvrttemberg）地区的威尔（Weil），他是个胎龄仅七个月大的早产儿，一出生就患有严重的先天性眼疾，看东西或阅读时一定是非常模糊不清。因此，我们可以想象为什么开普勒的学习进度特别缓慢，他花了五年的时间才把别人三年就可以毕业的以拉丁文为主的中学念完。尽管如此，开普勒还是于1588年在一所位于毛尔布隆（Maulbronn）的教会学校通过了最初级的学士学位考试，之后才有办法在蒂宾根的一间修道院继续升学。开普勒在这里的老师是麦斯特林（Michael Mastlin），他很快便发现开普勒的数学天分，并且向开普勒透露哥白尼的行星理论；当然只是私底下传授，因为麦斯特林并不会在公开场合评论其偏爱的宇宙体系。在麦斯特林的引导下，开普勒变成日心体系的热情追随者，不久之后更是撰写了一本与此有关的教科书，书名就叫作《哥白尼天文学概论》（*Epitome astronomiae Copernicanae*），并于三十年战争爆发那一年出版。

或许我们可以更确切地说，开普勒对日心体系的态度是一种“信仰”，而不是“确信”或“信念”，因为宗教——不只在这里——在奉行新教教义的教徒生活中扮演着极为重要的角色，科学对他而言只是另一种形式的礼拜仪式。① 1597年，由一封开普勒从格

① 开普勒的基本信仰是追随所谓“奥格斯堡自白”（Augsburger Bekenntnis）之后的路德教派，据此，开普勒承认个人的意志和行动自由。此外，他支持基督在最后晚餐的在场只是一种象征；也就是说，对他而言，酒并不“是”基督的血，而只是“意味着”基督的血。对我们而言，了解开普勒的重要之处在于他是以象征的方式思考。例如，他认为数学或数学符号不只是一种数值或量，还具有象征的功能。

拉茨(Graz)(开普勒于1594年在奥地利的格拉茨获得一个数学教师的职位)写给麦斯特林的信中可以得知,开普勒原本想要成为神学家,他在信中表白:"长久以来,我的心情一直无法平静,但是现在我终于看出,我的努力和天文学可以让上帝获得赞美与颂扬。"然后,开普勒话锋一转,将麦斯特林的注意力转移到其天文学上的"发现",他认为自己发现了上帝在宇宙中通过物质显示的映像。在1597年发表的早期作品《宇宙的奥秘》(*Mysterium cosmographicum*)中——在发现椭圆轨道之前,开普勒将他的想法用虽然有些烦琐却很清楚的方式传达给他的老师和我们:

> 三位一体的神的映像存在于球(面)之中,也就是说,圣子位于表面,而圣灵均衡地在点和球面之间(或圆周)保持着联系。

整个球体从中心点到球面的扩展被开普勒视为创世的象征,而球面本身及其曲率则象征上帝永恒的存在(以及世界永恒的运行)。即使在开普勒发现了行星的椭圆轨道之后,这样的观点还是一直保留着,因为它仍然是完美三位一体的一个不完美的映像,这样的映像是一种具有宗教和科学功能的象征。

开普勒那从未改变的想法——太阳及其行星为三位一体[①]的映像——在其作品《第三方调解》(*Tertius interveniens*)中有特别清楚的描述。这本书的书名虽然是拉丁文,但正文却是以德文撰写,或是说用一种过渡形式的德文,因为这种德文还夹杂着许多拉丁文的碎屑。今天许多科学家在解释事物时习惯将一些华丽的英语

---

① 三位一体可以用不同的形式表现出来:上帝—世界—人、原型—映像—相似的模拟、圣父—圣子—圣灵、上帝—创造—永恒。

词汇放入他们的句子中,其实就很像开普勒的表达方式,下面就是开普勒的一段话[译注:为了凸显两种语言夹杂的表达方式,下文仅将德文译出,而保留拉丁文]:

> 是的,这正是那存在于 sphacrico concavo 中神圣高贵的三位一体,同样的三位一体也体现于宇宙以及 prima persona,fons Deitatis,in centro 中,但是中央是太阳,quiest in centro mundi;在这种情形下,它也是世界上所有光、运动和生命的源泉。
>
> 因此,anima movens 是体现在 circulo potentiali,那是 in puncto distincto:所以,一个有主体的东西,即 materia corporea 是体现 in tertia quantitatis triumdimensionum,是 cuiusque forma 体现 in superficie。因此,如一个 materia 经过他的 forma 所告知,也就是这样一个几何体才能经过其外在领域和 superficies 形成;更确切地说,他们的东西可能因此被吸引过来。
>
> 正如同造物主所做的一样,他使自然学习、扮演他的模样,这也就是他对自然所展示的……

就算不能完全理解这段文字(一个恶意的批评家大可将这段文字称为一段杂乱不清又难懂的语言),也能清楚地知道开普勒将神圣的“三”(三位一体)和几何学的“三”(三维空间)联系起来,而将太阳及其行星视为那抽象、球体象征、不是那么完美的映像。顺带一提,借由这个理解,开普勒也能避免偏向崇拜太阳的异教思想,继续忠诚于基督教信仰。

重要的是,只有当我们了解到是“象征”这种概念在驱使开普勒寻找自然的法则时,才能了解开普勒及其成就。原型的概念在观察太阳时是最根本的,或者用泡利的话来说,因为开普勒“在观察太阳和行星时脑子里存在着这个原型图像（三位一体），所以他因对宗教的热情而相信日心体系——而不是反过来，错误地如理性主义者的观点所假定的。日心体系这个开普勒从年轻时就一直忠实保持的信仰，让开普勒视与各行星相称的真正法则为对创世之美的真正表达；这样的尝试在开始时走错了方向，之后经过实际的测量结果才更正回来”。

之前引述的那一段拉丁文和德文夹杂的文字出现在一本标题也是拉丁文和德文夹杂的书里，这本书叫作《象征主义者的哲学论述》（*Philosophischer Diskurs do signaturis rerum*），它处理有关事物的标志或符号，因此被视为具有炼金术的概念。根据这个概念，世界的事物能通过它们的形式（几何学）指出一种隐藏在事物之内却无法被肉眼直接观察的意义。虽然在这里还是无法更进一步讨论这个“标志学说”（Signaturenlehre），特别是帕拉塞尔苏斯提出的，但是指出这一点就足以清楚地提醒我们有更多的思想隐藏在开普勒这段文字之后，而这些思想也的确是以符号或标志的形式出现在我们面前的，所以它们的意义可能被永远隐藏在这些符号之后了。

我们的话题在提到开普勒的第一本著作之后——1597 年出版的《宇宙的奥秘》——就被一些注解岔开了，反而到现在都还没介绍开普勒一生中的各个阶段，以及他在各个时期的成就，现在该来说说他的一生了。开普勒在蒂宾根的学业结束之后，如前文所述，他的第一份工作是在格拉茨，这个职位有一个极为奇特的名称，即“地方数学家”（Landschaftsmathematiker）①。开普勒的工作包括制

① “Landschaftsmathematiker”和园艺一点关系也没有，我们可以将“Landschaft”［译注：词义为景观、地方、地区］理解为“可尊敬的地方或地区”，它在政治上是与领主对立的市民社会代表。

作占星图,他甚至在编制占星图时准确地预测到了 1595 年的大寒与政治上的动乱(上奥地利农民为了躲避突厥人的攻击而逃难),因而赢得人民的尊敬。不过,人们不能购买他的占星图,因为不久之后发生反宗教改革,所有信仰新教的学者都被逐出奥地利的施泰尔马克州(die Steiermark),他流亡到匈牙利,并且向在蒂宾根的麦斯特林求援。① 开普勒仍冒险回到格拉茨,只是最终在 1600 年 8 月遭到逮捕,被没收财产并驱逐出境。

在这种情况下,身在布拉格的第谷愿意让开普勒为他工作,这对开普勒而言实在是个千载难逢的好机会,因此他在 17 世纪初就成了著名天文学家第谷的助手。不过,我们可以想到他们两人的合作并不会太容易,毕竟第谷是哥白尼体系的反对者,与之相反,开普勒却因宗教热情深信哥白尼体系。然而,开普勒也不用长期隐藏他的看法,因为第谷于 1601 年去世,皇帝鲁道夫二世(Rudolph Ⅱ)将他这位第谷的助手晋升为皇家数学家,并委托他重新测量星体制成所谓的《鲁道夫星表》(*Rudolphinische Tafel*)——但是并没有按时支付薪水。开普勒曾试着申请一个位于蒂宾根的教职,但被拒绝了,因为某个新教神学家指控他的思想过于自由。② 1612 年,为了改善自己的经济状况,除了皇帝的委托之外,开普勒在获得上层的同意后还接受了一份奥地利林茨(Linz)地区学校的工作,他在林茨撰写并于 1619 年发表了最主要的作品《世界的和谐》

① 另一个有科学根据的精准到日期和小时的预测是 1600 年春天出现的日食,可惜这个预测仍然没有让开普勒受到尊重。格拉茨的居民并不害怕他这个体弱多病而且知道什么时候天会变暗的人,有一个人甚至在日食当天偷了他的钱包(里面有很多钱)。

② 开普勒很不寻常地拒绝了波隆那大学提供的教职,可能是受到伽利略的暗示,因为伽利略对他说过哥白尼体系在意大利的命运。

(*Harmonice mundi*)。

不过,无论是在本书出版之前或是出版之后,开普勒的生活一直都很贫困。1617 年到 1620 年,他必须浪费一年以上的时间来处理一些私人事务,以保护他的母亲不受迫害,因为她被指控为女巫。虽然最后他的母亲被释放出狱,但是出狱几个月之后她就逝世了。这段时期,他在林茨的处境也变得非常糟糕,因为新教在那里的势力逐渐败退。1626 年,开普勒的图书馆被没收充公,《鲁道夫星表》已经完成的部分也被毁坏,他被迫离开这个城市,从此开始一段不安定的流浪生活。1628 年,他到了波兰西里西亚的萨干(Sagan),并成为弗里德兰(Friedland)暨萨干公爵华伦斯坦(Albrecht von Wallenstein)的宫廷天文学家,但是当这位战争英雄也不发薪水时,开普勒便于 1630 年 10 月动身前往雷根斯堡,打算亲自向当时在位的皇帝斐迪南二世(Ferdinand Ⅱ)的帝国议会请愿,要求偿付积欠的薪水。不过,开普勒是无法得到他的薪水了,1630 年 11 月 15 日,这个穷困、受骗的人最终客死在雷根斯堡。

开普勒于林茨住下来之后决定再婚,而且他非常重视此事,他计划婚礼“在日食那天举行”,“借此,天文学的思想将隐藏起来,因为我将会隆重地庆祝这一天”。这些话其实暗示了开普勒也对地球的卫星感兴趣。地球卫星的轨道虽然很容易观察,但是却很难解释,太多的不规则性让它变得非常引人注目,开普勒并没有找到答案,只好把这个难题留给后世。一直到今天我们才将这些不规则性归因于地球比重分布的偏差和地球在两极方向的扁平,不过如此解释的前提必须要有重力的概念,而开普勒当时根本不懂这些概念。其实,上述细节也要到发射了人造卫星并且在太空进行精确的测量之后才会知道,我们之所以提起这件事,是因为“卫星”(Satellite)这个词就是由开普勒创造的,他用这个词来指称宇宙中的自然实体,也就是环绕着行星运行的星体。

月球作为地球的卫星这个想法让开普勒花了许多心思,以至于在晚年甚至还成为第一位科幻小说作者。他的《梦》(*Mondtraum*)大约在人类登上月球400多年前发表,书中描述人类第一次卫星奇妙之旅,作者介绍了从月球上能看到的地球景观。例如,他想象非洲大陆看起来像个“俯身亲吻一位身着长袍的少女的巨大人头”。我们不想花费精力探讨开普勒的地理学知识(或当时的地理学知识),也不想辨认哪里是长袍、哪里是少女。我们要谈的是开普勒估计在月球朝向太阳那一面的温度大约是非洲的15倍,虽然他并不期待在月球上遇见生物,但是并不排除在其他星球上找到生物的可能性,他说:“根据我的看法,其他星球上也有湿度,因而也有能利用此条件的生物。”

因为我们正好提及开普勒一些不寻常的作品,而且也正是这些作品的详细内容显示出作者的伟大天才,所以有两部大约写于1615年的作品不能不在此提及。首先,在一篇开普勒用德文——没有拉丁文“碎屑”——所写的《基督出生年报告》(*Bericht vom Geburtsjahr Christi*)中,开普勒把“伯利恒之星”[译注:《马太福音》记载,耶稣在伯利恒诞生时,有几个博士从东方来,说:“我们在东方看见他的星,特来拜他。”他们去找寻耶稣时,那星曾为他们引路。“伯利恒之星”由此得名]与当时巴比伦占星家观察到的“木星与土星大交会”联系了起来。巴比伦占星家报告了一个发生在夜晚天空的奇景,即木星和土星似乎先是融合为一,然后又都稍微后退,最后甚至似乎处于两个相反的方向遥相对立;另一方面,开普勒并没有被有关智慧之星长尾巴(因此被称为彗星)的叙述迷惑,他推算回去,究竟这样的行星交会是在什么时候发生的?借此推算,开普勒获得一个不可视为微不足道的结论,他在详尽的报告中指出:

“我们的耶稣基督不只是在纪元开始前一年出生，而是整整前五年。”①

除了天空的问题之外，开普勒在1615年所写的第二部作品也为尘世生活的难题操心。他在两次的婚礼中曾因支付酒钱而有过痛苦的经历，因此他写出一篇《酒桶容量测量新法》（*Neue Inhalts-berechnung der Weinfasser*），文中指出，只要将一根量杆放入桶中就能测量出桶的容积。开普勒虽然在这本书中显示出其数学才能，但是或许更重要的是此书末尾的部分，他在书末添上几何学术语的讨论，或许可以将它视为今天惯用于书籍末尾的术语解释汇编，其中的一些实例到今天都还是值得借鉴的。例如，开普勒将椭圆描写成“由圆衍生出的圆”、梯形为“具枪矛棱角形”、正切为“轻轻掠过的”、角锥体为“有尖角的柱状物”。

要做如此多的工作其实已经不是很容易了，但是开普勒还是在1609年发表了他的第一部巨作。这部巨作一般被称为《新天文学》（*Astronomia nova*），这个称呼倒也还算合适，除了下面的事实：原本的书名还有另一个（希腊）字汇，意指“基于原因而建立”。②换句话说，开普勒将他的新天文学理解为天空的物理学，它的目的是用各种“力”解释行星的运动。③ 为了这个目标，开普勒当然必须先清楚地知道运动以什么形式呈现出来。开普勒成功地在他的

---

① 今天这个日子又往前修正了两年，也就是说，实际上耶稣基督在官方确认的他出生的那一年，应该已经是现代人上小学的年纪了。

② 从这本书就已经可以看出开普勒是多么讲究遣词造句。他在《新天文学》的前言中就抱怨用拉丁文写作科学书籍非常困难，因为对他而言，拉丁文“没有冠词，而且缺少很多合适的希腊文表达方式”。

③ 开普勒尝试利用吉尔伯特于1601年提出的磁力概念来解释行星的运动。关于这个解释，我们不在这里多谈。

前两个行星定律中掌握这些特性,并简单地用“椭圆轨道”和“面积定律”来描述。如果椭圆不需要加以解释,那么“面积定律”就要稍微说明一下。“面积定律”是:以太阳为定点从太阳到任何一个行星的直线,当行星在轨道上运动时,在同样的时间内直线扫过的面积相等。

因为“三”这个数字在开普勒的思想中扮演着根本性的角色,有些读者可能还记得开普勒在太阳的卫星上找到的定律正好也是三条。不过,若不过度渲染数字神秘学,事实上也正好是开普勒的第三定律在后世享有特别的名声,因为牛顿就是从开普勒的第三定律推出引力的法则,并指出只存在一种同时适用于天空与地球的物理学。尽管开普勒的第三定律对科学的发展如此重要,但是对他而言,这个复杂的观测结果在其作品中显然并未占有多么重要的地位。他在观察中注意到行星在轨道上运动时间周期的平方与长轴的“三”次方成正比,因为他并不认为这个发现特别重要,所以只把这个想法隐藏在《世界的和谐》第五卷中。有关这个后来著名的开普勒第三定律的叙述,则一直到此卷书12 个主题中的第八主题才出现,用来引出此书的第三章。

在《世界的和谐》中——就像在较前面处曾经提过的,除了科学的分析(以现今的意义来看,这些分析还是相当有深度的)之外,还包含神秘学的思想遗产。例如,在开普勒看来,行星甚至是具有灵魂的生命体,他明确地提出存在一种“土地灵魂”(animaterrae)的假设,当然这个概念的提出必须考虑到开普勒也是个敢于冒险从事占星术的人。不过,开普勒赋予实体世界灵魂这件事早就不那么重要或具有决定性,或者不再拥有像在帕拉塞尔苏斯和其他炼金术士的思想中还能找到的那种权威性。这些人有一个重要观念,就是潜藏在元素中的炼金术的“宇宙灵魂”(anima mundi)在开普勒的思想中其实已经丧失了重要性,“宇宙灵魂”从此退居个人灵魂之后,成为一个古老概念的残余。也就是说,开普勒在此所做的事代表科学家去除物质灵魂过程的过渡阶段,这个工作最后是在牛顿的手中——《自然哲学的数学原理》一书——才告完成。

我们不难想象,这样一个思想变革的时代,其实很容易引发旧观念拥护者与新观念提倡者之间的争论。的确,这样的辩论是发生过,就在开普勒与当时著名的炼金术士同时也是玫瑰十字会(Rosenkreuzer)①会员弗卢德(Robert Fludd)之间。弗卢德这个英国人和开普勒进行了激烈的论战,之所以会如此激辩,是因为弗卢德具有一种心态,他排斥任何有关“量”的测量。对他来说,“量”只是本质的“阴影”,凭借“量”绝对无法“掌握自然实体的真正核心”。

很自然地,论战逐渐深入到灵魂的层次,对开普勒而言,灵魂对“部分”也有感受能力;他还采取现代的立场,认为灵魂是自然的一部分。所以,在灵魂中“已知的感官经验就能发出闪光,照亮原本在那儿却被隐藏起来的‘部分’”。相反地,弗卢德拒绝将“部分”这个观念用到人类灵魂上,对他而言,人类灵魂和整个“宇宙灵魂”是整体且绝对不可分割的。

以科学的心理学来说,这场论战的心理学背景是有意义的,特别是根据我们喜欢援引的泡利的看法。对弗卢德而言,“四”这个数字不仅扮演了一个角色,也具有特别的象征性,但是开普勒却掌握住另一个数字,就是“三”。尽管毕达哥拉斯主义者对“四”的知

① 玫瑰十字会并不是一群栽培花草的人,而是传说中的秘密组织。这个组织以其充满神秘气息的创会者罗森克罗伊兹(Christian Rosenkreutz)的姓为会名,它后来影响到共济会(Freemason)运动。玫瑰十字会早期具有人文主义和伦理学倾向,后来带有神秘主义和神智学(theosophy)的色彩。

识与崇拜(以四点为边组成的三角形①的形式)有翔实的论述,但是开普勒还是坚持三位一体的象征意义,没有任何“四分性”的思想倾向。弗卢德这个玫瑰十字会会员谈的则是“四的尊严”,他视其为“神圣的”,并且称其为“整个神性中最重要的部分和来源”。

上面的介绍并不是要大家去了解这些数字及其质性上的深意,我只是想借此显示是什么把以“三”为中心和以“四”为根源的观点区分开来,然后指出开普勒选择的是那条通往今天意义上的现代形式的科学道路。对开普勒及其后继者——也就是我们——而言,“组成部分”数量上的关系是相当重要的,而那些以“四”为指导思想的研究者将整体在“质”的意义上的不可分割视为最基本的。后来,开普勒和弗卢德的冲突又以完全类似的形式出现在牛顿与歌德的论战中:歌德深深厌恶部分和区分,而牛顿刚好因此取得他最重要的研究成果。牛顿将自己发现的白光(光的整体)分解成可以量化的单位,在颜色的例子中就是波长的测量。

如果关于部分和整体的争议能通过歌德和牛顿的论战解决,这对现代科学的状态并非没有好处,至少这两种研究自然的取向就能在我们的意识中享有同等地位。现在或许是从“三”的象征返回“四”的象征的时候了,也就是再一次赋予“质”较重的角色。因为虽然我们已经看到并惊讶于现代量化科学达到的成果,但是另一方面也失去了泡利所谓“体验的完整性”。今天,无法测量的感觉和预知能力、情绪的不可测量性在西方科学中已不再扮演任何角色,但是如此区分所造成的结果在今天已被证实不再符合要求了,因此是承认现实具有两面性——质与量的特性,或是说物理学

① 毕达哥拉斯主义者经常会使用如下的誓词:“谨以纯粹的意念、精神,在神圣的‘四’、永恒自然的源泉和灵魂的根源面前向你发誓。”

上与心理学上的特性——的时候了。

这是一个可以通过历史来理解和证明的事实:在开普勒将三位一体在天空中确定下来并推动科学使其成为现今形式的时代,这样的态度其实也在其他人身上或其他领域中被贯彻下去,例如伽利略、笛卡儿和不久之后不可不提的牛顿。所以,泡利认为他得到一个结论:开普勒的象征或曼陀罗"象征性地表示出一种观点或是精神上的态度,而且这种态度在意义上超越了开普勒本人,也正是这种态度让今天所谓的经典科学得以产生"。然而,这个过程或转变只有借由心理学的方法才能理解,因为心理学提供了开普勒曾经利用过的"原型概念",这些"原型"在感官经验的世界与观念的世界之间建立起联系。正是这些原始的、古老的图像在潜意识的认识过程中产生作用,而且这样的结构会在所有理性能描述的意识内涵之前发生,正如20世纪的心理学所证明的。"原型"为认识的发生提供了背景,其影响在近几个世纪中完全被排除在科学之外,但是在开普勒的身上可以看到这样的洞见,因而让他的生命如此意义重大。

第四节 笛卡儿:严守饮食规律的形而上学者

我们大部分人都以为笛卡儿是个理性的哲学家,因为他绝不期待经过不精密的语言和思维工具能获得任何确定性,任何企图充其量也只能获得怀疑①——在此,也只有怀疑本身是不能再被怀疑的了。笛卡儿更被视为一位能清楚论证的科学家,他试图利用

---

① 怀疑(Zweifel)和身心二元论(Zweiteilung)明显有其共同点,也就是字首"二"(Zwei)。

他那著名的却也时时会变动的格言"我思故我在"①来拯救这个无法获得确定性的现象，或者至少能因此得到一些保障。此外，笛卡儿也被视为将肉体和灵魂——或者说身（res cxtensa）和心（res cogitans）——区别开来的人，这个几乎于400年前完成的区分虽然极具影响力，今天却被许多人咒骂。除了哲学之外，笛卡儿还为数学提供了如今我们使用的书写方式，也就是每个学生都熟悉的坐标系（kartesische Koordinaten）②。由于一出生在经济上就不虞匮乏，也从不需要为生计、工作烦恼，因此笛卡儿明显表现出喜好纯理论的倾向，我们几乎可以想象出他那从事形而上学研究的样子，他的快乐并不在一般日常生活里。

然而，笛卡儿亦不尽是如此。作为耶稣会学生、军人和法科学生，他也喜欢思考一些有实用价值的题目，绝不像人们认为的那样，完完全全只对理性能理解的事物感兴趣。例如，对笛卡儿而言，身心的统一或结合绝不是理性能理解掌握的，对其生活产生最大影响的是他的梦（那些让他在德国睡不好的梦）。此外，笛卡儿很成功地成为一位饮食疗法的顾问，他认为太多的玄想有损健康，但是研究哲学倒不至于影响健康致死。巧合的是，笛卡儿的死竟然和研读哲学有关。事情的起因是瑞典女王克里斯蒂娜（Christine）提议在一个不寻常的时间研读哲学，这位将笛卡儿邀请至斯

---

① 在20世纪的进化认识论里，人们喜欢将这句话反转成"我在故我思"。更有趣的是一些关心礼仪问题的哲学家，他们为了知道人类行为规范的由来，因而将这句话变化利用，其中一个基本原则是"我思考故我感谢"（Ich denke, also danke ich）。这句话用英文说听起来也颇顺耳，即"I think, therefore I thank."。

② 笛卡儿无法忍受他那拉丁化的名字"Renatus Cartesius"，所以"kartesische Koordinaten"这种说法肯定令笛卡儿感到厌恶（就像学生讨厌听到他一样）。

德哥尔摩的伟大女士非常繁忙，所以在她的日程表中，“形而上学”的课程只能排在清晨5点。精神上虽然尚有意愿，但是身体却显得虚弱不振，一辈子极重视睡眠也需要较长睡眠时间的笛卡儿虽然促使自己适应女王的意愿，但终究无法忍受下去。北国清晨的形而上学课程终于在1650年给笛卡儿带来一次肺炎，不久就导致他的死亡，那时他尚未满54岁。

自从笛卡儿之后，我们从事的科学其主要功能就是抽象思考。如果我们尝试用一般化的概念来把握个别的事实和时间的过程，只有通过感官知觉和思考，而正是这两个心理学的功能确定了自然科学的有效规范。这个规范准则决定了自然表现在外的形象——我们应称之为自然的面具，因为这种表达方式在笛卡儿生命中占有重要的角色，这一点我们还会再看到。自从笛卡儿认出了这个自然科学的基本面向之后，我们追随着他的想法而忽略了面具的阴影部分。然而，阴影的确在背景中产生互补作用，它无法用理性掌握。

时代背景

笛卡儿逝世时，地球上大约已有5亿人口，不过这个估计的人口数并不是持续性的，也不是在世界性地增长着。例如，1650年时墨西哥的人口数比1500年时少了1 000万，因为来自西班牙的占领者及随之而来的瘟疫造成了新大陆的重大死亡。同时，欧洲也有许多人死于疟疾和战争，首先是喧嚣一时的三十年战争，好不容易在1648年终于缔结了和平协议，法国却又爆发了内战，而且还持续到1653年。1643年，史书上记载了许多对后世影响极深的事件：在意大利，托里拆利（Evangelista Torricelli）制造了第一支大气压力计；在法国，帕斯卡（Blaise Pascal）展示了第一台计算机，莫里哀(Molière)成立了“光耀剧团”(Illustre Théatre),“太阳王”路易十四掌握了大权(直到1715年逝世为止);在美国,人们建立了“新阿姆斯特丹”,今天的纽约就是从这个城市逐渐发展起来的,这个新城市的名字指出了当时举足轻重的国家——荷兰。在荷兰,笛卡儿度过了他一生中最重要的时光。在荷兰,接近1610年时人们发明了望远镜,使得一种新世界观成为可能;在荷兰,伽利略的作品出版;在荷兰,名人荟萃,例如颇具洞察力的物理学家斯涅尔(Willebrand Sncllius)和惠更斯,以及重要的画家如鲁本斯和伦勃朗。或许我们会产生一种印象,似乎新教化的荷兰因敢于倡行自由而获得了回报。至少我们由此获得了好处,而且“现代”的社会到今天都还是因为自由而受益。

人物侧写

公元1596年3月,笛卡儿出生于法国北部图赖讷(Touraine)的拉艾村(LaHaye)。在他出生一年后,母亲即过世了,他那身为律师的父亲便设法将属于笛卡儿母亲的不动产卖掉,并且将收益存在笛卡儿的名下,因此他就能靠着这笔遗产过活,甚至再也不必为生活琐事而烦恼了。笛卡儿先进入耶稣会学校,一直到16岁时才离开,他离开学校是为了从此能多多阅读“自然之书”(也就是认识生命或生活本身),他借用随笔作家蒙田(Michel de Montaigne)的比喻回顾道:

> 只要我老爸允许我不必再服从我的老师,我就完全放弃这种谈论深奥学问的学习。我决定不再寻找其他知识,只在乎那种能在我心中或在世界之书中找到的知识。我将把我剩余的青春花在旅行上,去看看村庄和人群,并与各种类型、各

种职业的人交往，积累各式各样的经验，接受命运带来的考验。同时，就像我似乎能从它得到好处一样，去深思自己在各地所碰到的每一件事物。①

我们无意从这段引言引申太多解释，主要是想指出，从笛卡儿的叙述中可以看到一种新类型科学家的出现。笛卡儿既无知又傲慢，但是这种特性根本无法说明他后来的成功或重要性。笛卡儿无视历史，这一点我们随后还会再详细介绍，甚至从他的思想中发展出的笛卡儿主义到今天为止都还乐于忽略历史的事实构成。也就是说，人们当然记得被发现的过去经历，只是事件的发动者或事物的原创者时常从记忆中消逝。人们自以为比这些历史人物更高明，并且将科学视为解谜的过程，而个人理性在此就成为让笛卡儿信徒获得正确答案的唯一依据。

让我们回到这个自觉的年轻人身上，回到想要读世界之书并从即将在法国首都出版的“书”着手的笛卡儿身上。十多岁的笛卡儿带着“一些”仆人来到巴黎，为的是要尽可能地参与所有活动如跳舞、游戏、骑马与击剑。不过，不久后他离开巴黎，而且是突然失踪，到今天也没有人确切知道1612年至1618年间笛卡儿到底在哪里，我们只知道，在他20岁那一年，他在三天之内先拿到法律学士学位，然后拿到执照成为律师。除了这项考试之外，笛卡儿在青年时期都过着隐匿的生活，后来他自己说这段日子是“戴着面具进入世界的剧场”。我们不知道笛卡儿试图要隐藏的是什么，我们知道的仅仅是他在1618年到达荷兰之后又开始公开露面，并且认识了物

① 笛卡儿用自然之书代替哲学家之书，他的学生和后继者却反其道而行。他们不仅忽略了甚至根本没有阅读自然之书，只是紧抱着笛卡儿的书。

理学家伊萨克·贝克曼(Issac Beekman)。他们两人在1619年初的一次谈话中“突然领悟”自己应自诩为“物理—数学家”,笛卡儿非常信任长他8岁的贝克曼,他说:“我睡着了,是您把我叫醒的。”

作为一位“物理—数学家”——也就是作为一个科学家,23岁的笛卡儿认为自然之书或世界之书是由数学语言写成的,就像同时期的伽利略在意大利提倡的一般,[①]所以非科学假寐的面具在发现知识能够数学化之后就可以摘下了。笛卡儿在1619年11月10日的日记中告诉我们,这个想法让他想到要为一种“非凡的科学”[②]奠定基础,并提出一种“全新的科学学说”。关于这一点,我们仍然无法确知笛卡儿要说的究竟是什么,也不知道有关新学说的详细内容,所有的事物都还是在面具之后进行着。直到10年后笛卡儿才将他在1618年至1619年间的想法记录下来,但是人们直到他死后50年才有机会读到这篇题为《指导心灵的规则》(*Regulae ad directionem ingeii*)的文章。笛卡儿在文章中很清楚地记录着他的目的,他告诉读者他把困难的问题化为简单的基本组成部分(还原),并希望借由经验获得的基本知识处理问题。大体上,就像几何学中以简单的线条处理复杂的曲线一般,也如同几何学中各式各样的复杂线条都能由简单的基本元素(角、圆、螺线)组成一样,“我们每天所见的复杂性质”都必须还原成“简单的性质”。当然,这还要看这个被笛卡儿称为“最初本质”的基本组成部分是什么,或者说这三件一组“形状、广延、运动”的观念就是属于笛卡儿的最

---

① 笛卡儿和伽利略不仅在此基本概念上是一致的,当笛卡儿在1633年获知宗教法庭对伽利略案的判决之后,便把出版第一本关于世界和光的书《世界,或论光》(*Le Monde, ou le Traité de la lumière*)的计划搁置一旁。

② 笛卡儿的日记是用拉丁文写的,即“X Novembris 1619, cum mirabilis scientiae fundamenta reperirem.”

初本质了。笛卡儿利用磁石的例子来说明他的方法：

> 例如，如果问到磁石的本质是什么，几乎所有人都会有一种预感，好像这一定会关系到一件错综复杂而且很难解决的事情，因此便不假思索地将其目光从那特别明显的现象上移开。然而，这样反而正好转向最困难的部分，也就是说，人们反而怀着不确定的心理在浩瀚的原因之海中四处漫游，期待是否能发现什么新事物。其实，任何人只要考虑一下就可以知道，在磁石身上，并非看不到确定、简单且具有已知特点的性质。这样他就不会再犹豫不决而不知该如何去做了。只要很仔细地收集在这种石头上所能获得的相关经验，再试着从这些经验推论出（演绎）哪一些简单性质的组合会形成组合体的特性。就像在磁石的经验中显示出来的哪一种简单性质是产生磁石效果的必要特质一样，一旦发现了这种特质，就能大胆断言认清了磁石的真正本质，也能宣称这个本质是可以被人类借由其设计的实验发现的。

由上面的文字可以清楚地看出笛卡儿对科学的理解新在哪里，即在于被称为力学的或机械论的假设，他认为一个物体的特性及其影响可以从其基本组成部分推导而来。笛卡儿奠定了凡事都要还原为“物质层面上的形式、数量、排列和运动”的思想传统，而且此力学学派从那个世纪的末期就开始占据权威地位。不过，困扰这种想法的原创者一生的是，这个原来为研究一切所设计的方法——照理应该适合“每一个理性的研究，无论在何处”，却只有在物体可被切割成更小的组成部分时才能有所作用。也就是说，笛卡儿的机械力学只和物质的东西有关，而不触碰精神或灵魂的事物。哲学家合乎逻辑地将这两个领域区分开来,对他而言,精神或灵魂既不是物质亦不具有延展性质,他仅能思考。然而,物质(一个物体)并不能思考,它只有延展的特性。虽然笛卡儿认为如此区分就能避免掉一个问题,但是事实上却因此引来更多新的问题。例如,精神究竟如何使物质处于运动的状态(特别是指让人思考),而不会抵触能量守恒定律?像这样的问题只是笛卡儿之后必须操心的众多问题之一。

既然如此,为何笛卡儿能那么自信(或自负)地宣告他的机械力学哲学呢?我想,只有在了解笛卡儿是因为获得某种形式的启示而转变其原来的看法之后,才能理解他的态度。关于这一点,他早期的传记记录得非常清楚详细,就让我们一起先回到 1619 年吧!笛卡儿在秋天从荷兰来到乌尔姆(对我们而言最重要的理由待会儿再说),在 11 月里寒冷的一天,他整天独自待在一间装有壁炉的温暖房间里,并沉湎于他的思考中(记录里并没有提到通常在这种情况下都会有的热饮)。突然间,他产生了一个念头,并且因此对他以机械力学看待事物的看法有了整体掌握。在 1619 年的圣马丁节夜晚(Martinsabend),也就是从 11 月 10 日到 11 日的夜晚,他因此(只是因此?)处于极端兴奋的状态,睡得很不安稳,并且做了三个奇怪的梦。关于这三个梦,笛卡儿的第一位传记作者巴耶(Adrien Baillet)曾仔细报道过,这里只简单叙述如下:

在第一个梦中,笛卡儿在街上行走,但是鬼魂和强风阻止他向目的地——一所学校的祷告室——前进,他痛苦得醒了过来,可是很快又睡着。第二个梦中充斥着雷声,笛卡儿因而被惊醒,刚开始隐隐约约觉得房里有火光,随即又平静下来重新入睡。他的第三个梦和前两个梦相反,不再可怕而是非常舒适。他发现在桌子上有一本他经常查阅的字典和一本诗集,他念了一小节诗,诗中提问:“我该选择哪一条生命之路?”与此同时,他又看到一个人①在称赞一段以“Est et non”起始的文字,我们可以将“Est et non”翻译成“cin und Nichtsein”(实有和非实有),也就是刚好与《哈姆雷特》里的意思截然相反[译注:莎士比亚的名言是“存在”或“不存在”,即“To be,or not to be”]。

笛卡儿将前两个梦视为他过去一直到现在的生活的象征——风和邪恶的力量企图把他从正确的道路上引开,但是真理早就像闪光一般启示了他,而第三个梦则是对未来的指示,在梦中他学习去寻找能分辨出真实与错误的道路或方法。② 那句“实有和非实有”来自毕达哥拉斯学派,他们想借此表示人类知识中的真理及其相反的部分,特别是在从事科学工作时更会一直保有这种观点。总之,1619 年在乌尔姆时,笛卡儿下了一个结论,他说:“真理的灵魂想要经过这场梦对他透露所有科学的宝藏。”因此,当我们知道笛卡儿在这个不安的夜晚许了一个愿望,要到意大利洛雷托(Loreto)向玛利亚朝圣感谢时,就一点也不足为奇了。

笛卡儿很可能没有实现这个诺言,他于 1637 年在荷兰的莱顿首次出版了他最著名的作品《谈谈方法》(*Discours de la méthode pour bien conduire sa raison et chercher la véritéDans les sciences*)③,在本书中他很理性地提到了他的理由,他说:“我视任何妨碍自由的

---

① 记载中强调一个人(Person),值得注意的是,拉丁文“persona”意为面具,而这个面具一直隐匿在笛卡儿背后。

② 我对第三个梦的看法刚好相反,其实我们是无法区分真实与错误的。在梦境中是以“实有和非实有”的暗示出现,因为很少有东西是完全错误或完全正确的,大部分的主张都是既含有正确的部分,亦含有错误的部分。

③ “关于正确使用理性和研究科学真理的方法论”或“关于正确思考和寻找科学中的真理的方法论”。

许诺为一种过分的要求。”因此，朝圣之旅在如此理性的生活中很自然地就毫无容身之处了。《谈谈方法》是在荷兰出版的，[1]因为笛卡儿这个法国科学家从 1628 年起就在那里过着舒适的生活，当然他偶尔也会到法国旅行，直到 20 年后才离开这个新教国家到瑞典去（最后在那里逝世）。在荷兰时，笛卡儿和他的女佣希蕾娜（Hijlena Jans）生了唯一的一个小孩。1635 年夏天，他们的女儿弗朗辛（Francine）出生，不幸的是这个小女孩在将要满 5 岁时就夭折了，而这一年她的父亲正在撰写他的《第一哲学沉思集》（*Meditationes de prima philosophia*）。

笛卡儿的《第一哲学沉思集》和已经提过的《谈谈方法》似乎造成了笛卡儿是个哲学家的印象，因为他似乎不会特别因为实用性和日常事务而被引开主题或者受到影响，抑或是从事任何形式的试验。不过，这样的描述是不对的，特别在所有科学的起步阶段更是不适合。1619 年冬天，笛卡儿转变观点的关键时刻正好是在乌尔姆，因为他在这里和当时也是玫瑰十字会成员的著名数学家福尔哈贝尔（Johann Faulhaber）在一起。在玫瑰十字会赋予会员的使命中，有两项被笛卡儿视为其思想和行动的中心，这个影响可能比我们想象的还大。[2] 这两项使命是“再造和平”和“使科学为受苦的人类谋福利”，也就是对抗疾病和粗重的工作。从笛卡儿的一段

---

① 应该提醒大家的是，笛卡儿不是用拉丁文就是用法文写作，他无法精确地掌握荷兰文，更谈不上使用荷兰文写作。笛卡儿（Descartes）的名字从不写成“Cartesius”——他越来越多的作品使用母语（而不是用学术界流行的拉丁文）写作，和他同时代的伽利略一样，他希望使用母语写作能让人们“运用没有被歪曲的自然理性”就能评断他，而不需只是相信那些古人的作品。

② 关于笛卡儿是否为玫瑰十字会的一员，我们并没有确定的答案，不过他很可能是。

谈话中可以看出这两项信条对他有多么重要,在前面提到的巴耶所写的传记中,读者可以读到笛卡儿“暗示好好执行他的思想所能带来的成果,它能为社会带来好处。例如,如果将他的哲学思考方式应用到医学和机械力学上,就一定能使人类保持健康,也能减少或减轻人类体能的劳动负担”。

我觉得,似乎在培根那时就已经熟悉的那个观点可以使笛卡儿哲学中的两个核心思想显得更清楚。我指的是怀疑的态度以及对身心的区分,特别是后者,因为它似乎把人类的肉体变成一具没有灵魂的机器,至少在第一眼看来是如此。然而,若是再看一眼,生命过程的机器化观点可能就会有些不同。如同时代的一个传记作者所说的,笛卡儿表现出“对人类最具体的爱”,因为对他而言,只有通过机械力学来理解生物学,才有希望掌握显然是极其复杂的有机体。正如钟表匠掌握了钟表的制造要领才能修理它,甚至延长它的使用寿命。如果人类以物理—数学的方式来理解自己的身体(根据如此的想法,灵魂是在别处),也就是说,一旦人们踏出了这科学的一步,那么根据笛卡儿的观点就存在着一个可能性,这也就是培根注意到的,特别是当他谈到知识和力量时。笛卡儿这里所谓的可能性就是自然为人类服务,也就是在这里人们可以大大发挥他们怀疑的观念。人们应该放弃任何自以为了解的有关自然的知识,只要这些知识还没有被证明为正确。因此,人们必须先将自然的语言的谜题解开,然后才有办法对自然下正确的命令:

这不仅是为了希望能发明无数的机械,让我们不花力气就能享受土地的收成和所有使生活舒适的东西,还要——也是主要的——保持人类的健康。这一点可能是最大的财富,也是此生其他财富的基础,因为甚至精神在很大的程度上也

> 是依赖性情和身体器官的状况。所以我相信,若人们要找到一种使人类大体上变得更聪明机灵的方法,就不能如以往一般在别处寻找,而应该将注意力集中在医疗知识上。

笛卡儿基本上超越了培根,因为他不仅影响了科学的哲学或者说科学的方法学,还决定性地改变了整个科学本身,也就是通过他的预先规定使所有动物性的(或人类的)功能还原成类似机械的效果和过程。笛卡儿这个方法在科学史上产生深刻的影响,我们可以用托马斯·亨利·赫胥黎(Thomas Henry Huxley)于1874年一篇论文中的一个评注作为例子来说明。赫胥黎在撰写《论动物是自动机械的假设》(*On the Hypothesis that Animals are Automata*)时明确指出,正是笛卡儿为我们铺平了以机械力学方式来理解知觉的这条道路,“一条所有后继者采取的路线”。更有甚者,1946年当诺贝尔奖获得者谢灵顿爵士在讨论笛卡儿有关动物体为机械的观念时,还看出了“机械在我们四周是如此普遍,也如此高度发展,以至于我们将会因此关联而部分地怀念起这个词在17世纪可能拥有的力量。比起其他任何一个可能选用的词,笛卡儿这个表述方法更清楚地表达出何者对当时的生物学才是具有革命性的。同时,若是继续贯彻下去,因此而产生的变化应该会带来丰富的成果”。

这个以拆解分析为基础的方法在许多例子里显得非常有用,也显示出将灵魂和精神隔离开来的想法是多么有利于分析。不过,当人们想把这个普遍的方法应用在那个自伽利略以来就困扰着科学家的问题——光的本质——上时,却又显得困难重重。笛卡儿特别在其《谈谈方法》(更清楚地说,是书中三篇附在主要部分之后的文章中的一篇)中详细讨论这个问题,这三篇文章分别为《屈光学》(*La dioptrique*)、《大气现象》(*Les météores*)与《几何学》

(*La géométrie*)。笛卡儿采用这些篇名是为了呼应开普勒于1611年发表的《屈光学》(*Dioptrik*)①,但是笛卡儿似乎不怎么把前辈科学家放在眼里,他毫无顾忌地应用他们的东西。我们不想再追问笛卡儿如何系统地拒绝面对历史,只是想知道笛卡儿是否——以科学的角度而言——比那些他站立在其肩膀上的科学巨人走得更远,笛卡儿是否在这篇文章中对"光是什么"这个主题有所贡献?

众所周知,关于这个物理问题的答案,到今天为止都还是困难的,无论是谁强调直观的量,最后都必须求助于著名的二象性。根据光的二象性观念,光不仅会以粒子的形式,也会以波的形式出现。在这种情形下,我们只是注意到物理学的现象,却忽略了所有在我们眼中和脑子里发生的过程。笛卡儿当时无法知道他面对的对手究竟是谁,但是他的自大让他忽视了一些清楚明显的矛盾。当然,他试着以直观来解释光,而且似乎没有什么问题,不过一旦与光线引起的感觉或感受有关,例如对色彩的感觉,就不是那么毫无困难了。总的来说,笛卡儿提供了三四种关于光的观念——他把光视为棍棒似的柱状物、细致的流体、球状物或者微小粒子组成的漩涡,而且丝毫不担心这些模型是否具有关联性或相互协调性。

笛卡儿告诉读者,柱状物能解释感觉,因为人类毕竟能拄着一根棍棒走过崎岖的道路。不过,笛卡儿当然也很清楚眼睛和物体之间的媒介并不是由木头组成的,那么到底是由什么组成的呢?笛卡儿用一个采收葡萄的例子来解释:

---

① "Dioptrik"是关于研究光线折射学问的古老称呼,折光或屈光的意思,大概是透光。在今天的语汇中还留存的只有"屈光度",也就是我们配眼镜时标明镜片光线折射的单位。

> 请您想象一个采收葡萄的桶，它装满了未被完全踩踏的葡萄。想想，在自然中没有什么是空的，因此存在于这些被采收的葡萄之间的细孔必须被一种极细微的稀薄流质状物质充满，这种细微的物质可以与桶中的酒做比较。现在考虑一下，并不是发光体的运动本身，而是那种运动的趋势必须被我们视为光，因此您可以设想光的射线并不是什么，只是这个运动趋势的方向罢了。

除了提出这个反而让人更混淆的隐喻之外，笛卡儿得到的只不过是亚里士多德那个对透明材质是什么的问题所提出过的答案。笛卡儿想进一步解释光线为何会折射，对此他猜想光线有以下的倾向，即"当它碰到其他的物体时，就会被改变行进方向或被减弱，就像一颗球的运动一样"。如果现在有人认为笛卡儿是想要借此解释光的特性，并且认为笛卡儿试着将光线遵循的法则视为球的运动法则，那就错了。笛卡儿虽然也想要将球的运动观念运用到折射的现象，但是一旦讨论到颜色，光线"由于某种缘故"就会像一些小球彼此重叠卷在一起的样子；如此一来，光的本质在这种情况下看起来又是另一种样子了。"我说过，"最后笛卡儿写道，"光线只是某种被极细致物体接受的振荡或运动。"

当然，整个光的本质在笛卡儿诸多的解释之下看来相当杂乱无章，但是我们必须原谅他，因为至少那些几乎无法相互融合的观念的确曾带领我们又往前走了一步——"光线"的观念及其附属之光的直线性观念是以其棍棒状的观点为依据的，而光为细微流体的观点则与光波动观念相符合，细微的流体可能是指"以太"，而光波可能是借此传播的。此外，笛卡儿的小球或微粒看法恰好可以直接嵌入 20 世纪的量子观念。也就是说，笛卡儿提出了所有物理学能想到的任何有关光的问题，虽然他的处理充满了矛盾，但可能正是因为这样，造成了今天光学上分门别派的典范，一种让当今任何科学家想从事光学实验时不得不遵循的典范。不寻常的是，一般而言，笛卡儿对任何事都会提出怀疑，但是他在这里却没有对自己的解释提出怀疑，而且在他只能提供模糊形象之处假装出确定性。

这是否只是笛卡儿在世界这个戏场中出场时所戴的诸多面具中的一副？那副扮演科学家所用的面具？很明显地，他欺骗了他的读者——至少在他的读者面前有些伪装，不过这样的行为似乎不会让笛卡儿感到太多不适，因为他在沉思中产生了最深层的怀疑，他认为基本上我们会一直被欺骗，并且成为虚构的牺牲者。事实上，笛卡儿认为真的有坚如磐石的确定性，那就是自己的存在，他在第三个沉思中写道："无论是谁，只要有能力就欺骗我吧！反正他绝对不能使我什么都不是，只要我还在思考。"在这里也许该把句中的"思考"理解为一种心理学的行为而不是理性的推理较为恰当，因为"只有思考是人们无法从我手中夺取的东西"。

随着这个想法而来的就是笛卡儿的那句名言"我思故我在"，他同时用两种语言写下："Cogito, ergo sum;je pense, donc je suis"。笛卡儿多次改变这个陈述——"我思故我在""我怀疑故我在""我会受欺骗故我存在"，任何一个具有批判力的读者光是从这一点就可以得到一个印象，即哲学家对他的东西并不是如他自己宣称的那样确定，模棱两可和矛盾的部分还是会保留下来。确定性也许只能依靠信仰提供，不过即使在那里，人们还是会自欺。笛卡儿并没有尝试过"我自欺故我存在"这样的表述，然而，为什么不呢？反正大家都知道"犯错"是人性，是合乎人情的，而笛卡儿对自己造成的影响也是如此认为。

牛顿

自然及其法则隐藏于黑暗中，

上帝说，让牛顿去吧！

世界灿然明朗。

——诗人蒲柏

第四章　最后的魔法师

· 牛顿(Isaac Newton,1643—1727 年)

只有少数几本书在出版周年时能引起周年庆的活动,康德的《纯粹理性批判》在出版 200 周年时曾广受赞扬,和此书同样具革命性的著作还有牛顿的《自然哲学的数学原理》:如人们在 1987 年庆祝《原理》出版 300 周年时仍然认定的,本书的出版突然就让所有科学都降为前历史。与此同时,更令人惊讶的是,根据 50 年之久的"牛顿研究",我们发现——尽管刚开始时只是勉强地接受,这位伟大的物理学家其实也是一位孜孜不倦的炼金术士。正如英国经济学家凯恩斯所言,牛顿不仅是使用旧时代的方法获取知识的最后一位魔法师,也是一位新时代的魔法师,他描绘了违反人类健全理智的自然法则。

第一节　牛顿:爱好炼金术的革命者

听说牛顿一生中仅仅笑过一次,而且是以此作为对一个问题的回答。一位未满 30 岁却已经是剑桥著名的卢卡斯讲座(Lucasian Chair)数学教授的学生问牛顿,欧几里得的《几何原本》是否值得研读?对这一件蠢事,这位名人也只能报以一笑了,因为在他眼里,任何人想要致力于自然科学的研究,对这本书感兴趣并深入研究是再清楚不过的前提。所以,牛顿回答那个学生并且要他想想,物理学和数学真的就是他想要从事的事业并以此度过一生吗?

牛顿在英国被尊为有史以来最伟大的自然研究者,在英国人眼中排名还在法拉第和达尔文之前,他的贡献在他还在世时就已经被誉为革命性的。1727 年,当他以 85 岁高龄逝世时,英国人将他隆重地葬在威斯敏斯特大教堂(Westminster Abbey)。来自法国的伏尔泰(Voltaire)目睹了这场隆重的葬礼,他写道:牛顿"如一位深受民众爱戴的国王被入殓"。诗人亚历山大 · 蒲柏(Alexander Pope)曾为牛顿写过墓志铭,并曾让牛顿过目,在其中就已经显示了这种荣耀与赞美。

> Nature and Nature's laws lay hid in night:
> God said, Let Newton be! And all was light. ①

1664 年,22 岁的牛顿突然显露出他的数学分析天才。首先,他发展出一种新的计算形式,起初称为"流数运算",因为这种运算法处理的是不断变化的量,而且相邻的两个数值差距极小,界线不易区分,今天这门课在学校里被称为"微积分"②。1665 年——当

---

① 自然及其法则隐藏于黑夜中,上帝说,让牛顿去吧!世界便灿然明朗。

② 如果今天有学生质问牛顿的微积分是否值得研读,他也一定会和那个问起欧几里得的学生一样被报以一笑。这种数学的技巧在于使变量趋近于零,也就是让变量变为无限小,并借此理解这个无限小的函数变化。要以数学正确描述运动时,微积分就是必备的工具;换句话说,它是运动方程式或运动法则的前提。

时在伦敦和剑桥瘟疫流行，牛顿因此搬回他的老家林肯郡（Lincolnshire），牛顿发现了所谓太阳白光的合成光谱，但是关于这项发现的详细报告一直到1704年才在他的《光学》（*Opticks*）一书中发表。接近1668年时，牛顿制造了一架反射式望远镜，以避免传统折射式望远镜的色差问题。1668年，这位刚满26岁的青年研究者发展出有关力学的基础思想，①直到1687年才在其主要著作中详细地介绍这些至今仍被视为力学基础的观念，这部著作全名为《自然哲学的数学原理》，通常简称为《原理》。牛顿在这部可能是物理学史上最重要的作品中指出，月球在天上所受的力及其运动所根据的法则，和一颗正在往地面下落的苹果或一颗朝空中投掷的石头所受的是同一种力，而且遵循相同的法则。因为有了牛顿，关于运动的科学才从此获得其现代形式，这个年轻的英国人轻易地就超越了那个古代希腊人——这里说的是亚里士多德。过去，亚里士多德为了能确认自然中各种不同形式的运动，因而将天上的星体与底下的地球严格区分开来；但是自从牛顿开始，以物理学的角度来看在天空中进行的就和在地球上经历的一样了。重力产生普遍的影响，它能到达每一个地方，从此我们借由它就能理解整个宇宙。

一个尚未满30岁的人已经靠一己之力做出比一般人一生所做还要多的贡献，但是他的内心仍然如以往般无法获得平静，那么他还能做什么呢？因此，牛顿特别着手进行更困难的任务，例如他试着找出重力之所以会使物体运动的原因。在找寻重力根源的过

① 在这个问题上，据牛顿侄女凯瑟琳（Catherine）的丈夫，同时也是牛顿遗稿的管理人康丢特（John Conduitt）所说，那个传说中的苹果似乎真的曾经掉在牛顿的头上。

程中，牛顿成为一位炼金术士，并因而引发了历史学家们长期以来不愿承认的问题：一个通常被历史学家评价为有史以来最伟大的物理学家竟然留下更多有关炼金术的文本，特别是有关天体和地面物体遵循相同的自然法则这个观念造成这些历史学家的迷惑，早就记录在牛顿阅读过的某些古老炼金术文献里了。传说由赫耳墨斯·特里斯墨吉斯忒斯①撰写的《翡翠宝典》（*Tabula smaragdina*）记载着："在下面的事物就和在上面的东西一样。"牛顿也曾表达过这样的观点，只是他用的是量化的形式。也就是说，牛顿是用数学语言来描述法则，而且它们在技术上是可以运用的。

关于牛顿的记载说，牛顿曾经非常有教养并谦虚地表示，他能发现并看到这么多是因为他站在巨人的肩膀上。② 不过，他并没有确切指出是哪些巨人，能确知的是，开普勒一定在牛顿所说的巨人之列。牛顿在其《原理》中利用基础的运动方程式导出开普勒的三大行星定律（这件事到今天都还被视为一大成就）。同样地，伽利略一定也是牛顿所称的巨人，因为牛顿也引用了他的思想。最后那位"三合一伟人"——或是称为赫耳墨斯·特里斯墨吉斯忒斯的

---

① 文艺复兴时期的一些学者发现了记载古代炼金术的著作，这些著作据称是一位被神格化的埃及智者所撰。埃及人称这位智者为"Toth"，希腊人称为"Hermes"，罗马人称为" Merkur"。1600 年之后，人们习惯将这些秘密著作视为一位名叫赫耳墨斯·特里斯墨吉斯忒斯的人所写。"Hermes Trismegistos"大概的意思是"三合一伟人"，之所以会如此称呼他，可能是人们认为他同时是哲学家、教士和国王，当时的人甚至逐渐把他视为基督教世界的思想之父。尽管事实上并不存在一个名为赫耳墨斯·特里斯墨吉斯忒斯的作者，却不可因此轻视这些借其名义流传下来的作品，毕竟它们是如此广为人知。

② 关于牛顿的谦虚，很多历史学家都是利用他这段有关巨人肩膀的叙述来作为证明。事实上，牛顿只是运用了一个当时流行的惯用语来反驳胡克对他剽窃别人作品的指控。

人，或许也必须被列入巨人之列，因为他让牛顿拥有了自由的眼界，正是这种自由的视野标示着现代物理的开始。

时代背景

牛顿出生（1642 年）①后不久，坊间出版了一部重要的炼金术作品——至少在英国还相当受欢迎，即迪格比（Kenelm Digby）的《关于物体的本质》（*Über die NaturDer Körper*）。当时，伦敦的"无形学院"（Invisible College）举行了第一次聚会，这个学院后来成为皇家学会。1650 年，爱尔兰主教乌舍尔（James Ussher）尝试依据《圣经》的陈述来推算宇宙创造的日期，他估算出创世是在耶稣诞生前 4004 年发生的。一年之后，霍布斯发表了著名的《利维坦》（*Leviathan*），他在书中将人类的生活描写成"孤独、悲催、险恶、野蛮且短暂的"，因此支持一个强有力的独裁威权政府。1653 年，克伦威尔（Oliver Cromwell）接管了岛上政权，该政权逐渐形成一个共和国。这时，因为在大城市中第一次出现人口拥挤的现象，所以欧洲逐渐向外扩展。1665 年，伦敦流行大瘟疫，笛福（Daniel Defoe）在其《瘟疫年纪事》（*A Journal of the Plaque Year*）中报道了当时的情形（为了避开这场瘟疫，牛顿离开伦敦，在家乡进行有关日光的实

---

①　在牛顿的生辰年月日记录旁做上记号是很平常的事，因为从 1582 年起欧洲就有两种历法——儒略历（Julian Calendar）和格列高利历——同时存在，两种历法也都有人使用。今天我们是根据新历法，但是英国到了 1752 年还一直使用儒略历。因此，若是按照旧历法，牛顿是在 1642 年的圣诞节出生，但若是根据新历法，则是在 1643 年 1 月 4 日诞生。更复杂的是他的死亡日期，因为以儒略历——也就是在英国——来算，一年的开始是从 3 月 25 日起，而牛顿是在 3 月死亡。也就是说，依照儒略历是 1726 年 3 月 20 日，若依照新历法则是 1727 年 3 月 31 日。不过，无论如何，伟大的牛顿享年至少超过 80 岁。

验),当时的伦敦大约有超过 10 万人在这场瘟疫中丧生,一年之后又有几乎一样多的人不幸死于伦敦的一场大火。尽管如此,科学和技术还是迈着步伐继续向前,伦敦的皇家学会第一次出版了自己的刊物《哲学会刊》(*Philosophical Transactions*);同一年巴黎有了街道照明,也成立了一个自己的学院,后来成为法兰西学会的一部分。1673 年,荷兰人列文虎克(Antoni van Leeuwenhoek)在一封信中告知英国皇家学会,说他利用一个简单的显微镜发现了罕见的微生物。很快地,列文虎克认出原生动物,并且让人信服地证实了在他之前由其他人观察到的精细胞的存在。在 17 世纪结束前,欧洲一直都还有许多女巫受到审判,锤击式的钢琴被发展出来,英格兰银行成立了,法国的修道士唐·贝里侬(Dom Perignon)也发明了香槟发酵法。

18 世纪初,耶鲁大学创建,第一份新闻日报《日报》(*Daily Courant*)在伦敦发行,有越来越多的饥荒,也有越来越多的共济会分会建立(1718 年于伦敦,1721 年于巴黎)。1723 年,当巴赫谱写《约翰受难曲》(*Johannespassion*)时,大气式蒸汽机的存在已经超过 10 年了。在牛顿逝世前不久,康德出生,后来(大约在 1790 年)他以著名的《纯粹理性批判》作为对牛顿物理学的分析,并且着手建立关于时间和空间的基本观念。

最后还要对前面叙述的时代背景做一点概括性的补充,让它不只是表现出那个旧时代的特征而已:第一位伦敦皇家学会的秘书奥尔登堡(Henry Oldenburg)将自然科学定义为“男性的哲学”(masculine philosophy)。与他同时代的人,罗切斯特(Rochester)主教斯普拉特(Thomas Sprat),也称这个让自然科学成为可能的新知识形式为“男性与永久性的”(masculine and durable)。遗憾的是,到头来只有这种男性的愚昧被证明是永久性的,而这个清楚的结果真是让今天的我们感到可悲。

人物侧写

牛顿是世界知名的人物,毫无疑问,他确实有理由如此。他开启了一个科学新纪元,他那决定论的自然法则实现了所有梦想,特别是伽利略和培根曾经拥有的梦以及那些赋予“现代”独特特征的梦。可是,我们是否对本文主角牛顿的特质有一些较贴切的描述呢? 只要我们细读手头上有关牛顿的资料,就会发现有许多矛盾的地方。乍看之下,牛顿显得极为谦逊,也就是他在文章中的许多地方都适切地表达出谦虚的态度。例如,他说他只是像一个站在沙滩上捡拾石子与贝壳的小男孩,事实上未经探查的知识大海还在他的面前,而他之所以能发现这些法则,只是因为他——作为一个侏儒——能站在一些卓越的科学巨人肩膀上。

然而,再次查看的结果表明,前面第二个说法根本不是牛顿自己想出来的,只是当时礼貌性的惯用说法。至于海洋一事,一方面他从未见过海洋,另一方面他主要是想说,他不像我们大部分人只会空着手站在那儿,至少他还能发掘出一些东西。与此同时,许多历史学家都认为伟大的牛顿是个野心家,一个追求功名并且爱慕虚荣的人,这个特点在后来,特别是牛顿身居要职时(如身为伦敦皇家铸币厂厂长)更是表现得淋漓尽致。此外,这个特点在牛顿与他人的私人争议中也毫不隐藏地表现出来,最著名的就是他与莱布尼茨争执新计算方式微积分发明的优先权时所表现出的难看、丑陋的态度。当然,很清楚的是牛顿较早将他的流数运算法介绍给大家,但同样清楚的是,莱布尼茨用积分符号描写方程式的方法获得普遍的承认(到今天我们仍在使用),不过牛顿并不认同这一点。当牛顿指控莱布尼茨剽窃他的作品时,他收到这位德国哲学家的一封信,里面是个数学难题,①莱布尼茨在信中很有礼貌地请求他解答这个问题。牛顿是在傍晚前接到这封信的,不过这封信激起他的好胜心,在睡觉前他就把这个问题解出来了。

牛顿在他的后半辈子花了很多时间在争取优先权这件事上,而且表现得一点也不绅士,可以说他一直在迫害莱布尼茨,一直到莱布尼茨逝世为止(1716 年)。在莱布尼茨生前,牛顿也是极不公平地对待他。例如,在牛顿不停地嘲笑莱布尼茨是"微积分"的"第二发明者"之后,莱布尼茨向皇家学会提出抗议并且要求澄清,可惜许久以来牛顿就是皇家学会的主席,而且他也无耻地运用了这个职务赋予他的权力:他挑选调查委员会的成员,并且握有判断证据能否使用的权力。此外,他还亲自起草调查结果的报告,可想而知结果会是如何。

也就是说,作为科学家的牛顿是如此杰出,但是作为一个人,牛顿却是如此令人厌恶。既然如此,就产生了一些问题:为何牛顿会受到如此传奇式的崇拜?他的划时代地位之声誉从何而来?究竟是什么原因让我们到今天都还思考着牛顿的物理学,尽管它比一般人想象的都还要困难?为什么文化史上的另一个巨人歌德对部分牛顿式的科学,即刚开始还让我们信服的颜色学说,有着恶毒的、敌意的反应?

如果有人认为在牛顿身上可以找到一种完全依据理性和实验建立的科学典型,而且任何有关无理性的、有魔力的和炼金术的东西在这里都毫无立足之地,他就大错特错了。不过,这些人可能会辩解,认为这些都是历史学者的误导,因为到今天为止历史学家都还是用"牛顿这个人"来作为牛顿理性形象的证明,而且误解了许

① 这个问题是:在不同种类的双曲线中,求拥有相同顶点的正交轨线。

多牛顿说过的听起来很谦逊的话。当牛顿发表他著名的评论“我不提出假说”(Hypotheses non fingo)①时，并不是想唱归纳逻辑的高调，他只是想正确地表现出和当时的“自然魔法师”②所做的事情一样罢了，当时的“魔法师”也不会提出任何假说来面对或处理他们具有的神秘力量和质性。对他们和他们的目标而言，重要的并不是发现那些神秘的原则，而是那些原则能够存在也能实际利用，这个神秘的东西在牛顿的例子里就是重力。牛顿并没有也不想赋予重力任何原因，因为正如他所说：“我不提出假说。”而如果是为了能够继续研究，“只要我们知道重力真的存在，而且它的表现就和我们描述的一样，并且能够以我们非常希望拥有的完整性来解释天体的运动，对我们来说就已经够了”。尽管如此，我们必须明了的是，天体之间的力(如重力)之所以会被牛顿接受并且建议使用，是因为重力能够与炼金术或魔法理解中的那个神秘的量或特质相互配合。

然而，在我们进一步谈到作为自然魔法师的牛顿及其思想背景之前，先来看看牛顿的生平，并且认识一下这个天才在早期就拥有的科学成就。牛顿出生于 1642 年的圣诞节，出生时就体弱多病。他从来没见过父亲，因为他的父亲在他出生前三个月就过世了。他在母亲的照料下成长，12 岁时母亲将他送出家门，让他到中

---

① 必须提醒大家的是，牛顿很明显并没有遵守他自己先前确立的原则。1675 年，他提出了“一个解释光特性的假说”，在这个假说中，他发展出一种在所有物体中都含有神秘潜力的概念，这个神秘的潜力会以“以太”状的蒸汽或是流射状物质的形式显示出来。

② 一本居于领导地位的《自然魔法》(*Natiirliche Magie*)手册于 1658 年出版，作者波尔塔(Giovanni della porta)曾说他并没有从事愚蠢魔法的企图：“魔法并不是什么，只是有关事物自然进程的认识。”17 世纪对魔法的理解和我们今日认识的有些不同。

学就读。刚开始，牛顿住在学校附近的一间药局里，渐渐地成为一个整天钻在书堆里的人，后来甚至不愿意回家掌管家产。不久，他的舅舅将他送到较高等的学校，1661 年进入剑桥三一学院，他在这里度过了 35 个年头，除了挣钱所需的工作之外，他专心致力于他的学业。1665 年，牛顿结束学业，他在 50 年后回忆这段美好时光时表示，学校的毕业考只花了他一点点力气。大体上来说，至少就历史学家所知，牛顿并没有在这一点上过度吹嘘，他在回忆中写道：

> 公元 1665 年初，我找到了求连续近似值的方法和规则：根据这个方法，任何一个二项式中的任一幂次都可以化为那样连续的近似值来解答。同年 5 月，我发现切线方法，11 月了解导数的方法。隔年 1 月，我提出颜色的理论，接下去在 5 月时我终于理解积分的道理。在同一年，我开始思考重力的影响力应该可以延伸至月球轨道，并且（在我发现如何计算一个球体在另一个球面内旋转时对球面所施的压力之后）根据开普勒的规则①——行星的运转时间（周期）与行星在轨道上的位置到中心距离的 1.5 次方成正比——推算，使行星保持在其轨道上的力与行星到其环绕中心的距离平方成反比。在此，我比较了使月球保持在轨道上运行所需的力与地球表面的重力，发现它们的值非常吻合。所有这些事情都发生在瘟疫流行期间，即 1665 年到 1666 年，因为在这些日子里，我处在发现的黄金岁月，而且比此后任何时候花费在数学和哲学上的时间与精力都更多。

① 牛顿在此所指的是开普勒第三定律，即关于行星轨道的定律。

关于瘟疫流行这件事,值得再说明一下,因为牛顿是为了躲避瘟疫才回到林肯郡的老家,他在家乡过着闲情逸致的日子。有一天,他在日光下把玩着一个可能是他在伦敦市场购买的三棱镜,却意外发现许多光的特质,不过牛顿并没有在他上面的回忆中特别提到这些发现。

奇怪的是,牛顿对他这些早期的发现抱持的态度都是一样的,年轻的牛顿一直很迟疑,所以没有公开发表这些成果,这可能是因为他害怕出丑。例如,作为一位颜色的研究者,他从未对他的颜色理论感到满意,因为他无法确定颜色的混合看起来究竟是灰色还是白色的,也不知道是否忽略了什么因素。另外,他的保留也可能与以下的事情有关,因为比起现代的我们,当时的人更重视将私人与公开的事务区别对待,所以今天的我们必须了解,牛顿也会将他自己私下的科学研究和公开的理论与教学区分开来。

其实,牛顿力学一些基础的发现也是从很私人的事务开始发展出来的。众所周知,这段故事就是从一颗苹果开始,也就是那颗非常可能存在、从枝头上脱落并且在牛顿眼前掉落的苹果。尽管在关于这位大科学家较可靠的史料中都没有记载这件事,但是无论如何,当牛顿见到往下掉落的苹果时,一定——以一种对我们而言充满神秘的方式,只要心理学家不深究的话——马上就会明白,月球一定也和苹果一样应该是往地面运动的。月球之所以还是沿着轨道运行,是因为它还有另一个(第二个)直线运动,地球重力造成月球朝地面的运动和另一个直线运动构成了我们观察到的卫星轨道。后来,牛顿将月球第二个运动的原因作为他的第一运动定律;①根据第一运动定律,只要没有受到外力的影响,物体会保持相

① 静止状态也属于此,静止是速度等于零的特殊状况。

同的运动。直到1687年，牛顿才在前面已经提过的《原理》中发表这个定律和其他定律。①这本书的撰写其实和天文学家哈雷（Edmond Halley）的敦促有关，因为哈雷问他能不能从作用在行星上的重力推导出行星的椭圆轨道，他的确解决了这个问题。1684年到1687年间，牛顿撰写了超过500多页的论文，论文中不仅介绍许多力学的新观念，同时也确立了写作描述的标准形式。例如，每次证明完一个问题，牛顿都会用拉丁文的缩写“QED”②作为结尾，这三个字母一直到今天都还被使用着。

在《原理》中，牛顿引进了质点这个观念，质点这个观念使得牛顿能够将现实的物体视为数学的量，并且在数学方程式中运算。牛顿是第一个不加犹豫地将数字和物理量（如质量和加速度）彼此的相乘视为与数字相乘一样有效的人。借此，牛顿以一种几何学的表述方式表达物理学理论，并且用这种方式提供了一个可供操作利用的宇宙模型。为了能够运用这个模型，牛顿提出一个前提，即所有质点都曾经由超越力互相影响，这个想法因为后来的成功而成为物理学中的典范，一直到爱因斯坦的出现。

其实，牛顿物理学中最重要的表达方式并没有就此消失，例如那个让上述的牛顿第一定律亦称为“惯性定律”的“惯性”。物质的实体（物体）拥有质量，而这个质量有一种“不活泼”的特性。也就是说，它会保持它原本的运动状态，只要没有外力的干扰。其实，我们会在自己身上经历这种“惯性”，当我们坐在行驶的车子里时，

---

①　他的第二定律是：作用力（F）会造成物体的加速度（a），而作用力会与物体的质量（m）成正比，也就是 $F = m \cdot a$。第三定律是：作用力必然与反作用力相等（Actio = Reactio）。

②　“Quod erat demonstrandum”，也就是“证完”，有时也写成“QEI”（Quod erat inveniendum）。

如果车子突然刹车，我们就必须设法刹住自己（如用安全带），否则将会朝车子行驶的方向继续以原来的速度前进（最后可能是以灾难结束）。"惯性"的现象及其可能造成的效果可以用如此清晰却也令人悲痛的方式表达出来，不过这个观念在人类脑子里还是如此不清晰，因为它与人类的直观不尽相同，在人类眼前发生的是另一回事。例如，只要我们不再耗费任何气力继续往前跑，就会在原地停留下来，同时手上提着的购物袋也不会因为它的惯性自己跑回家去。

今天心理学的实验已经详细证实了"惯性"是个摆脱人类健全理智（常识）的观念，[①]而且我们必须习惯一件事：从牛顿开始，物理学就成为一种新科学。如同法国哲学家巴什拉（Gaston Bachelard）所阐述的：在这种新类型的科学里，只有与常识矛盾冲突的科学理解或科学知识才有效。或许我们也可以说，自牛顿以来科学就是反直观的，在这种情况下，我们可能必须给予牛顿这个天才更高的评价，因为尽管他也受到人类直观的限制，却还是能理解运动实际存在的情况与条件。不过，也正因为突破直观能力的限制十分不易，所以这里又有另一个问题显得格外困难，那就是究竟如何将一种具有如此内容特质的科学介绍给一般大众呢？一般人一定会想到利用常识来理解，但是这种科学的特征却正是违反一般人依赖的理智。如此看来，似乎必须对想要理解科学的人作一种不近人情的要求。

或许，歌德对牛顿的反感就是与这个在1700年之后科学所得到的、和人类的非理智相关的观点有关。除此之外，确定引起歌德

---

① 详见本人的另一本书《人类健全理智的批判》（*Kritik des gesunden Menschenverstandes*，Hamburg，1988）。

反感的原因还有:牛顿是个分析高手,他从“可见的”追溯至“不可见的”,并且将整体分解成部分,而且还因此感到高兴。牛顿在研究光线和颜色时断定,我们认为是白光的日光就是由人们已经认识的天上彩虹的颜色混合而成的。在利用光线经过棱镜的折射与借由在暗室里的人造光谱实验之后,他再一次指出,在天空中发生的和地球上发生的并没有什么不同。换句话说,对光线和颜色而言,也存在着普遍的法则,而我们应该将它找出来。因为牛顿在力学中运用“质点”的假设获得了成功,所以他也想把这个观念运用到光学中。他推想光线是一种微粒,并且尝试着将光线通过棱镜之后的折射现象解释为光粒子和物质组成粒子之间的一种弹性碰撞。

虽然牛顿不仅希望能借此解释光的本质,也希望能应付批评者——如胡克——的异议,但是我们在这里不想继续追究牛顿这个不清晰的思考路线。另一个不继续深究的原因是,牛顿最后在这里留下了两个或多或少无法协调的物理模型。① 我们要特别指出一点,牛顿对颜色的解释绝对不是纯物理学式的考量,我们自然无法亲眼看到由他自己通过棱镜做出来的光谱,但令人非常起疑的是,牛顿真的看到了在他报告中记录的那七种颜色,即红、橙、黄、绿、蓝、靛、紫吗?然而,的确是必须有七种颜色,因为牛顿采取的方法既不是系统的,也不是纯经验式的,它是依靠事先就存在于脑子里的想法,也就是一种关于事物和谐的学说,而这种学说恰好与数字“七”有关。例如,人们假定(当时也只认识)天上有七个行星,而八度音中有七个全音。牛顿对色谱的划分的确也是非常音

① 除了纯光粒子论之外,牛顿还提出一个交互影响的模型:光的微粒能引起一种稀薄的以太周(波)振动。

乐式的，上述的颜色刚好配合全音阶上的七个音，即 D、E、F、G、A、B、C。他进一步以非物理学的方式将从红到紫的光谱线绘制成一个合乎他（以及一般人）的感受的圆形，也就是一个“色环”。而我们今天也知道，这个“色环”表达的并非光的自然特性，它只是人脑建构出来的一种表达方式。

然而，历史学家很少提到，歌德并没有看出牛顿在此所做的不过是将一个存在的“整体”（即日光）分解之后，再建构出一个想象的“整体”（即色环）而已，但若是这样，当然也会有人说或许歌德根本不想了解牛顿。不过，诗人与英国人的争论可能发生在一个我们没有提到的层面上。① 对歌德而言，光线的研究与颜色感觉的主观面有关；对牛顿来说，则是与颜色解释的客观面有关。除了“主观”和“客观”之外，也可以用“个人的”与“一般的”或“公开的”来区别，如此我们便面对一个在牛顿看来极其重要的区分，正如我们在一份长久以来一直不受重视，于 1670 年之后完成的手稿中能看出的一样。牛顿在手稿《生长发育中明显的自然法则与过程》中尝试超越机械力学并转向研究另一种运动，也就是有机物的生长发育。研究有机物的生长需要灵敏的感觉与兴趣，他在尝试之后断定：“自然的过程既不是有机式的生长发育，也不是纯机械力学式的。”

在牛顿那个时代（一直还是炼金术流行的时代）的人眼中，生长发育与生命不仅是植物和动物也是金属具有的能力，人类的技术就在于从两个面向来模仿自然，以下是牛顿对这两个面向的区

---

① 简单地说，牛顿和歌德对颜色的观点是互补的。日光对歌德而言是单纯的，对牛顿而言则是组合的；相反地，颜色及其波长对物理学家而言是单纯的，对诗人而言则是复杂的。

分:他认为对机械式改变的模仿相当于一般"肤浅、不涉及本质的化学",而能提供生长发育过程的技术才会要求一种"细致、秘密、高贵的工作方式"。在此,对我们最重要的词就是"秘密的",牛顿之所以要如此紧扣这个词并且强调它,是因为人类在成功的例子里能够获得像神一样的力量,也就是获得牛顿所谓的关于"成长发育的灵魂",牛顿将这个灵魂理解成"极其细致而且小得无法想象的物质集合","它能穿过所有元素,而它的分解将会留下没有生机也没有活性的物质"。

对信仰虔诚的牛顿而言,上帝是这种生长灵魂的创造者,生长灵魂体现着上帝的创造力,而他的工作自然是神圣的。因此,我们获知的关于上帝的事都必须被秘密地保持,至少要在"肤浅、不涉及本质的"科学家面前。牛顿在这里所指的人之一就是化学家波义耳(Robert Boyle),因为他让观众参观他的实验室。

因此,牛顿特别关心炼金术士的著作和他们的智慧,因为他确信这些著作包含一种秘密的知识,一种经上帝启发而获得的知识。牛顿假定是"上帝伟大的炼金术"从初始混沌的状态中创造出世界的秩序的,他在这个过程中借着生长灵魂对物质进行加工,就像炼金术士借由"哲人石"在实验室中所做的,因此可以说炼金术士贯彻了创造的行为。牛顿在1685年说道:

> 如同世界是从阴暗的混沌中经过天与地以及地与水的分开创造出来的,我们的工作是从黑色的混沌中找出起始,并通过分解各种元素与照亮物质来取得"元物质"。

根据一种推测,牛顿很可能是在做炼金术实验时死于水银中毒的,不过他的年纪其实也已经很高了,所以我们在这件事情上根本无法得出正确的答案。除非有一天我们和牛顿一样老时才会了解他当时做的是什么,或者,到底是什么力量在驱策他。我们可以用以下的话来说明牛顿想要透视上帝的创造法则:一方面以炼金术士的身份,另一方面则以理性的自然研究者身份。牛顿以几何学的论点来描述他的物理学理论,因为他视几何学为一种神授的科学,它的变数(如空间)无论如何不应以世俗的物理特性,而应该用一种神圣的性质来描述。空间是“上帝神性的射出”,这表示牛顿崇拜空间,所以在《原理》中以崇拜的笔调描写空间。他在《原理》的前言中写道:

> 上帝的存在是永恒的,也是无所不在的。他创造了时间与空间,万物都包含于他之中,也通过他运动。

当然,人类也受此影响而动,一个最明显的例子就是牛顿自己,他从未停止,其精神亦然。

到今天为止,他不是都还激励和鼓动着我们吗?

拉瓦锡

法拉第

达尔文

砍下他的脑袋只需一秒钟，但是要再长出这样的脑袋也许还要几百年。

——拉瓦锡死后，拉格朗日惋惜道

我一生最大的发现，是发现了法拉第。

——英国皇家学会会长汉弗里·戴维爵士

我认为《物种起源》这本书的格调是再好不过的，它可以感动那些对这个问题一无所知的人们。对于达尔文的理论，我准备即便赴汤蹈火也要支持。

——英国博物学家赫胥黎

第五章　现代经典

· 拉瓦锡(Antoine Lavoisier,1743—1794 年)
· 法拉第(Michael Faraday,1791—1867 年)
· 达尔文(Charles Darwin,1809—1882 年)

100 年——大约是从牛顿去世到拉瓦锡出生的这段时间,也正是要这么久,化学才逐渐赶上物理学的水准,特别是到 19 世纪化学工业建立起来时,化学才获得成功。

同一时期,有两位物理学家奠定了“以科技造福大众”的基础,这个基础的发展运用让我们今天从插座就能获得电流。如何应用科学家的发现当然不是很直接就能理解的,当人们问到这些科学家中的一人——法拉第,他的发明有什么用途时,他就已经提出一个经典的问题:“新生儿有什么用呢?”

不过,当时飞快的发展并没有限制科学家注意到生命的缓慢变化,今天我们称此缓慢变化为进化,这是达尔文无意中发现的,但是从那时起生物学就有了意义。今天虽然整个科学界都已经将达尔文的思想考虑进去,想要了解它却仍是一件困难的事。

第一节 拉瓦锡:一场让税务员无法承受的革命

拉瓦锡的化学研究都是利用业余时间完成的,他是一个能够严格坚守自己工作计划的人,因此所有的科学实验工作都能按照计划在早上6点到8点和晚上7点到10点之间进行。1771年,28岁的拉瓦锡与年轻的波尔兹(Marie Anne Paulze)结婚,波尔兹在婚后无私地投入,成为拉瓦锡科学实验的得力助手。[①] 在早上和晚上实验之间这段长长的时间里,拉瓦锡主要做税务员的工作。[②]

拉瓦锡将律师父亲遗留给他的50万法郎投资在一家公司里,这是一家征收税款的企业,或许我们必须把它当成私人的财政局。这项投资并没有个人的动机或企图,拉瓦锡在财物上原本就已经有了保障,而且他也把这项工作获得的收益完全用来装备他私人的科学实验室。他的实验室设备极为出色,相较之下其他竞争者的实验室的确相形见绌。不过,这家包税公司在民不聊生、社会人心不安的时代风评极差,人们对它的厌恶很快就造成了这位伟大的化学家也无法承受的后果。当法国大革命成功且革命成果巩固之后,革命的领导者便开始有计划、有系统地对一些旧政府的代理

---

① 玛丽·安娜结婚时才14岁,虽然她和拉瓦锡一直维持着婚姻,但是始终没有孩子。此外,玛丽·安娜曾经学习英文,因为有她的帮忙,拉瓦锡才得以和当时杰出的英国及美国科学家——普里斯特利(Joseph Priestley)、杰弗逊(Thomas Jefferson)与本杰明·富兰克林(Benjamin Franklin)——保持联系,他们甚至参观过拉瓦锡的实验室。

② 拉瓦锡有技巧地将税务工作与对科学的兴趣结合在一起,因为他时常利用到某一座城市收税的计划,事前申请在那里发表学术性论文,因而让自己受邀到那座城市。

人展开清算报复,拉瓦锡因其收税工作亦被视为旧势力的代表,因此被捕入狱。而他的实验室也被充公,不久之后更被捣毁。

对拉瓦锡展开报复行动的主事者就是声名狼藉的马拉(Jean-Paul Marat)①。1780年,当马拉还是个记者时,曾提交一些毫无使用价值的文件申请加入法兰西科学院,但是拉瓦锡不仅驳回他的申请,还严厉批评了这个"自吹自擂的马拉"。马拉在12年后仍然对此奇耻大辱耿耿于怀,因此就利用革命之后的新形势将拉瓦锡送上断头台。1794年5月8日,拉瓦锡这个现代化学的奠基者魂断断头台,年仅50岁。一个在化学领域中完成无可比拟的科学革命的人,却在另一场政治社会革命中成为失败者。当拉瓦锡的头被砍下时,在场的法国数学家拉格朗日(Joseph Lagrange)看了看表之后说出了一句著名的话:"砍下他的脑袋只需一秒钟,但是要再长出这样的头脑也许还要几百年。"实际上,再出现这样的头脑比拉格朗日担心的还要久得多。

时代背景

1743年拉瓦锡在巴黎出生时,人们开始采用摄氏度,我们到今天都还使用着它。两年后,一位名叫普瓦松(Jeanne Antoinette Poisson)的少女成为法王路易十五的情妇,她后来被称为蓬巴杜夫人(Madame de Pompadour)。同一年,法国自然科学家博内(Charles Bonnet)发现蚜虫的单性生殖。1747年,人们开始以工业化的方式生产硫酸;一年后孟德斯鸠发表了他的巨著,也就是著名的《论法

---

①　马拉被一个女人杀死在浴室里这件事后来成为艺术创作的主题,例如18世纪的大卫(Jacques-Louis David)画了一幅油画,而20世纪的魏斯(Peter Weiss)亦据此写了一出舞台剧。

的精神》(*De l'esprit des Lois*)。

1752年,雷奥米尔(René Antoine de Réaumur)发现消化不只是一种机械的研磨过程,他注意到消化时在胃里有一种酸液参与作用。同一年,美国的富兰克林首次制造了避雷针(它让人类对天空诸神的信赖消失殆尽,转而信任研究者的才能)。在法国,沃康松(Jacques de Vaucanson)制造出一个吹笛人形的自动机械模型。1753年,瑞典生物学家林奈(Carl von Linné)完成物种分类的"双名法"。两年之后,康德提出他的《宇宙发展史概论》(*Allgemeine Naturgeschichte und Theorie des Himmels*),他在书中首次提出地球的年龄应该远大于《圣经》中记载的年龄,他甚至建议我们将创造的过程视为尚未完成。1756年,人们发明了水泥,同一年莫扎特出生。

1774年,法王路易十六登基。1775年,英国人瓦特取得了他在10年前就已经制造出来的蒸汽机之专利权。1776年,美国人发表了那篇著名的为了追求自由公民幸福的《独立宣言》。同一年,亚当·斯密发表了《国富论》(*The Wealth of Nations*),他在书中赞扬市场上那双神奇的、能把一切导向最好的"看不见的手"。1777年,意大利人斯帕兰扎尼(*Lazzaro Spallanzani*)成功地在两栖动物体内进行了人工授精。10年后出现了文化上伟大的一年:歌德完成了戏剧《在陶里斯的伊菲革涅亚》(*Iphigenie auf Tauris*),席勒(Friedrich Schiller)发表了戏剧《唐·卡洛斯》(*Don Carlos*),莫扎特的歌剧《唐璜》(*Don Giovanni*)于布拉格首演。

两年后,也就是1789年,法国爆发大革命,美国颁布了第一部专利法,法国则在1791年跟进。1790年,吕布兰(Nicolas Leblanc)发现了一种人工制造苏打的方式,他的贡献成为工业革命的模范,并预示下个世纪化学工业的重要性。1792年在巴黎,人们尝试引进一种“共和历”,但是一年后就因学院和大学的反对而取消。1794 年,不仅拉瓦锡死于断头台,数学家兼科学院永久秘书孔多塞(Marquis de Condorcet)也成为革命的牺牲者。不过,幸好他已经完成了《人类精神进步史表纲要》(*Esquisse d'un tableau historique des progrès de l'esprit humain*),他在书中允诺人类通过科学就能获得更好的生活;这篇 1795 年的宣言一直到今天都还影响着我们,让我们相信“进步”的可能性。同一年,人们开始采用今天仍然通用的度量衡公制系统。

人物侧写

如果要用一句话,甚至一个词来形容拉瓦锡的卓越贡献,那肯定是:“拉瓦锡借着天平进行革命。”通过拉瓦锡聪明、有系统地运用天平,化学成了一门精密的自然科学。当然,在此必须提出,为了能精密测量与分析,拉瓦锡投资了许多钱来提高天平的精度,或是购买更好的天平。表面上拉瓦锡似乎借着天平将化学变成一种簿记练习(登记测量结果),但重要的是那些仔细、孜孜不倦的测量结果让拉瓦锡最终提出一个至今仍有效的基本法则,这个基本法则最简单的说法就是“不灭、不生”。稍微夸张一点,我们便可将它与物理学中的能量守恒定律相比拟,①并称之为“化学的质量守恒定律”。不过,拉瓦锡一开始并没有这样远大的目标,因为他深知化学尚未成熟到可以提出如此普遍的定律,但是他却有意使化学成为如物理一般的精确学科。随着工作经验的增加,他更深信终

① 物理的能量守恒定律一直到 19 世纪才被提出,其中亥姆霍兹(Hermann von Helmholtz)扮演着重要的角色。他认为能量既不能被制造出来,也不能被消灭掉,只是从一种形式(运动)转变成另一种形式(热)罢了,宇宙中的能量是恒定的。

有一日必定能在他与伙伴的工作中找到化合物和化学反应之间的代数关系。

拉瓦锡很早就开始找寻这种量化的关系，虽然他在年纪很小时就对科学感兴趣，但一开始还是跟随着父亲学习法律，所以十几岁时在巴黎的四国学院（Collège des Quatre Nations）完成了法律课程。由于拉瓦锡不必从事和法律相关的职业——他拥有足够的金钱供应生活所需，因此很快便依照自己的兴趣努力学习自然科学。开始时是地质学、植物学和天文学，不久之后，20 多岁的拉瓦锡终于转向真正属于他的科学——化学。拉瓦锡在化学领域是如此成功，他甚至在 1768 年以 25 岁之龄就成为巴黎科学院的一员。① 其实他的第一份发表作品必须回溯到获奖前四年，他在这篇文章中就已经证明了天平的价值。1764 年，年轻的拉瓦锡小心地将含矿物的石膏加热，然后认真地收集加热过程中释放出来的水并且称重。测量结果显示，收集到的水量刚好和我们平常在搅拌石膏时所需的水量一样，这个“量”上面的发现构成了拉瓦锡化学在后来若干年表现出来的高品质基础。

科学家有时会说，当他知道一个实验可以行得通而且只需整天重复实验就可识破大自然的许多秘密时，那种感觉就像身处云端。② 对拉瓦锡而言，测量就像是半个天堂，另一半的天堂就在“加

---

① 拉瓦锡在开始时是以“助手”的身份进入科学院的，但是很快就成为正式的会员，这件事和法王路易十五有关，因为 23 岁的拉瓦锡获得一个奖项，这个奖项是由法王路易十五公开征求对都市照明的研究计划提供的。

② 这种说法源自于生物学家赫尔希（Alfred Hershey），他与德尔布吕克、卢里亚共同获得 1969 年的诺贝尔医学奖，因此有了“赫尔希天堂”（Hershey Heaven）的说法。这样不仅好听，也有巧克力的味道，因为美国有一家巧克力工厂就叫“Hershey”！

热”，更强烈一点的说法是“燃烧”；也就是说，拉瓦锡依靠这两项技术完成了一项最为后世——不仅是在化学界——称道的贡献，即反驳燃素说，以及因而引起科学论争最后导致发现关乎性命的氧气①一事。

当时的化学家用“燃素”这个名词指代一种热的要素，根据他们的想法，燃素是在物质燃烧时被释放出来的。表面上看来也的确如此，因为当火焰升起时，每一种物质似乎都失去了某种东西。看起来就像有一种呈气体状的物质随着熊熊火焰挥发掉，这也就是当时人们所谓的燃素。隐藏在这个有关“热的要素”之后的是一个大体说来相当复杂的理论，它源自德国化学家施塔尔（Georg Ernst Stahl）。施塔尔在18世纪初期提出了一个首次能够解释许多化学变化和结合现象的理论系统，在此我们必须把焦点局限于施塔尔有关可燃性的观点，尽管就这点而言他是错的。其实，燃素并不存在，这点最迟在拉瓦锡强调之后就已经相当清楚了（后面会介绍拉瓦锡的主张），但是这个想象中的要素还是具有其重要性。一如过去，因为它为科学史提供了一个很好的范例，说明了两种很可能让人出错的态度：也就是仅仅依赖人类的健全理智，以及从来都不曾想到以测量数值来检验自己的推论，例如用天平的测量结果来证明物质在燃烧之后（成为灰烬）是否真的变得比原来轻。②

① “氧气”[Sauerstoff，译注：原意为酸素]这个名词源自拉瓦锡，他视这种化学元素为一种“酸的要素或主成分”，法文原文“Oxygène”的意思就是“产生酸的气体”。并且，他确认在每一种已知的酸中都可以找到它的存在（例如硫酸）。就今天我们所了解的，这种看法并不完全正确，不过“Sauerstoff”这个词在德文中还是被继续使用着。

② “燃素”甚至还能告诉我们科学家可以是多么愚蠢。要是有人测量出物质在燃烧之后会变重，可是因为科学家一直坚信燃素是存在的，那么科学家并不会怀疑燃素的存在，反而会想出一个新的假设，即燃素的重量是负值。

1772年，所有和燃素相关的观念都从此改变，当时未满30岁的拉瓦锡将硫和磷一起燃烧，并且分别在燃烧前和燃烧后测量了重量。由于第一次获得的结果非常不寻常，所以他采取两个新的步骤来处理他的数据。首先，他将结果写成一份书面报告，在1772年11月1日密封交给巴黎科学院，如他自己所言，这么做是为了"确保自己的所有权"。其次，他又立刻做了许多实验，为的是能够更确定之前的实验并没有犯错，而是"自从施塔尔之后一个令人惊奇的发现"。

1773年2月，拉瓦锡完成了"化学中的革命"——用他自己的话来说——的实验。到了同年5月，他才允许人们打开先前交给巴黎科学院的那封密封信函，这封信函是以下述这些句子开始的："大约在八天前，我发现硫在燃烧时重量根本没有减少；相反，它的重量反而增加了。"接下来拉瓦锡给出一个以今天的眼光看来根本是显而易见的结论：物质燃烧时会与另一种物质结合，而这种物质可能是空气或是空气中的某一成分。如果因为这个结论在今天听起来不再那么吸引人就认为拉瓦锡的看法不怎么样，那就误解了拉瓦锡真正的贡献，也忘记了拉瓦锡面对的是什么样的化学和针对什么样的化学模型了。

拉瓦锡首先要面对的是那古老的"四元素说"，即火、土、水、气四种基本元素组成所有物质的学说。其次，他又必须与流行的炼金术思考方式折中，炼金术士想要以三种基本物质——硫、水银、盐——为理论中心来炼制"哲人石"，其中的观点就是想要从自然物质中提炼出有价值的东西（元物质）。在这种历史条件下，拉瓦锡就算要提出硫在燃烧时——发出黄色的火焰时——是与空气结合的说法都很困难，更何况还要认识到只是空气中的一部分参与这个过程。如果是这样，空气就绝不会像西方世界自亚里士多德以来所认为的,并且一直到 1766 年马凯(Pierre-Joseph Macquer)的化学字典中所清楚解释的那么基本了。在马凯的字典中,我们可以在“元素”(element)一词下找到有关空气的解释:“在化学中,火、土、水、气可以视为单纯的物体,这样是不会犯错的。”其实,马凯不仅提到这样的解释不会有错,还提到“人们甚至必须”这么看。

拉瓦锡不但超越、克服了这个看法,同时也连根铲除了“燃素理论”,而这正是拉瓦锡的第二项革命性大成就。不过,在我们进一步讨论这项成就之前,还是先回到有关“燃素”的问题上,看看拉瓦锡那些决定性的实验。在成功地测量了硫燃烧的变化之后,拉瓦锡决定以铅和锌之类的金属来做实验。① 他把金属放在密封的容器中燃烧,起初他发现在燃烧实验的过程中,密封容器中的物质重量并没有改变,然后他将密封容器打开一个口,让空气进入容器内。在利用灵敏的天平测量后,他证实进入容器的空气重量大概就和容器中金属燃烧过程前后称得的重量差别一样。正是这个实验结果将燃素的幽灵完全逐出化学的领域,让它仅仅成为科学史的一个观念。

拉瓦锡于 1773 年将这个实验结果正式发表,同一年英国化学家普里斯特利发现空气是由许多成分组成的,其中只有一部分适合使蜡烛燃烧。这两位化学家曾在巴黎碰面讨论空气的组成(由拉瓦锡的妻子担任口译工作,不过我很难想象她如何翻译那些极难的专业术语)。作为施塔尔“燃素理论”的拥护者,普里斯特利特意将他发现的助燃气体称为“去燃素空气”[译注:因为此空气成分会将燃烧物中的燃素抢过来,故以此称之,其意为“去掉”其他物质

① 拉瓦锡继续波义耳做过的实验,在容器中的燃烧可通过容器外加热而发生。

中的燃素的空气]。相反地,拉瓦锡却马上了解到这是因为空气中某种具有活性的成分——今天我们称为氧气——产生了作用。几年后,普里斯特利才相信施塔尔的发明是多余的,但是施塔尔的理论已经让他无法在1773年就立刻了解拉瓦锡提出的概念和想法,即空气不是基本的元素,它至少由两种成分组成,这两种成分很快就被拉瓦锡由生物学的观点——在经过许多实验之后——清楚地区分开来。如他所言,空气中具有一种"极适合呼吸的气体",也就是"酸素"或"氧气",还有一种产生相反作用的成分,这种成分出于一个可以直接理解的原因,在今天被称为"氮气"[译注:德文称氮气为"Stickstoff","stickig"为令人窒息的、气闷或污浊之意]。同样,这个名称也是源于拉瓦锡,拉瓦锡将它称为"azote"。①

在接下去的数年,许多化学家的实验让继续区分空气成分的工作成为可能。例如,"固定气体"是一种防止、阻碍燃烧并且会使生物死亡的气体——二氧化碳;还有一种极易点燃的空气,因此被称为"可燃空气"。借由下述科学工具的帮助,拉瓦锡再一次挫败了古代的元素理论。1783年6月,拉瓦锡和他的同事拉普拉斯(Pierre Laplace)在巴黎科学院院士面前做了一个著名的实验:他们把这种"可燃气体"由一根管子导入一个已经装有"去燃素空气"——也就是氧气——的气钟内,当这两种气体接触时,让观众诧异的是并没有产生第三种新的气体,也没有产生一种单纯的混合气体,反而产生了一种完全出乎意料却早为人所熟知的物质——水。

---

① 自拉瓦锡之后,我们称燃烧的过程为"氧化",而氧从化合物中脱离的过程则称为"还原"。此外,拉瓦锡也清楚燃烧并不必然会伴有火焰,与氧化合的过程也可以进行得较不具有戏剧性,例如在生物体内。拉瓦锡很早就知道呼吸把氧带入生物体内,并且与体内燃烧过程有关。

这个实验的成功实在是对古代四元素说的彻底一击，拉瓦锡以使人信服的口吻解释："水不是简单的物质，它是由可燃空气和助燃空气一点一滴组成的。"因此，不久之后他就为可燃空气取了一个和水有关的名字，也就是"水素"[Wasserstoff，译注：此德文词即为氢气之意]，到今天我们都还在沿用这个说法。

在此情况下，我们想要再补充的一点是，拉瓦锡的确能借由他的实验使古代的四个元素失去其神秘色彩。以上我们讨论的是拉瓦锡有关火、气、水的实验。关于土，他更是早在1770年就已经做过研究，这可能是他曾经做过的实验中最耗时的一个。在100多天的日子里，拉瓦锡检验了那个古老的说法，即水经过持续加热就会转变成土。同样地，这种说法表面上看来也是正确的，因为如果能让足够的水经过足够的时间煮沸并保存，就会发现一些沉淀物。最后，拉瓦锡发现这种沉淀物(硅酸)并不是由水转化而成的土，它只是一种早先溶解于水中、经过加热后又逐渐沉淀下来的物质。

凭借着这两大贡献——超越古代的元素理论与提出燃烧理论，拉瓦锡早就让他的名字成为不朽。① 不过，拉瓦锡对化学作为一门科学所做的还有比上述这两件事更具有意义的成就。当然，这些成就对实际参与的科学家所具有的意义比起作为观众的门外汉要大。也许，一般群众第一眼对此内容并不会感兴趣，甚至会感

---

① 拉瓦锡凭着他的行为方式甚至获得哲学界的重视，譬如恩格斯在《资本论》第二卷的前言中将马克思的贡献与拉瓦锡的成就相提并论，他说："在剩余价值学说中，马克思之于其先行者，正如拉瓦锡之于普里斯特利。……我们所称的'剩余价值'，即产品价值部分的'存在'，是马克思之前早就存在的事实……借由这个事实的帮忙，马克思研究了整个先前所遇见的社会类型，正如拉瓦锡借由氧气的帮助研究燃素化学的各种现象。"

到无聊,但也正因如此,我更有兴趣来说说这件事。这里要说的是拉瓦锡定出化学术语这件事,因为这些术语定得相当成功,所以我们到今天都还一直延续着他的方法。

当拉瓦锡这个收税员开始清理一些不适用的化学名词时,科学界关于化学名词的使用情况可谓众说纷纭、各说各话。为了给群众一种郑重其事的印象,当时许多的名词都尽其可能地要求复杂,而且读起来要具有诗意。例如,称“燃素”而不称“氧气”,称“矾精”而不称“硫酸”,称“酒精”而不称“醇”,称“血石”而不称“氧化铁”。另一个特殊的现象是同一个元素常有数不清的名称。例如,拉瓦锡和当今化学家所称的碳酸镁在当时被称为“magnésie blanche”“magnésie aérée de Bergman”“magnésie crayeuse”“craie magnéisenne”“magnésie effervescente”“méphite du magnésie”“terre muriatique de Kirvan”“poudre du comte de Palme”或“Poudre du comte de Santinelli”。

1787 年,当拉瓦锡的“去燃素空气”说获得成功时,他邀同事德莫尔沃(Louis Bernard Guyton de Morveau)、贝托莱(Claude Louis Berthollet)和富克鲁瓦(Antoine de Fourcroy)齐聚一堂,一起思考如何撰写一篇“关于化学术语革新改善的必要性”的论文。他们的目的是希望化学最终也能在语言上达成某种形式的统一,以便交流与理解,而无须再学习复杂的名称。这四个人的工作成果十分显著,他们只花了几个月的时间就提出一份名为《化学命名方法》(*Méthode de Nomenclature Chimique*)的建议书。在这份建议书中,现代的术语如“氧化物”(Oxyd)、“硫酸盐”(Sulfat)和“根、基”(Radikal)第一次被提出来。我们到今天都还在使用这些术语,通过术语的统一,的确能达到互相交流并且理解化学内涵的目的。

在这份建议书中,作者们在一系列的表格中列举了 55 种以他们的眼光来看不能再被分割的物质，因此他们视其为基础物质。属于基础物质的有“光”“热素”“浊气”“硫”“磷”“碳”①，以及其他16种当时已知的金属（例如铁和铅）。当拉瓦锡和他的同事在为化合物和化学反应命名时，他们特别想补充所有炼金术措辞中缺乏的术语，主要的目的是在实验里通过日常生活的语言来掌握并理解那些在炼金术操作中发生的不寻常现象和过程，如气味、声音等。关于这一点，拉瓦锡深受法国哲学家孔狄亚克（étienne Bonnot de Condillac）的影响，孔狄亚克认为“思考能力有赖于塑造良好的语言”，他建议科学家多为这种表达方式付出心力。②

拉瓦锡希望在化学中能有一种清晰的、令人可接受的语言，根据这个理由，拉瓦锡尝试更清楚地定义“元素”。他甚至意识到这件事情是他的义务，因为毕竟是他将古代流传下来的“元素”观念肢解甚至废除的。因此，拉瓦锡在一篇大约于1780年完成，但是很长一段时间内未发表的手稿《依据观念的自然秩序描述的实验化学课程》（*Vorlesung über exprimetlle Chemie, dargestellt nach der natürlichen Ordnung der Ideen*）中建议：

> 如果一种物质仅仅是简单、不可再分割或至少无法分解

---

① 借由一个巨大的透镜，拉瓦锡证明钻石不过是由碳元素组成，至少从化学的角度而言。对化学结构意义的发现与了解则是20世纪的事。

② 拉瓦锡这些新的专业术语不只是尝试改良化学中使用的语言，他和同事甚至开始发展一种化学符号，其中主要还有哈森弗兰茨（Jean-Henri Hassenfratz）和阿迪（Pierre-Auguste Adet）的贡献。例如，元素以直线代表，金属以圆形代表，碱以三角形代表。如拉瓦锡所言，这种想法的重点在于“往纸上望一眼就知道一种金属在碱液里会发生什么”。拉瓦锡当时已经在思考一种“化学代数学”，但是一直到1830年才开始有化学家使用符号的方程式和线条来描述化学反应及元素的化合情形。

的，还无法称得上是一种元素。除了上面的特殊性之外，元素还必须在自然中广为分布，并且以一种基本的、建构的原则进入大量的物体内。

1789年，也就是法国大革命那一年，拉瓦锡在其发表的论述化学基本观念的《化学基础论》(*Traité élémentaire de chimie*)中向前迈了一大步，也是决定性的一步，正是这一步吸引了哲学家康德的眼光。这位来自柯尼斯堡的哲学家在其1781年的著作《纯粹理性批判》中强调了科学知识，也就是研究者根本不是从自然中获得法则，相反地，是研究者去规定这些法则。自然法则不能被"发现"，只能被"发明"。拉瓦锡的确实践了这种哲学，因为对他而言，化学元素并不是从自然中得知的，它只是一种化学家在实验室活动的结果。拉瓦锡在上面提到的《化学基础论》导言中写道：

> 根据我的看法，我们对于元素总数和本质的所有看法都仅仅是形而上学的研究，这些研究是人们试图达成却因为不清楚问题本质而无法完成的任务。由于可能拥有数不清的解答，而这许多的答案中很可能没有一个特别与自然相吻合，所以我将满足于如下的说法：即使我们将组成物体的那些简单、无法区分的小成分命名为元素，也不一定就能认出它们；相反地，如果将分析所能达到的最高目的的概念与元素或基本物质这种表达方式结合起来，那么所有无法再分割的物质对我们而言就是元素了。我们不能确定，这些我们认为简单的物质是不是由两种甚至更大量的物质组成，也正因为我们不能或没有适合的方法再去区分它们，所以它们在我们面前看上去像是简单的物质。与其将它们视为组成物，倒不如依我们

的经验、观察所提供的证明,将它们视为简单的物质。

借由这样的定义,拉瓦锡进行了一场化学革命,从那时起化学就有了全新的面貌和现代的形式。基本物质一方面成为分析的终点,另一方面则成了系统命名的起点。拉瓦锡指出一个重点,也就是哪里该是“技能、能力”(即实验)与“知识、了解”(即理论)同时运用的地方,他因此达到两个伟大的目标:元素成为所有化学的基础,而人们也有一个基础的方式可以学习它。所有的开始都因此容易许多,化学也因此走向伟大的世纪。

第二节　法拉第:谦虚的书籍装订工

法拉第不仅通过许多科学上的发现——小如“法拉第笼”①,大到电子技术、能源经济(如电动机)的基础,更因为他那拒绝所有外加荣耀而表现出的彻底谦虚的态度影响着我们。不过,法拉第并非不知道自己诸多科学发现的价值:大约在 1831 年,有一名政治人物问法拉第他所制造的金属线轴和整个仪器到底有什么用处,法拉第毫不犹豫地回答:“目前我不知道,但是有一天人们一定可以靠它征税。”

所以,若是针对这件事或是他的科学,法拉第并不谦虚,但是他在做人方面却非常矜持与谦逊,甚至放弃他的薪水,只是为了他的科学。他拒绝被封为贵族,也两度拒绝担任伦敦皇家学会的主

---

①　法拉第笼,即一种包围在特定空间(例如原子的内部)外面的包套,能对外在的电场(例如闪电产生的电场)产生屏蔽作用。虽然很有用,但是并非法拉第发明的,如此称呼只是为了表彰法拉第的科学成就:他发现电场能够被金属(例如车体、车身)引开。

席。基本上,法拉第认为因为科学发现和科学想法获取报酬或受到奖励是不恰当的,他说:“我一直认为,因为智力的劳动而给予奖励多少贬低了这种活动。若是因此被学会和学院,甚至国王或统治者接受,这种贬抑并没有好多少。”

法拉第情愿放弃名利和持有特别恭顺的态度,可以说和他的宗教信仰有关;此外,稍后也可以看出他的信仰在涉及科学上的成就时所扮演的重要角色。法拉第和其祖父、父亲一样,都是以创立者苏格兰人桑德曼(Robert Sandeman)为名的基督教教派的坚信者。1821 年,当 30 岁的法拉第与萨拉·伯纳德(Sarah Bernard)结婚时,就进入一个“不信奉英国国教运动”的领导家庭。像法拉第这么一个桑德曼教派信徒都是严格按照《圣经》中令他个人深信的教诲行事,例如存在着从上帝而来的自然法规般的道德法则。这种看法使得这个教派主张不举行丧礼,因为《圣经》对此并没有任何的指示。

桑德曼教派信徒一向律己甚严,所以法拉第在发现对后世影响甚大的电磁感应的那些日子里,放弃名利的道德观一定在他内心发挥很大的作用。当法拉第在 1831 年找到电磁感应的线索时,便放弃了所有被迫从事但是能帮助他渡过财务难关的兼职工作。为了在没有其他金钱来源的情况下维持家计,并同时集中心力于刚起步的研究,法拉第写了一封恳请拨予少许研究金的申请函给当时的英国首相墨尔本子爵(William Lamb Melbourne),首相不仅拒绝了法拉第的请求,还表示他认为这些科学上的装腔作势根本就是“恶劣的欺骗”。他的反应一直到今天都是许多政治人物的反应模式,我们实在很难让这些政治人物了解,其实资助沉默却具有才能的人比资助那些只会想尽办法大声宣传自己无知的人好些。

法拉第并没有因来自政治领域的反应而气馁,他一方面朝其科学目标努力(为了我们的好处),另一方面也一再地演讲推广其科学成果。法拉第不仅是个天才,更是个杰出的科学"普及者"(popularizer)①,他在1826年开始的"儿童圣诞节科学演讲"到今天都还在伦敦皇家学会总部举行。② 法拉第自己大概举行过20次的演讲,今天我们还可以在20英镑的纸币上看到纪念这件事的图像。他最著名的一次演讲是《蜡烛的化学史》(*Chemical History of a Candle*),这篇演讲稿属于那些少数印制成书出版的,这本书到现在都还买得到。法拉第十分喜欢向小孩子介绍他的科学,虽然他的婚姻没有为他带来孩子,但是他一直没忘记小时候是如何通过演讲对科学产生兴趣并找到科学研究的入口的。

时代背景

法拉第于1791年出生时,莫扎特于维也纳逝世。在意大利,伽伐尼(Luigi Galvani)发现电流通过青蛙的腿时,蛙腿会产生抽搐的现象。在法国,人们正处于大革命中,一个让大化学家拉瓦锡命丧断头台的革命。拉瓦锡去世那一年(1794年),曾出版进步手稿的孔多塞也死于狱中,他在《人类精神进步史表纲要》中预言科学将让人类拥有更美好的未来。1796年,英国的詹纳(Edward Jenner)医师进行了第一次公开的种痘;日耳曼地区出版了第一套六卷的"百科全书",即后来著名的《布罗克豪斯百科全书》(*Brockhaus*)

---

① 德文中并没有适合的词汇来替代"popularizer",由此可以明显地看出在德国并没有人从事这方面的工作。

② 1994年,圣诞节演讲第一次由女性担任,她是来自牛津的格林菲尔德(Susan Greenfield)。格林菲尔德演讲的内容是关于人类的头脑及其发展,借着标题"电猿"(The Electric Ape),她提出一个问题:头盖骨里的器官到底是像电脑还是化学工厂?

的前身[译注:《布罗克豪斯百科全书》在德国的地位就如同《不列颠百科全书》在英国的地位]。1800年已经有100种科学期刊,其中三分之一是相当专业的。同一年,拉马克(Jean-Baptiste de Monet Lamarck)在法国提出了"生物学"和"进化"这两个概念。1802年,托马斯·杨(Thomas Young)在英国提出光的波动理论。在政治方面,人们也开始思考劳动法的问题:9岁以下的英国儿童每天工作不准超过12小时。1810年,歌德提出颜色理论;柏林大学成立;克虏伯(Friedrich Krupp)在埃森(Essen)因挖矿而成立了"克虏伯工厂",于19世纪前半叶发展成全世界最大的矿业企业。

1831年,当法拉第发现电磁感应的线索时,全球的人口总数已经突破10亿大关;同时期,随着黑格尔和歌德的去世,一个伟大的时代落幕了。在接下去的几年中,许多如今著名的制药厂都在那时以小药局的规模成立,当时大约有70%的化学期刊主题都与药学有关。1835年,位于巴伐利亚的纽伦堡(Nürnberg)与菲尔特(Fürth)之间的铁路通车;同一年,人类发明了柯尔特左轮手枪(Colt,机枪于1862年出现)。1836年,维多利亚登基为英国女王。1844年,西里西亚发生了纺织工人起义。1846年,美国的势力第一次扩展到太平洋。1847年,英国的妇女与儿童被准许每天最多工作10小时。一年之后,《共产党宣言》出现了,欧洲因而弥漫着革命的气息。1850年左右,已经有1 000余个科学期刊出版单位和200多所大学;澳大利亚则兴起了淘金热,因而导致澳大利亚每年的人口增长率高达150%。1856年,人们发现尼安德特人,并能从煤焦油(及其副产品苯胺)中生产染料,因而奠定了染料工业发展的基础。当法拉第于1867年逝世时,达尔文和孟德尔(Gregor Mendel)都已经发表了各自的重要著作,诺贝尔发明了炸药,瓦格纳(Richard Wagner)完成了歌剧《崔斯坦与伊索德》(*Tristan und lsolde*)，马克思则公开发表他的《资本论》。在非洲，人们发现刚果河的源头，俄罗斯则将阿拉斯加卖给了美国。

人物侧写

法拉第来自一个简单朴素的家庭，因此我们可能会对促成他选择科学为其志业的原因感到惊讶。他出生在伦敦郊区困顿的贫民窟纽因顿靶场(Newington Butts)，父亲是个钉马蹄铁的工匠，时常生病无法长期工作，以致家境十分清苦。因此，他在13岁时就必须辍学去做装订书籍的工作，以挣钱贴补家用。尽管装订书籍的工作时间很长，但是书本对他似乎不是一种负担，反而成了真正的乐趣所在。法拉第阅读了那些他应该装订的书籍，特别是有关科学的作品，当时——大约在牛顿之后100年——科学界的热门主题是电学，未满20岁的法拉第对出版社交付装订的《不列颠百科全书》中相关的部分百读不厌。虽然手头并不宽裕，他还是为自己购买了一些配件，组装了一个做任何小实验都需要的仪器，也就是所谓的“莱顿瓶”(Leidener Flasche)①。

尽管法拉第投资了一些金钱在科学上，但他还是一个书籍装订工学徒，要让他的一生发生决定性的转变还需要一些特别的书籍。1812年，法拉第获得机会在伦敦旁听当时著名的电化学家戴维爵士(Sir Humphry Davy)的课，他在课堂上细心地做笔记。回家后，他更将课堂心得整理出来，最后装订成册。不久，法拉第的这本心得笔记就为他带来了好运，因为有一天戴维的实验室发生一次小意外，便决定聘请一个实验员。也因为戴维曾听说过法拉第

---

① “莱顿瓶”可以说是一种电容器，即可以储存电的容器的原型，这种仪器需要一个内外壁都包上锡箔的圆柱形玻璃容器。

并知道他在1813年装订笔记的故事,因此决定让法拉第来工作。至此,法拉第终于达成他的目的,尽管他在戴维的实验室每周只能得到一枚金币,这份薪水甚至比他当书籍装订工还少。不过,无论如何——毕竟法拉第的整个事业都是在伦敦皇家研究院这个机构建立起来的,22岁的法拉第还是接受了这份工作。① 虽然他在数年内就建立了自己的事业——很快从助理升到管理阶层,又升任为所长(1825年),但是薪资还是一样很低,所以他这段时间仍然会做些其他的工作,如授课。

法拉第从化学开始他独立的科学研究,因为化学直接与物质的转变有关——大约是通过加热煮沸和混合,而且化学也是他一生持续关注的课题,当然也因为这是我们在这里主要说明的主题之一。② 法拉第在做蒸馏油的实验时发现了著名的苯,但是并没有察明苯的正确化学结构(C_6H_6)。不久之后,他又在低温状态下使氯气液化,这项成果让他给同时代的人留下深刻的印象,因为当时还有许多人持有旧观念,认为气体是可以长久存在的状态,而且是宇宙的基本元素之一。然而,这项成就对法拉第而言代表了两个

---

① 除了科学上的事情之外,法拉第有时也必须做一些额外的工作;例如,他的老板戴维在1813年至1815年间在法国、瑞士和意大利讲学,他都必须毫无怨言地跟在身边做他的助手与随从。

② 我们会看到法拉第之所以对电学感兴趣,主要是因为这是一种特殊的转换。从一开始他就在寻找一种"转换"的法则,而今天在物理学中两个以其名字命名的法则的确也都与转换有关。因为这两个法则内容有些复杂,并不适合在正文中讨论,所以我们只在这里为那些对基本问题感兴趣的读者简单介绍一下。法则一:电流通过一种电解质分解出来的元素量与电流强度和电流通过的时间成比例。法则二:同样的电量经过不同的电解质电解出来的元素量与电解质的化学当量成比例。这个比例因子称为"法拉第常数",它是阿伏伽德罗常数(Avogadro's number)与基本电荷的乘积。

形式，无论是物质或是能量，都能相互转换；也就是说，它们在根本上是紧密相连成一体的。另外，在低温中液化的氯也清楚地告诉他，即使是极易挥发的物质，例如气体，也可以因其他方法的作用而被视为液体，也就是显露出流动的特性，或是以这种性质来理解。

法拉第之所以需要"流体"这个观念，是因为有了它至少能更进一步地讨论他感兴趣的事物，即上面已经提过的电。到底是什么样的物质或东西能在导线中流动，并且在导线的两端呈现出双重的特性，即带正电或负电的电极？什么是处于这两个电极之间的电压？这个电压能再次产生电流吗？在铜或铁中流动并产生热的电流是由什么组成的？一种形式的能量怎么转换成另一种形式？

任何流动的东西都必须是液状的，但是"电"这个流体的问题不只在于它明显拥有两种（正或负）形式，还在于似乎无法测量出这正负两种液体的重量。总之，法拉第并没有办法测出它们的重量，不过他对自己的想法已经感到相当满意了。他认为，既然氯以气体状态存在时几乎没有重量，那么为了让我们暂时能继续实验，不妨将"电"视为一种无限轻的流体。

在法拉第的时代，将一些物理现象，如热、磁或光，视为流体的观念是十分普遍的，流体的观念几乎就是那个时代的一个典范。以光为例——虽然牛顿坚持光粒子说，从 19 世纪初就存在光的波动说。以流体为解释模型的做法不只出现在物理学中，亦被实践于生物学和医学中，我们熟知的医疗方式放血或灌肠就是属于这个系统的医疗方法，人们认为凭借这些方法就可将引起疾病的毒素排出体外。不过，在整个理论中，人们还是想着一种类似汁液的东西。

总而言之,流体在当时已经成为一种流行的观念,因此“电”也被视为一种没有重量的流体。在这种情形下,法拉第特别感兴趣的问题是,人们如何将“电”像“热”一样地转换,或者“电”如何被变换、变流? 法拉第有时也会提到电力或其他自然力(例如重力)的“变性”,并借此暗示自然存在着一种统一性。对这个统一性的寻求迈出成功第一步的是丹麦物理学家奥斯特(Hans Christian Ørsted),他提出电磁这两种力之间存在着某种联系。1820年,奥斯特观察到一条电流通过的电线能使指南针的指针移动,而移动的方向和电流的方向及指针与电线的相对位置有关。法拉第在知道这个结果之后马上重复了这个实验,因为他立刻就看出这个实验结果代表的真正意义:在实验中,当电流通过电线时,不只是使一个指针转变方向,而是电流的电力转换成磁,正是磁使得指针转向。

换句话说,奥斯特发现了电可以转换成磁,而法拉第则在此之后一年将这个实验视为他的任务,我们看到他在日记中写下了“把磁转换成电”这样的句子。以今天的角度来看,法拉第就好像要制造一台电动机,但是对他而言,这句话代表的是另一种哲学上的意义。法拉第继承了浪漫主义运动的思想,深信诸多自然力或自然现象存在着一种统一性,所以想要对此观点提出证明,并且把这个统一性以“法则”的形式导出。虽然如法拉第自己所说,从产生这个想法到导出其“电磁感应法则”总共经过了10年,可是我们要在这里澄清的是,上面提到法拉第在日记中所写的那句话并非表示要寻找一种物理的效应。他试图在自然现象中找寻自然的法则,并且希望能像阅读《圣经》时获知上帝的法则一般,在阅读自然的过程中获知自然的法则。法拉第许多有关电学的发现都收录在他那好几卷名为《电学实验研究》(*Experimental Researches in Electrici-*

ty)的书里,虽然他很谦虚地称这本书为“实验研究”,但事实上内文中“法则”这个概念已经像在《圣经》中一样扮演着重要的角色。法拉第确信,“上帝喜欢借由法则的帮助来完成他的创造物”。他写道:“造物主借着具有限定性质的法则主宰了他在物质上的创作,这个法则经过各种力量得到实现而对物质产生影响。”对法拉第而言,科学的主要目的在于向人类显露上帝的创作。换句话说,科学就像《圣经》,也是一种启示。

法拉第信仰的教派之创始人桑德曼于 1760 年写了一本名为《被圣经辩护的自然法则》(*The Law of Nature Defended by Scripture*)的书,他在书中强调自然法则是拥有神性的法则,而且能被普遍地运用。法拉第在其有关宗教的文章中拥护桑德曼这个观念,并且援引《新约圣经 · 罗马书》第一章第二十节中一段有关罗马这个尚未接受神恩的荒原的描述:保罗并不了解这个状况,因为他认为“任何从神那儿认识到的都是显而易见的,神将它们向众人披露”。法拉第援引的这段话来自马丁 · 路德新译的《圣经》,这句话也说明了法拉第自己的科学研究:

> 自从造天地以来,神的永能和神性是明明可知的,虽然眼不可见,但借着所造之物就可以知晓。

因此,我们可以清楚地看出:法拉第读自然之书是为了要在其中找到能揭示“不可见的神性与永能”意义的征兆(也就是符号或标志),“可见的”与“不可见的”绝对不是通过理性取得联系,而是通过《圣经》。对法拉第而言,《圣经》让物理世界与道德或精神世界产生结构上的一致。

因此,如果想要真正了解法拉第,也许只有通过他援引过的一些话,特别是关于他认为理所当然存在于科学与宗教之间的关系的谈话。除此之外,想要了解法拉第还要看看他究竟如何寻找提示秘密的“符号”和他因此碰到的困难。为了了解这个问题,让我们先回到自然科学的领域,也就是回到在伦敦的丹麦科学家奥斯特观察到的电与磁所具有的对称性(1820 年)上,这个结果在数十年后终于引导出到今天都还具有现实意义的学科,即电磁学与电动力学。

在提出问题——为何还要经过这么多年法拉第才成功地将磁转换成电——之前,我们想要先看看法拉第的实验比起奥斯特的到底改良了多少。法拉第直觉地注意到在电磁转换过程中有三种变量产生作用,而且这三种变量不只是经过一种总量表现出来,更具有方向上的关系。① 这三种变量就是电线里的电流、影响指针的力以及在这两者间产生作用(但是看不见)的中介,这个中介在当时并没有名称,今天我们则将之称为“磁场”。② 法拉第看到的不只是这些,他还发现了今天我们在学校所学的“右手定则”:电流、磁场与电力的方向两两相互垂直,就像右手拇指、食指与中指张开时的方向一样[译注:当拇指指向自己、食指向上、中指指向左方时,就成两两相互垂直]。

很明显地,电流能够产生磁场(不然我们怎么理解指南针指针的转动),而且只需让电流动即可。不过,要怎么做才能达到相反的效果,也就是利用磁场来产生电流呢?法拉第花了许多年的时

---

① 今天我们称与方向有关的量为“矢量”,与方向无关的变量为“标量”。

② 人类的感觉器官并不具有感知磁场的能力,反过来说,磁场无法对人类的感觉器官产生影响,使其产生感觉。用通俗的话来说就是,磁场是不真实的。不过,正是这一事实让这个物理量变得更为神秘,在这里我们只能提出这一点让读者注意。

间尝试以实验来证明这个其他科学家也在猜测的相关现象,可惜他在开始时犯了一个根本错误,以至于一直无法成功。他和奥斯特一样,在刚开始时仅仅注意到所谓的静止状态,也就是只专注于无论是否接通电池都没有产生变化这个表面现象。事实上,的确有东西在运动,即"电"在流动。只是他们并没有去研究它的"转换"而已。"转换"这个观念或动态转变的想法还需要一点时间才能在科学界发挥作用。①

直到 1831 年 8 月 29 日,法拉第才以下面的方法获得成功:他设计了一个金属环,并在金属环上缠绕了两段铜线圈,其中一段线圈接上一个检流针,另一段则接上电池(电流)。他的想法是利用这个电池产生的电流来产生磁场,然后希望这个磁场能影响另一段线圈,使其产生电流。一开始,虽然和之前一样知道在静止状态下无法看到什么变化,但是不久之后他发现在开关电池的瞬间检流针会有所反应,试了几次结果都是一样。

这就是答案!并不是磁场本身,而是磁场时间性的改变——它的存在与消失——产生了电流。法拉第终于发现了电磁感应的原理,而且在发现这个原理不久后就制造出今天我们称为发电机、电动机与变压器这些东西,电机工程的基础也因此确立。

不过,法拉第并没有继续制造这些机械,他更感兴趣的是显得极有用处的磁场本身。他不久就用铁屑证明了磁场的确存在着一种"磁力线"。其实,当他这么做时,就是在做一个"理论家"——就字面意义而言——的工作,即看出事物间的相互关联性。不过,提出一个现代数学意义上的理论并不是法拉第的目的,对他而言,代

---

① 更清楚地说,直到 19 世纪结合了物理学的"熵"(entropy)与生物学的"进化"观念之后,流变的世界观才在科学界获得承认。

数符号——不同于“磁力线”——绝对没有象征的力量。

一方面，磁场可用感官感知，这肯定让法拉第感到非常满意，因为他为上帝创造出的“不可见的”事物找到了一种“可见的”符号或标志。不仅如此，我们的视觉也对这个优美的模型感兴趣。不过，另一方面，法拉第很可能也感到非常忧虑，因为他观察到的现象与其了解的自牛顿以来有关“力”的观念所叙述的现象有着极大的偏差。例如，在牛顿的理论中是无时间性的（作用、影响无时间性）和永恒的（重力场永恒存在），到了法拉第眼中，则都成了尘世的。在此尘世中，“场”可以被创造，也可以被撤除；此外，“场”要发挥作用也需要一些时间，即使只是短短几秒钟。从此，若没有时间的消逝变化，什么都不会发生。

我们并不清楚法拉第是否为这个与牛顿理论偏差的观念感到忧心，但是总的来说，我们获得的印象是法拉第似乎对牛顿的物理学并不熟悉，而且对以数学方程式来描述自然法则这种想法还很陌生。法拉第是属于那种具有直观能力的科学家，他对于“质”的兴趣远高于数学量化的工作，他甚至强调实验不必隐藏在数学后面也能够和数学一样做出新发现。

因为法拉第希望能在实验中找到猜测中的——或者从宗教上理解的——各种自然力的统一体，所以在揭示了电磁的关联之后便开始寻找它们和光的关系。首先，他研究电是否会影响光，如果当时拥有更好的仪器，他一定能提出今天文献中称为“克尔效应”（kerreffect）的光电效应（与光的偏光性有关）。不过，法拉第在未能从这个实验中得到任何正面的结果之后（大约在 1840 年，法拉第精神崩溃了，这令人无法理解），在 1840 年中期将注意力转向磁学的研究。关于磁的研究一开始也没什么进展，但是到了 1845 年 9 月 13 日——如他的实验室日志所记载，他的坚持终于开花结果。法拉第先让光束通过一个偏振滤光器(polarizing filter),再通过一个置于磁场中自制的铅玻璃(透光介质)。每当光出现时,偏振光的偏振面都会旋转。这个今天被称为“法拉第效应”的现象与铅玻璃中的磁力有关,但是当法拉第在实验中使用磁性更强的电磁铁时,他很快就确定光的旋转现象也可以在其他物质中观察到,所以铅玻璃本身扮演的并不是决定性的因素。

1845 年 9 月底,法拉第已经拥有充分的实验证据来主张:光的旋转这种现象绝对不是只由光和磁场直接的交互作用就能解释的。更确切地说,旋光性的产生与磁场作用于透光介质所产生的影响有关。法拉第的这个观察被证实是决定性的,因为介质改变了磁场的方向,而这个方向正是法拉第想要找到的。因此,在当时的观念中,只对特定物质——当然是磁性物质——具有重要性的力和只能通过某种特殊设备(如电磁铁)产生出的力,就成了宇宙中具有普遍性质的一种变量了(这一点又显示出上帝全面性的影响)。

法拉第在 19 世纪中叶关于光的实验,让他有机会参与了最迟在 1802 年托马斯·杨证实光具有波的性质之后引发的有关光的性质的讨论。物理学家虽然很快就同意光的传播是以波的形式进行的,但是并没有因此解决一个问题,反倒是制造出另一个问题。这个问题就是,波的传递需要一个媒介,那么光波究竟是靠什么介质传播的呢?虽然物理学家取得一致的意见,使用了古老的习惯用语“以太”来指称这个媒介物,但还是无法证明它的存在。一开始,这个辩论大多是从物理学的角度进行,后来越来越偏向数学的论证,因此让法拉第产生一种感觉,认为这样下去就无法再掌握真正的问题了。

直到 1846 年 4 月 3 日,法拉第才在一场难得的即席演讲中公开表达他的看法——如传说中所说的一样。据说，那天在所谓的“星期五之夜演讲”中，原本预定的演讲者是惠斯通（Charles Wheatstone，“惠斯通电桥”的发明者），但是因为他当晚非常紧张，甚至逃离了那间屋子①，所以法拉第必须代替他上场，法拉第原本只是想解释惠斯通的工作，但是在他解释完毕之后发现还剩下 20 分钟，就决定利用这个机会把他关于“以太”的想法介绍给大家。和当时盛行的想法相反的是，法拉第强调他并不相信存在着这么一个媒介物，如果把各种数学符号忽略不计，他甚至无法在任何地方看到这个媒介物的象征符号。根据他的看法，应该还存在着一种未知的力场，而光就是沿着这个力场的“力场线”以一种细微的扰动方式行进。法拉第将它想象成在物质之间的力场线上传导的一种振动，就像几条绷紧的弦所产生的振动现象一样。换句话说，法拉第建议把光视为由不需要介质的各种振动所组成。

今天我们知道法拉第在某种意义上是对的，也就是世界上的确不存在所谓的“以太”。此外，现代的量子场理论也把光视为一种服从量子电动力学法则的场中扰动。当然，我们若就此断定法拉第是这么说的就太夸张了，但我们应该认识到，法拉第能从直观的图像（以质性来说是很重要的）就看出百年之后的科学家以非直观的方程式（量化上清楚）表现出来的观点。其实，法拉第不用数学的辅助就能看得相当远，早在 1850 年左右，他就在实验中寻找统一的力场，虽然没有成功，但是类似的想法在 100 年后爱因斯坦寻找“统一场”理论行动中再一次表现出来。无论爱因斯坦或法拉第都没有因为寻找统一场的失败而受到影响，因为在他们的内心里都拥有更强的信念，

---

① 依照惯例，当天的演讲者于演讲开始前半个小时会被安置在一间特别的休息室里。

也就是一个更强烈的确信,或许我们可以把它归因于宗教或是类似的情感。当法拉第在 1849 年放弃证明电和重力之间的关联性时(这个关联性一直到今天都尚未被发现,但是物理界一直深信这样的关系是存在的),他在日记里写下了这样的话:

> 结果是负面的。它并不动摇我对重力与电之间存在着某种关联性的强烈感觉,尽管实验并未产生证据来证明此关联性。

当法拉第于 1867 年逝世时,他不仅在科学上建树极丰,在人格的表现上也无懈可击。他拒绝了所有公开的荣耀,坚持做一个单纯的迈克尔·法拉第(plain Michael Faraday to the last)。

第三节　达尔文:有宿疾的自然科学家

达尔文一辈子(除了人生的头 20 年)都在生病,而且找不到有效的治疗方法,因为医生根本无法确定他是否有任何器官上的损害。他的问题既不在脑,也不在心脏或体内的任何一处,在撰写最重要的著作《物种起源》(*On the Origin of Species by Means of Natural Selection*)①期间及发表之后的那段日子里,他的症状更是特别严重。因为《物种起源》的缘故,生命进化这个观念遂提升为生物科学的中心思想,而生物学本身也因此产生了全面性的革命。顺便一提的是,达尔文早就清楚地预告了他的科学可能产生的变革,他

---

① 《物种起源》第一版于 1859 年出版,这部可能是生物学史上最重要的著作,所要讨论的主题就在书名中了。其实,达尔文并没有谈到物种的起源或形成,他大致是告诉我们物种的适应。

在《物种起源》一书的末尾处写道:“当我在这本书中提出的关于物种[1]起源(经过自然选择)的看法被大众接受时,就几乎已经能预见——尽管不是十分清晰——自然史即将发生一次巨大的变革。”

在发表科学著作的同时提出革命的预告,这在科学史上并无前例,况且还是出自一个受身体疾病无尽折磨的人。在出版《物种起源》数年后,达尔文才将他那令人同情的身体状况描写出来,他描绘着令人战栗的细节:

> 年龄56—57岁。25年来造成痉挛的严重日夜胀气,偶尔的呕吐有两次持续月余;在呕吐发生之前,会打寒战、歇斯底里地哭泣或是几乎晕厥。此外,尿量变多,但尿液的颜色非常浅;在这段时期,每次呕吐与胀气排出之前都会有耳鸣、晕眩、视线不清、眼前有黑点。新鲜的空气使我疲倦,特别危险的是会引起头部不适。

达尔文的病症相当麻烦,也让他的家庭医师查普曼(Dr. Chapman)束手无策,尽管查普曼曾以冰块治疗达尔文脊椎的毛病——他让达尔文每天做三次,每次一个半小时的冰疗,希望多少能减轻达尔文的病痛。而达尔文也十分配合治疗,他希望在治疗后要么能“再慢慢地往上爬”(也就是工作),要么“自己的生命不要太长”。

对我们而言,幸运的是达尔文的第二个愿望并未实现,因为他

---

① “种”(Species)这个生物学概念是生命科学中较难解释的专有名词,基于许多原因,对“种”下个清晰的定义是不可能的。最简单的定义是:两个属于同类的生物体能够拥有具备生殖能力的子代。

活了70多岁。不过,可怜的是他从未成功摆脱病痛的纠缠。① 让历史学家感到惊讶的是,达尔文大部分重要的作品都是在上面这篇病情记录之后的日子里完成的,而且他的病症几乎没有改善,还是会在用餐后不久呕吐。尽管必须承受这些非人的折磨,达尔文还是发表了《物种起源》——一本除了介绍自然选择观念,也为一种新形式的哲学奠定基础(今天这种哲学已经与他的名字紧紧相连,被称为“达尔文主义”②),更引起信仰危机的书。之后,他又研究了许多不同的问题。从以下专著可以看出达尔文涉及的议题之广泛令人吃惊:《兰花的传粉》(*Fertilization of Orchids*)、《动物和植物在家养下的变异》(*The Variation of Animals and Plants Under Domestication*)、《攀援植物的运动和习性》(*The Movements and Habits of Climbing Plants*)、《人类的由来》(*The Descent of Man*)、《人类和动物的表情》(*The Expression in Man and Animals*)、《食虫植物》(*Insectivorous Plants*)、《植物界异花受精和自花受精的效果》(*The Effects of Cross and Self Fertilization in the Vegetable Kingdom*)、《同种

---

① 当然,关于达尔文的疾病也有许多揣测,它似乎与植物性神经系统有关,但是没有任何名称。心理学家则认为他是心理错乱——也难怪心理学家会这么想,毕竟达尔文的著作一副要把上帝的创世排除掉或者至少能与其相提并论的样子。寄生虫学家则是将他归咎于病原体(锥体虫,Trypanosomen)的影响,他们认为达尔文是在1832年到1836年的环球旅程中感染到这个疾病的。当然还有许多推测,就不在这里多谈了。

② “达尔文主义”的说法是朱利安·赫胥黎(Julian Huxley)在其著作《进化:现代的综合》(*Evolution: The Modern Synthesis*)中试着将达尔文的观点与分子生物学结合起来时所提倡的,赫胥黎毫无意识形态地将“达尔文主义”定义为“达尔文首次应用在研究进化上的归纳与演绎的混合方法”,我们下面会再说明这是什么意思。可惜,今天当我们提到“达尔文主义”时,通常是指一种世界观,也就是以社会性的角度、以“活着的就是合适的”这种逻辑推导出来的“适者生存”的世界观。

植物的不同花型》(*The Different Forms of Flowers Plants of Same Species*)、《植物运动的力量》(*The Power of Movement in Plants*),以及他晚年特别感兴趣的主题《腐殖土的产生与蚯蚓的作用,兼述对蚯蚓习性的观察》(*The Formation of Vegetable Mould, through the Action of Worms, with Observations on Their Habits*)。

尽管达尔文深受病痛折磨,但是他并不愿意放弃观察大自然的机会,因为他对观察中能看到与了解到的东西深深着迷。例如,他十分喜欢自然界带给生物学者有关动植物习性的生活之谜。特别是有关“性”和其他与进化相关的问题。大约在1865年达尔文病得最严重时,他正集中心力于研究千屈菜[Lythrum,译注:一种双子叶的被子植物]的一种特殊现象,即“三性形态”。自然——自然选择或进化——为何会使这种植物出现三种不同的花?这种三重的性象究竟有什么特别的优点,使得千屈菜在进化过程中能够坚持这种发展模式?①

达尔文在他的温室里苦苦思索,并且尝试将各个不同种的植物交配,他把这个工作称为“异常的婚姻”。尽管十分忙碌,达尔文还是有余力开开玩笑,他把实验结果写成一篇题为《千屈菜的三种形态性关系》(*On the Sexual Relations of The Three Forms of Lythrum Salicaria*)的文章,并提供给一个女性社团。达尔文写道:

> 自然(为千屈菜)安排了最复杂的结婚形式,也就是在两朵双性花之间发生的三种交配情形。此时,在每一朵双性花

---

① 我们无法在此深入探讨达尔文在100多年前针对这个问题提出解答的细节,他对千屈菜的分析指出,经过三重性象可以使植物进行异花授粉,因为自花授粉会抵消性象带来的优点。值得注意的是,达尔文认为,在进化的范围内,有性生殖最终会获得成功,因为它会产生具有较大变异性的后代。

> 之中，雌性器官都会与另外一朵双性花的雌性器官存在显著的不同，在雄性器官上却只有部分的区别，而且每一朵双性花都备有两个雄性器官。

我们不知道这些女士对这样的阐述作何反应，不过，客观地看，这篇文章和其他的著作都显示出达尔文的研究态度：虽然他一方面十分着迷于事实，但另一方面也能考虑隐藏于事实现象之后的真相，而且他对动植物的种种也拥有深切的了解。如果“自然研究者”或“博物学家”（Naturforscher）①这个词不再只是用来描述一个心志坚定不移的自然研究者，而是想赋予它特别的含义——同时意指具有同情心和预知能力的自然研究者，这主要也是因为要用它来形容一位历史人物，一位出生于当时的研究活动（包括博物学）都还牢牢掌握在神学家手中的19世纪初的人（当时由神学家主导的自然研究称为“自然神学”），即达尔文。达尔文的故事中真正令人激动的就是，他使“自然神学”变成博物学或自然科学。他的办法看起来很简单：只是要求自然科学家遵守诺言，并且相信他们自己预先规定、力图谋求的“精确性”。至于达尔文在其一生中为何会和基督教信仰渐行渐远，甚至成为一位不可知论者，其实是和他个人遭受的刺激有关。

在达尔文还年轻，肯定也还是坚定信仰基督教时，他便踏上了那著名的环球探险，这趟持续五年的航程可能提供了所有支持他主张生物可能发生进化的证据和指示。当时在他们船上有一本

---

① 大约在1840年，达尔文同时代的人为他提出了“scientist”这个词，他们的用意是来指代“对各类型科学都有文化修养的人”（cultivator of science in general）。可惜，今天我们提到科学家时都很少提到文化修养了。

《圣经》,《圣经》中记载着被自然神学家接受的创世日程和时间:上帝为了这个目的,在基督出生前4004年的10月23日上午9点开始创造世界的工作。正是如此!人们要的就是如此精确。不过,达尔文也清楚地知道,若要如此要求精确,就会牺牲一些事物,也就是人类的信仰与造物主在人类心中的地位。因为达尔文不相信《圣经》记载的这个精确时间,因此试着去检验它,在环球考察结束之前,达尔文已经预料到他不仅可以而且必须将船上的那本《圣经》丢弃。碰巧的是,就是从那时候起,达尔文的胃开始出毛病。

达尔文一辈子都很留心不去打扰别人,从他结束环球探险回到家里的举动来看,就知道他很具体地实践着这项美德。在海上航行5年零两天之后,27岁的达尔文于1836年10月4日回到英国。当他踏进家门时,家人皆已入睡,因为时间已经稍晚了一些,不过,达尔文并没有把家人唤醒,而是轻轻地走进自己的房间,等着隔天早晨再给大家一个惊喜。

时代背景

1809年达尔文出生时,拉马克发表了《动物哲学》(*Philosophie zoologique*);歌德正起稿《亲和力》(*Die Wahlverwandtschaften*);拿破仑登基成为法兰西皇帝,并大张旗鼓整军攻打俄国(1812年)。在英格兰正是自然神学盛行的时代,所有的植物学和动物学教授都是神学家,他们都十分热衷佩利(William Paley)于1802年在《自然神学:从自然表象得到的上帝存在与属性的证据》(*Nature Theology, or Evidence of the Existence and Attributes of the Deity collected from the Appearance of Nature*)一书中提出的“设计论证明”。佩利在书中论证了上帝的存在,他说,假如在森林里发现一个钟,一定能很快明白这个钟必定是由某处的一位小钟表匠完成的;任何人在森林里遇见另一个人,也会知道一定存在着一位创造人类的伟大“钟表匠”。

达尔文的生命开始时也大约是科学和生活方式工业化开始的时候,药局变成药厂和企业,他们在 1880 年左右设立了一些专做研究的实验室,化学对经济而言变得具有决定性的作用。不久后出现了农业化学的研究,在这个领域中,德国化学家李比希(Justus von Liebig)及其发酵理论扮演着极为重要的角色。1859 年,当达尔文出版《物种起源》时,苏伊士运河开始开凿,同时人们也开始尝试探挖石油。1864 年,伦敦出现了第一条地铁。1868 年,日本开放与西方接触,并且在开放两年后立刻成立了负责工业化的部门。1870 年,苏伊士运河在经过 10 年的建设之后完工通航。1881 年,法国实施义务教育,柏林出现了电车,纽约则有了电灯的街道照明系统。1882 年,科赫发现结核杆菌,一年后德国实施健康保险。达尔文过世那一年(1882 年),迈特纳(Lise Meitner)、哈恩(Otto Hahn)和爱因斯坦等科学家都已经出生,只不过还在儿童游戏的沙箱里玩耍着。

人物侧写

达尔文的祖父伊拉斯谟斯(Erasmus)肯定是个极有趣的人,他以医生、诗人、发明者和追求享乐者的身份给同时代的人留下了深刻的印象。在伊拉斯谟斯熟识的人当中,有一位瓷器公司的创始人韦奇伍德(Josiah Wedgwood),他的女儿后来与伊拉斯谟斯的儿子结婚,并且在 1809 年生下了本节的主人公达尔文。达尔文被期待和他的父亲一样学医,但是由于一开始他在这方面并没有表现出才华,所以后来就完全停止了。不过,达尔文不需要为生活经费烦恼,因为他们家拥有足够的土地和其他产业。正因如此,他从来没有参加过任何考试,也没有完成任何一项学业,只做自己想做的事。在他的生命中,他最常做的就是那些他自己称为“工作”的事。他所谓的“工作”是指观察自然、采集、分类、比较和写作,只有这些事才能让他感到满意,并且让他忘记那些折磨人的慢性病痛,就像他在日记中记录的:“除了在工作时,从来没有感觉到快乐。”

与多姿多彩的自然交往的快乐从学生时代就一直在转移达尔文对学习的注意力。例如,在外出采集或从事分类工作(特别是研究甲虫,他对此充满热情)时,除了后来对儿女的爱,这个领域之外的活动,他都不会自发、真诚地参与。他只会让自己的幻想驰骋在白纸上,甚至连是否该结婚这种事他也很正式地在一张蓝色纸上列了一份表格,上面分别写着结婚的优缺点。当达尔文正在衡量这件事时,刚好即将满30岁,他记录着:

> 结婚:
>
> 拥有子女(上帝之所欲)。不变的伴侣(也是老年时的朋友),她只对一个人感兴趣,至少比一条狗好。有自己的家,而且有人打理家务。音乐的魔力和女性的闲聊,这些事情对健康是有益的——可是极浪费时间。
>
> 不结婚:
>
> 有想到哪儿就到哪儿的自由。交际圈的选择可能会较少。不必被迫拜访亲戚,也不必在许多小事上受支配……不必在晚上阅读。会变胖变懒。担心买书的钱会减少,但是这么做也是一种责任。

最后,达尔文以一首民间的叙事诗来证明结婚的必要性:“想想,一个人独自在伦敦一栋充满烟雾的屋子里度过一整天,能改变这种气氛的是炉火旁沙发上一位心爱的可爱女子……”他在写完整段诗后还会写上三个通常只有在数学证明完毕后才会使用的字母“QED”。达尔文很早就决定和他的表姐结婚,更清楚地说,就是韦奇伍德家的女儿埃玛(Emma)。虽然身为自然研究者,达尔文还是到后来才开始担心他和妻子的近亲关系会对子女产生负面的影响。他因为发现了一些现象而忧心忡忡:他的子女在学习上表现不佳,但是他也不明白问题所在,例如,为何他们需要花那么长的时间分辨某些与颜色有关的词汇。特别是在他最喜欢的女儿安妮(Annie)开始抱怨身体不适之后,他就非常担心,这时他才怀疑——如我们今天所说的——这些毛病都是遗传带来的问题,也就是说,这些毛病可能是他遗传给安妮的。1851年,10岁的安妮过世,达尔文深受震动,甚至无法参加女儿的葬礼。后来达尔文从沮丧消沉中恢复过来后,就与基督教或基督教信仰脱离关系了,这个宗教不能再多给他什么,无论是自然中确定的事实或是人性的慰藉。

在脱离基督教数年后,达尔文才逐渐从隐蔽的状态中复苏过来。他沉潜了超过20年,在这段日子里,他独自思考着一个后来不仅改变了科学界,也改变了思想界的我们称之为“进化”的观念。当他正着手将他的想法付诸文字来说明生物种类的可变性时,他感到非常害怕并难以忍受,如他对朋友供认的:“我觉得我好像供认了一桩谋杀案。”在这里,达尔文指的是对“永恒的平衡”的谋杀,这个“永恒的平衡”思想是维多利亚时期的英国忠诚信仰的,所以当时的人才会觉得“进化”这个思想是无神论,也是不道德的。事实上,英国的批评者在对《物种起源》的反应中指出:这本书“粗暴地伤害了道德感”,因为达尔文的自然选择观念背离了“上帝意旨造成的事实”，等等。①

然而，为什么让人接受“物种会改变”这样的想法会如此困难？而达尔文又是如何获得这样的观念？要述说这个故事就必须从一个邀请开始。一艘叫作“小猎犬”号（HMS Beagle）的船要出航，他们需要一位博物学家随船，因此邀请了当时20多岁、具有采集天分的学生达尔文同行。考察探险的最基本目的是测量并绘制南美洲地图，因为海上之王威廉四世（Henri Ⅳ）统治的英国打算一方面寻找海上贸易的航道，另一方面也要寻找一些新的原料供应地。1831年，“小猎犬”号出发，带着达尔文航行到科隆群岛（Galapagos）、塔希提（Tahiti）、澳大利亚和南非，但是达尔文在船上的大部分时间都是处于晕船状态。

这趟环球探险改变了达尔文。他在离开英国时是个迷恋组织、条理的自然爱好者，那时的他坚信当时英国流行的思想，视各种生命种类为上帝永恒的（也是不变的）创造。然而，当他回来时，就成为一位成熟的自然研究者了。达尔文注意到那些在技术上称

---

① 托马斯·赫胥黎和威尔伯福斯主教（Bischof Wilberforce）之间有关进化的争论是极著名的，主教向科学家提出著名的问题，即科学家的祖父或祖母是否由猿猴而来。关于这个问题，我们只打算在这个脚注中讨论，因为达尔文本人并没有参加这场论战，这种激烈的争辩并不适合他，因为这样似乎会造成一种印象，好像进化观念涉及教会和科学之间公开的争辩，其实这样的问题还是在私人领域内的。尽管如此，还是值得将赫胥黎的回答抄录下来，虽然这个回答不像问题那样具有知名度。赫胥黎说：“一个人没有任何理由因为他的祖先是无尾猿而感到羞耻，我感到羞耻的倒是这样一种人：惯于信口雌黄、不安本分，不满足于自己活动范围里那些令人怀疑的成就，还要粗暴地干涉其根本不理解的科学问题，所以只能避开辩论的焦点，用花言巧语和诡辩的辞令转移听众的注意力，企图煽动一部分听众的宗教偏见来压倒别人，这才是真正的羞耻啊！”［译注：此段译文参考了李国秀所撰的《达尔文》，书泉出版社，1991年，182页］。

为“地理种化”的现象，他认为这个现象表明动物的种在其能使用的“生态区位”不同时才能区别，正是这个现象让达尔文开始思考，正如他在《物种起源》的开头部分记录的：

> 当我作为自然研究者在“小猎犬”号上时，让我感到最惊奇的就是南美洲的一些动物在分布上表现出来的某种独特性，这个事实几乎让我恍然大悟，让我注意到物种的发生，所有奥秘中的奥秘。

更准确地说，是科隆群岛上的观察和发现让他对物种不变的教条产生怀疑。1836 年，达尔文在回航时还一直如此确定：

> 当我看到这些岛屿在视线可及之内排成一列，动物种类却十分贫乏，加上栖息在这些岛屿上的鸟类在结构上只有很小的差异，而且在大自然中占有相同的位置，我就必须怀疑它们是变种①。尽管只有很少的论据支持这个意见，但是这些岛屿上的动物还是值得研究，因为这样的事实可能会削弱物种稳定性这种概念的基础。

对物种恒定的确信到底从何而来？到底是哪一个决定性的想法将达尔文的观点转移到不同的方向呢？

一旦涉及物种永恒性，当然就会和基督教信仰中的神创论有

---

① “变种”和“种”一样是个定义不清的观念，这里指的大概是种下面的亚群或子群，大约是我们今天所说的“族群”（population），不过，“族群”当然又是个模糊的用语。

关，创造当然必须是完美、永恒的，这种先验图式不仅有许多维多利亚的大众支持，在哲学方面柏拉图也曾提出解释，他认为能见的表象并非根本，必须进一步走向不变的理型。然而，这种说法肯定无助于达尔文想要追求的发展观念。当19世纪初科学界首次对物种不变表示怀疑，而且认为一些物种或许没有灭绝，只是随着环境——如我们今天所说——转变或改变时，发展或进化所需时间的不足似乎成了阻碍进化观念被接受的最主要原因。自然神学家估计地球的年龄只有几千年，尽管康德在1755年出版的《宇宙发展史概论》①中早就建议，我们的星球年龄应该有50万年。

在康德之后贡献最大的就是地质学家，他们做了很多研究，一再延长地球的年龄。例如，他们分析死火山灰，也挖掘出许多不同地层中的各类化石并鉴定其年代，以这种“尘世”的方式给这个漫长的过程一个对生命本身产生影响的机会。达尔文在航行时就带着同时代地质学者莱伊尔（Charles Lyell）的《地质学原理》（*Principles of Geology*）第一卷，这本书证明了地球的历史极其漫长，对“进化”观点的描述需要讲到这段历史。②

其实，进化的观点在达尔文出生时就已经有人提出了，法国生物学家拉马克是第一个清楚认识到物种转变的人，他写道：“连续许多世代之后，原来属于某一个种的个体会转变成与原来不同的种。”1826年，一位来自爱丁堡的生物学家称赞拉马克的观念，并借此解释简单的蠕虫如何“发展”成复杂的动物，正是在这里，“evolution”这个词第一次出现在科学文献中。然而，达尔文到1871年都

---

①　在文中可以找到一句美丽的话，这句话似乎允许进化的发生，而且也可与《圣经》的故事关联：“创造永不止息。”

②　《地质学原理》第二卷是达尔文在乌拉圭首都蒙得维的亚（Montevideo）时才收到的。

还一直避免使用这个词，因为他非常清楚，既不是他自己也不是拉马克赋予了上面那种意义的“解释”。所以，当我们处理达尔文对进化观点的主张时，应该更小心谨慎些，太多事情都还未定也不清楚。例如，达尔文说，每当他考虑到人类的眼睛（及其发展或解释）时，最后都会生病发烧。

可以确定的是，还年轻的达尔文在环球考察途中就有了改变往后生活方式的念头，他对自己接下来的生活做好了安排。首先，他决定搬到肯特郡（Kent）的唐恩（Down）隐居（当然，像到伦敦这样的小旅程还是有的）。1837 年，鸟类学家古尔德（John Gould）拜访了达尔文，并且表示愿意协助整理分类达尔文在科隆群岛上搜集的“反舌鸟（小嘲鸫）”（Mimus）标本。在这次拜访之后，达尔文顺手记载了关于物种变化的第一本笔记。凭借古尔德的帮忙，达尔文才了解了我们今天称为“地理种化”的过程，他在《物种起源》中写道：

> 当我比较一些岛屿之间和这些岛屿与美洲大陆之间的鸟类时，我惊讶地发现在变种和原来的种之间的差异是不清楚和随意的。

换句话说，达尔文看出在传统分类中还必须有另一种分类形式，也就是我们今天所说的“族群”。他从标本中清楚地看出，只有当所有“改变”“修改”是缓慢且不断延续下去时，才能了解所有不同的族群。

然而，这些“变异”是如何发生的？带给达尔文解答并让他提出适应与进化观念的是一本由英国人马尔萨斯（Thomas Malthus）所写的《人口原理》（*An Essay on the Principle of Population*）。马尔萨斯在书中指出，人口增加的速度会比供应人口的粮食增长速度快。达尔文在其自传中告诉我们：

> 1838 年 10 月，也就是我开始系统地研究之后的第十五个月，有一天我在消遣时随兴阅读着马尔萨斯关于人口的书。因为我有足够的准备去承认可以到处被发现的生存竞争，也因为经过长期持续关于动植物生长方式的观察，所以我立刻想到，在那种条件下，有利的改变会让物种保存下来，不适宜的则会被毁灭，其结果就是新种的产生，在这里我终于有一个可供利用的理论了。

当今著名的生物学者迈尔曾经把达尔文的进化理论总结为八个部分，我们会在下面简单地加以介绍。整个进化理论的逻辑结构就是由五项事实及其三个推论构成①：

> 第一项事实：所有的物种都拥有能使族群大小成指数成长的生殖力，只要物种中的每个个体都能成功地繁殖。
>
> 第二项事实：大部分的族群是稳定的，如果忽略较小的族群大小的变动。
>
> 第三项事实：可供利用的资源并不是无限的，它们的量在稳定的环境中是恒定的。很明显，族群增加的个体数会比环境能供养的还多，所以第一个推论就是：在族群中会发生生存竞争，只有一部分个体会留存下来。
>
> 第四项事实：从来都不会有完全相同的两个个体，也就是

---

① 这八点也可以定义那些在“达尔文主义”字眼下涵盖的内容与意义。

说，族群内会出现许多具有变异的个体。

第五项事实：这些变异大部分会死亡。

从这里可以推出其他两个论点：首先，一个个体在生存竞争中留存下来并非偶然，而是与其他的基因构造在竞争中表现得成功与否有关，这样一个相异的生存机会是因为有个自然选择的过程。其次，在几代之后会造成族群的修改，最后会产生新种。

1840 年，当达尔文专心致志于这个想法时，根本没有想到要发表出来，他一直到 1842 年都还在撰写摘要，只是不让其他人知道。对于达尔文的迟疑曾有许多猜测，有个说法立刻就能让我们明白为何他会有这种态度，那就是达尔文害怕同时代的人知道后会将他的理论所要解释的现象误解为上帝创世计划的实现。所有的生物——包括人类——都不是有目的地存在于世界上，只是一种很可能是偶然、没有目的性、我们称之为“进化”的过程所造成的结果。在这里必须指出，当时盛行的世界观由牛顿提出的宇宙理论构成，它认为这个宇宙的运转就像钟表一样，由事前决定的法则来保证其确定性和可预测性。因此，达尔文的想法将会颠覆这个世界观，因此他的“种源论”（theory of descent）提出了一种学说，一种或许可以解释过去但不能预测未来的学说。没有人知道进化在未来将会如何进行，这样的预测到今天都还无法做到。①

光是这两个论点可能还不足以说明达尔文为何迟迟不公开他的想法，真正让达尔文如此谨慎的原因是，虽然他知道借由自然选

---

① 在达尔文发展他的理论时，物理学出现了统计法则，古老的牛顿决定论在统计法则里也同样丧失了效用。如果人们必须习惯 19 世纪中叶发展出来的概率陈述，让人惊奇的是，到今天都还有批评者批评进化理论不能提供精确的预测。

择的观念能找到一个全面性的解释原则,但是他更清楚生物学与物理学的不同之处。生物学中重要的不只是"普遍性",还有"个别性"。对生物学而言,除了可理解的"普遍性"之外,还有更多未能理解的个体现象。达尔文非常清楚,他不过是发现了一个必须前进的方向,而不是一种克服所有阻碍的方法。"真正的困难"在于,例如,如何解释半个翅膀或是只有部分发展完全的眼睛到底能提供什么样的优越性,使其在进化过程中保存下来并继续发展?或者,在进化发展初级阶段的肺是否已经能呼吸?进化发展初级阶段的手是否已经能抓住东西?作为进化适应过程推动力的自然选择,究竟是如何对生物以及在生物的何处产生作用?

也就是说,达尔文不只是因为维多利亚后期的思想潮流和基督教信仰,才暂时先将他的想法搁置不发表,也有科学上的因素,他希望让它再成熟一些,因此,进化这件事绝对不仅仅是教会与科学之间的争辩。随着进化理论的提出,科学舞台上出现了一种崭新的思考方式,这种思考方式虽然到今天仍历久弥新,却也带给我们许多难题。达尔文似乎已经注意到他可能永远无法对他的观察提出完整的解释,但是他尽可能不留给攻击者攻击的切入点,所以宁愿延后讨论进化的作品的出版时间①,先向社会大众介绍他的《火山群岛的地质观察》(*Geological Observation on the Volcanic Islands*,1844 年)以及两卷关于蔓足类的专著(1854 年)。直到出现了竞争者,而且这个竞争者很可能抢先发表有关进化的理论时,达尔文这才严肃地动手将大量与动物变化相关的笔记整理成一篇

---

① 必须强调的是,无论如何达尔文还是希望他的"物种理论"——如他自己所称——能够公开发表。1844 年 7 月 5 日,他告诉妻子他已经完成了一份草稿,并且写信请求她:如果他"突然死亡,一定要花 400 镑将它出版"。他甚至指示她如何找到出版商。

文章和后来那本著名的著作。

在此值得解释一下蔓足类动物的研究。当达尔文几乎完整地登记完从“小猎犬”号带回的标本时，还剩下一种动物，也就是蔓足类的小动物，当时他将这种于1835年在智利南部海湾发现的小动物称为“畸形的小怪物”。它们缠住软体动物，附着于软体动物的贝壳上寄生，达尔文不知道该如何将这种小生物分类。1846年，他稍稍探讨了这个问题，如果当时有人告诉他，他将会从那时起花费8年的时间研究这种生物，并且写出超过1 000页的论文，他一定不会相信。在8年的折磨之后，达尔文当然有理由认为自己有资格对物种及其变异的可能性这个题目发表看法，而《物种起源》终于也可以动笔了。我们要在这里举一些例子来说明达尔文对蔓足类的着迷以及蔓足类研究对进化观念的重要性。

蔓足类是雌雄同体（也就是说，每个个体同时具有雄性与雌性的性器官），但是达尔文在工作中发现了一些例外。在这些例子中，蔓足类动物不仅显示出不同的性别，而且雄性和雌性非常不同，不同到看起来就不像有亲缘的关系。对此，达尔文记录了以下的现象：

> 雌性个体拥有一般的外表，雄性个体在躯体上的任何一部分都和雌性个体不同，而且体型极微小。不过，真正令人惊讶的是：当雄性或有时是两个雄性个体结束具有运动能力的幼虫时期后，就会变成雌性的寄生虫；它会紧紧贴住它的配偶，甚至将身体的一半都嵌入雌性个体中，再也不能自由移动，如此度过它的一生。

这到底是什么样的繁殖机制呀！与人类实际的状况有这么大

的差异！具有控制权并且养有小丈夫的雌性！这些雄性退化成仅仅扮演精囊的角色。

这的确是自然界绝妙的想法之一，但是对达尔文而言，重要的是蔓足类动物提供了性象相互分开发展的一系列现象：从真正的雌雄同体、拥有萎缩雄性器官的雌雄同体，到雄性器官退化却可在适当的配偶身上获得精子的雌性个体。对于这个现象，达尔文在一封给朋友的信中写道：

> 我绝对不会想到也不会相信，一种单性生殖的物种会以如此难以察觉、细微的步调转变成一种双性的物种，但是在这里就有一种，因为雌雄同体中雄性器官开始失去作用，而且一些独立的雄性个体已经出现。不过，我仍然无法解释我所说的，而且你也许会希望我的蔓足类理论和物种理论是不确定的。当然，你可以说任何你想说的事，但是我的物种理论就是我的福音书。

通过这个必要的知识，达尔文再次转向研究他从环球考察带回来的标本中的最后一部分，即蔓足纲。达尔文在研究中发现，雄性动物“只是一个裸露、由若干肌肉覆盖的袋状物，它将一双眼睛、一根触须和巨大的性器官包围起来”。对达尔文而言，似乎是雄性生殖器最先出现，后来才跟着出现雄性生物，在一双正常的蔓足类动物中的其他 14 个体节中都没有任何踪迹。

将蔓足类动物的身体切成若干小节，可以让我们探查蔓足类和一种与虾相似的同科动物的起源，达尔文建构了他喜欢研究的动物体节与虾体节的进化关系。在此，他也借由这些体节做猜测，就像他查明了蔓足类的生命周期。达尔文发现它们的“变态”非常

"引人注意",他指出虾的输卵管在蔓足类身上就发展成分泌黏液的腺体,正是黏液使它们那种寄生于别种生物以及在触足之间形成捕食网的生活方式成为可能。借此,达尔文拥有令人确信的证据来证明,当出现一种新的环境条件,而这种新环境只有新的生活方式才能利用时,器官的功能竟然有可能改变,难怪当华莱士(Alfred Wallace)出现并开始宣传他对进化的看法时,达尔文才放弃蔓足类的研究。

谁是华莱士?他是英国一位富有的环球旅行家,特别花费时间研究婆罗洲(Borneo)的昆虫和欧洲人没见过的蝴蝶,因此得到物种会发展、改变的想法。大约在1854年,华莱士将他的想法发表在《论变种无限偏离其原始类型的倾向》(*On the Tendency of Varieties to Depart Indefinitely from the Original Type*)一书中,这时达尔文若还是一直不发表他的研究结果,就必须为他的优先权担心了。他真的发表了,但是却因这件事而觉得自己像"魔鬼的助手",指望魔鬼写一本引人注意的"关于那粗笨、浪费、拙劣卑鄙和可怕残酷的自然作用"的书。

华莱士读了马尔萨斯的书并且将人口过剩的逻辑运用到动物界之后,在1858年写了封信给达尔文,他在信中也谈到达尔文在《物种起源》(*The Origin of Species*)的草稿(1842年)中讨论的变种与生存竞争现象。这件事终于引起达尔文朋友的警觉,他们认为达尔文应该立刻回应,最后终于决定在林奈学会(Linnaean Society)暑假之前的最后一次会议中——1858年6月30日——同时将华莱士和达尔文的论文在所有会员面前宣读,于是物种经过自然选择产生变化和适应的想法终于公开发表。不过,听众似乎认为这个问题相当无聊,因而都在谈论着其他事情(例如假期的旅行计划书)。达尔文终于敢面对群众,而他担心在发表后会遭受如入地狱般的责难却是多余的，至少开始时完全是另一种样子。因为所有人都沉默无语或是急着去度假，会议主席在宣布大会结束时还抱怨这个刚过去的一年明显地“未能使我们这个领域一下子产生革命性、开创性的发现”。

如此看来，达尔文似乎能保有他的清静，但是巨大的挑战还在后头等着他，因为他在《物种起源》中并没有提到人类。更准确地说，只有一句话，他在书中说：凭借他的概念，“将会为人类的起源及其历史问题带来一丝光芒”。从那时起，我们就知道，我们生活在一个动态发展的世界中，甚至人类社会也是沿着进化的道路行进。不过，没有人能告诉我们，我们是否能因此变得更好。

麦克斯韦

麦克斯韦的工作是牛顿以来物理学最深刻、最富有成效的变革。

——爱因斯坦

第六章　维多利亚天才

· 麦克斯韦(James Clerk Maxwell,1831—1879 年)

对物理学家而言,下述说法是毫无疑义的:在物理学领域中,麦克斯韦至少和牛顿、爱因斯坦齐名,就是因为站在麦克斯韦的肩膀上,爱因斯坦才能在 20 世纪完成一场影响深远的革命。麦克斯韦正好处于上述两位物理巨人中间,正是他的伟大直觉,将具有超距交互作用力的可见微粒所组成的牛顿宇宙,描述为无法以人类感官知觉的场所组成的世界。麦克斯韦在大众中的知名度远远逊于他在学界中享有的名声,其实他的成就在学界也是经过很长的时间才获得承认的。他的科学革命对当时的人来说一定是太巨大了,不过我们今天就更了解这个革命了吗?

第一节　麦克斯韦:诸自然力的首次统一

詹姆斯 · 克拉克 · 麦克斯韦的身材相当矮小,这位来自苏格兰的物理学家顶多只有五英尺四英寸高,大约是一米六多一点。

他最伟大的成就便是发现了——或者说提出了——四个方程式，今天这些方程式被我们以他的姓氏命名，称为麦克斯韦方程式。[①]这些写在纸上的方程式预言了（电磁）波的存在，正是借由电磁波，我们今天才能收听广播和收看电视。[②] 在达尔文准备将其有关物种适应或进化的观念写下来之际，麦克斯韦这些方程式也到了接近完成的阶段。不过，这些方程式不只是像刚才所说的能应用在广播与电视上，它们对物理学家而言简直就像个奇迹，许多物理学家觉得他们就像歌德笔下的浮士德那般必须自问［译注：下面译文出自周学普译，《浮士德》，志文出版社，1990 年，66 页］：

> 把我内心的扰动镇静，
> 把我可怜的心儿用快乐充盈，
> 以神秘的催促作用使自然的种种力量在我四周显现，
> 写这种灵符的可不是神灵？

的确，麦克斯韦方程式以绝妙的方式联系起电与磁的现象。例如，这些方程式精确地表示出电流可能是磁场产生的根源。除此之外，它们也可以清楚地指出，一个变动的磁场能够推动电流，而一个变动的电场——不，没有磁流这种东西——也能产生磁场。很明显地，电与磁并没有办法完全互相转换。例如，电拥有不同的

---

① 直到今天，物理学家还是受到这四个“麦克斯韦方程式”的鼓舞。例如，诺贝尔奖得主盖尔曼（Murray Gell-Mann）在 1994 年出版的《夸克与美洲豹》（*The Quark and the Jaguar*）中不仅清楚地提到这些数学上的杰作，甚至不管读者是否具有数学方面的基本知识，以三种不同的方式陈述它。

② 1862 年，麦克斯韦完成了他的理论工作；30 年后，德国物理学家赫兹（Heinrich Hertz）才证明了预言中的电磁波的确存在。

电荷,磁并不像电一样拥有磁荷之类的东西。尽管如此,电与磁还是有一定的关联,麦克斯韦将两个一向被物理学家视为毫无关联的力合并成一个独特的物理量。自从他成功地将两个独立的力合二为一之后,人们就开始讨论他提倡的两个观念,即电磁力与电动力学。麦克斯韦的成功成为20世纪理论物理学的模范,而追求自然力的统一和宇宙中的原始自然力一如既往还是研究者不容置疑的目标,这个方向的努力在20世纪70年代获得最后的成功:人们将麦克斯韦的电磁力和所谓的弱核力统一为一种“弱电”交互作用。

然而,为什么物理学家会追求这种统一性呢?原因是物理学家假设宇宙形成之际只存在一种原始自然力,随着宇宙的发展,这个原始自然力不断分裂成各种形式的力,一直到今天呈现的面貌。另外一个原因在于,物理学家不只希望这个统一的力能够更好地说明物理现象,更希望能一举解释各种基本物理现象。从这个目标看来,麦克斯韦的工作在当时是十分成功的,自从他在19世纪后半叶提出他的方程式之后,光就被解释为电磁波的传播,人们也因此了解了光是如何穿越真空的宇宙到达地球的。

正是因为这项成就,这位矮小的苏格兰物理学家得以成为在伟大的牛顿与头顶世纪天才光环的爱因斯坦之间承前启后的人物。一方面,麦克斯韦的观念远远超越了牛顿关于光现象的机械力学观念——光粒子的运动模型,并且用不同的“场”相互影响生成与消除这个观念来取代;另一方面,麦克斯韦著名的四个方程式所表现出的对称性,也正是后来爱因斯坦描写物体运动方程式时必须或是说想要符合的指标。1905年,当爱因斯坦正确处理了“运动物体的电动力学”之后,经典物理学便必须面对一场大革命,这场大革命以一个观念闻名,也就是所谓的“相对性”。根据“相对性”这个观念，一个新的世界观也逐渐成形。

不过，还有一个大疑惑未解：麦克斯韦为何能发现他的方程式呢？我认为这是因为麦克斯韦为自己设立了一个相当具体的任务，即为直观概念披上数学外衣，特别是法拉第提出的电场与磁场观念。在集中心力不断思考之后，这个由法拉第证明的电磁特殊对称性不知在何时，也不知如何就在麦克斯韦脑子里出现了一个图像：两个环相互缠绕并纠结成一体。磁与电相互拥抱，一个场能造成另一个场；即使没有空气或其他中介物质存在，这样一个动态过程也能进行。人们终于可以解释光为何能穿越真空。麦克斯韦成功地将他脑海中的图像转化为方程式和数学语言，同时也指出光的传播速度。1862 年，著名的光速被发现，麦克斯韦认为光速是每秒 314 858 000 000 毫米，事实上这个数值相当准确。①

提出光速的数值时，麦克斯韦才 31 岁，他终于戒掉了阅读“报纸或其他类似读物”的习惯。麦克斯韦认为阅读那些读物只会毁掉他的一天，因为这一天往往在阅读后就毫无成果地被“消耗掉了”。就像物理学家喜欢用专业术语说明一些日常观念一样，麦克斯韦在此也使用“消耗”一词来代替一般人表示时间或计划“化为乌有”的情形。和我们一般人一样，麦克斯韦也习惯在早餐时或早餐后阅读。不过，与我们不同的是，他利用一天当中的这段时间来研究希腊文或拉丁文的经典原始文献，然后才开始物理学的研究工作。每当他面对一个主题时，他都能彻底改造这个领域，给它一个新的发展方向，因此在今天所从事的物理学研究领域中还能到处发现麦克斯韦的踪迹。

---

① 今天所测光速的值为接近每秒 30 万千米，也就是每秒 3 000 亿毫米。

关于阅读杂志或书籍这件事，麦克斯韦对于伽利略提出的以数学语言写成的"自然之书"也有自己的看法。他认为：

> 也许"自然之书"如人们所称，是一页一页井然有序地排列着。如果真的是这样，开场的几个章节无疑就会解释随之而来的部分，而且在第一章教给我们的方法就应该成为先决条件，并且作为整个课程后继部分的引导。反之，如果没有这么一本书，而只是一本普通的杂志，那么假定能通过某一部分来理解其他部分的想法就是再笨不过了。

时代背景

1831 年，当麦克斯韦出生于爱丁堡、成为一对富裕夫妻的独生子时，①达尔文随着"小猎犬"号开始他的环球旅行，法拉第则发现了电磁感应法则；在美国，人们开始使用收割机。1832 年歌德去世，同年德国化学家李比希（Justus von liebig）创立《药剂学年鉴》。一年之后，科学家首次于巴黎聚会，目的是举办一场讨论科学的学术会议。又过了一年，西班牙废止宗教法庭。1835 年，纽伦堡（Nürnberg）和菲尔特（Fürth）之间的铁路通车，科学中则出现"矢量"的概念："矢量"是一种"量"，不仅含有"数量"，也包括"方向"的因素。1839 年，普鲁士规定 16 岁以下的儿童每日工作不得超过 10 小时；在法国，有人发明了现今的照相术：达盖尔（L. J. M. Daguerre）成功地利用一块铜板发明了"银版照相法"。1844 年，西里西亚爆发纺织工人暴动。1846 年，人们才有能力购买仅供家庭使用的收割机或割草机。

---

① 麦克斯韦的母亲在生下麦克斯韦时已经 40 岁了，8 年后她因胃癌去世，麦克斯韦也是在相同的年纪因相同的疾病去世。

当麦克斯韦短暂的一生接近尾声时，德国修订了有关结婚的民事规定（1875年）；电话在美国被发明出来，1876年更制造出第一台电冰箱；同年，法国科学家巴斯德（Louis Pasteur）发表了《微生物》（*Les Microbes*），在书中提出一个有关“胚”的理论[译注：即病源理论]。1878年，“救世军”在英国成立[译注：救世军为基督教的一个社会活动组织，其组织仿军队编制]。1879年，麦克斯韦在剑桥逝世，爱因斯坦则在德国巴伐利亚的乌尔姆诞生。

人物侧写

虽然麦克斯韦的身影在物理学的各个领域中几乎无处不在，然而一旦跳出了物理学，似乎就没有人认识他了，甚至在他出生的爱丁堡或是任教过的阿伯丁（Aberdeen）也是如此。年轻的麦克斯韦曾在阿伯丁的马歇尔学院（Marischal College）担任“自然哲学”教授。①1857年，阿伯丁居民决议发起一项募款活动，因为他们认为居民需要一些可供举办音乐会与其他会议的大厅。麦克斯韦也是赞助者之一，基本上他和法拉第不同，他出生于富裕的家庭，即使无所事事也有足够的钱财，不需为生计烦恼。

阿伯丁的募款活动是这样设计的：赞助者能获得其捐献建造的音乐厅之部分营运红利。其实这些收入是很微薄的，我们之所以会对此事感兴趣，是因为大约于1920年在阿伯丁的一份报纸上刊载了一则启事，启事中敦促一位叫詹姆斯·克拉克·麦克斯韦的先生主动联络，因为有人要付红利给他。多年来，通知领款的信件一直寄到

① 在今天，麦克斯韦可能就是个理论物理学教授，可是当时并没有这个学科。理论物理学这门学科一直要到一些杰出的科学家——如玻尔和爱因斯坦——出现后才逐渐确立。

马歇尔学院，但是所有信件都被注明“无法投递，已迁居”而遭退回。

尽管麦克斯韦的思想相当丰富，但是一辈子都没有获得太多承认，这到底是为什么呢？一个可以肯定的原因就是，麦克斯韦是个“理论”物理学家，而当时人们的主要兴趣却在工业发展上，但是他对这样的实务工作并不熟悉。1876年，贝尔在美国发明了电话，两年后——麦克斯韦逝世的前一年，当麦克斯韦第一次手握这种电话装置时，立刻被一种数学的特性——对称性——吸引，电话两端的送收话器的口承结构与其所传送的谈话声都呈现出一种对称性。

麦克斯韦从事的唯一一件一般意义上的工作，就是为工人上物理课，但是他很可能只是勉强完成这件事。除此之外，他过着深居简出的生活。他与妻子凯瑟琳没有小孩，两人一起度过每个宁静的夜晚。他们非常喜欢莎士比亚的作品和其他人的诗作，夜里经常会读书给对方听。麦克斯韦不仅喜欢读诗，亦曾尝试写诗。例如，我们可以在其《梦境的回忆》（*Recollections of Dreamland*）中读到他的一段诗作：

> There are powers and thoughts within us, that we know not till they rise through the stream of conscious action from where the self in secret lies. But when will and sense are silent, by the thoughts that come and go we may trace the rocks and eddies in the hidden depths below. ①

---

① 力量与思想深藏在心底，只有在顺着意识之流从自我最秘密处涌出时才能认识；若意志与知觉沉默无言，就只能借着来来去去的思想探寻隐藏在深处的礁岩与漩涡。

我们可以想象得到，麦克斯韦想借由这首诗来探索自己思想的根源，特别是长久以来如影相随的相互交叠环状物的念头，因为这个念头促成了麦克斯韦提出那著名并且较其他成就更深刻地影响了20世纪物理学的四个方程式。麦克斯韦意识到，这些想法都是从无意识的深层浮现出来的。依照这种说法，正是非理性的过程使一些伟大的发现成为可能。这种观点多少让麦克斯韦同时代的科学家和他保持距离，因此麦克斯韦与社会的关系或是说社交生活就更孤立了。

除了这个原因之外，似乎也是因为麦克斯韦曾经显露出些许傲慢的态度，因为他不仅认为身为物理学家的他比许多人更好，也在一次聚会上表露出对上流社会宴会的厌恶。当他为女王解释何谓"真空"时，也不忘讽刺女王，①因为女王并未对此表现出特别的兴趣，所以他认为这件事就像莎士比亚的戏剧《无事生非》(*Much Ado About Nothing*)一样。他觉得物理学家白忙一场，王室应对此给予更多关注。

麦克斯韦的生活就是物理学，他的妻子似乎不只对此十分谅解，甚至有机会时还会在实验上给予协助。当然，有时他会因为自己对理论的见解感到十分惊喜——如关于光的颜色的物理学，因而想要自己动手做实验以厘清问题。除了工作上的相互协助，麦克斯韦及其妻子的关系也被描述成"无可比拟的挚爱"。例如，麦克斯韦单独出门时，每天至少会写一封信将自己所做的每件事详细地告诉他的妻子；后来妻子病重时，他甚至不眠不休地在病床边

---

① 当时，克鲁克斯爵士(Sir William Crookes)发明了一种以真空管为基础的辐射测量器。出于某种原因，有人认为必须向维多利亚女王介绍这部仪器，所以就要麦克斯韦前往解释，因为麦克斯韦既属于上流社会又理解物理学。

陪伴了好几个星期。

麦克斯韦的社交生活并不怎么有趣，没什么值得我们特别去了解的。简单地说，他一辈子只离开过英国一次，到欧洲大陆的德国、法国、意大利旅行，也利用这次机会增强自身的外语能力，①最后仅在学习荷兰语时遇到困难。其一生停留过的地方，爱丁堡、阿伯丁、伦敦、剑桥和格伦莱尔（Glenlair），只有最后这座城市需要稍加介绍，因为这里有麦克斯韦家族的许多地产，也有麦克斯韦一直渴望拥有的大豪宅。麦克斯韦的父亲继承了这份地产，没几年麦克斯韦就出生了。他们原来的姓氏是克拉克，后来因为继承了这片土地，他们从爱丁堡搬到格伦莱尔，才冠上原田地领主的姓氏麦克斯韦。

麦克斯韦是在 19 世纪 60 年代才又搬回格伦莱尔的，他在这里写出了著名的《电磁通论》（*Treatise on Electricity and Magnetism*，1873 年）。前面我们曾经提过这本书的部分内容，接下来应该介绍一些麦克斯韦从事的那些为科学指引出新方向的定律。我们可以看到麦克斯韦定律引申出的主题丰富得令人难以置信：他曾专注于一种颜色的理论并首次进行彩色摄影，同时注意到土星环的稳定性。② 他也提出一个气体动力理论，并且在此指出我们今天所称的那个让许多人思考了许多年的“麦克斯韦恶魔”。借由这个假想中的“恶魔”，麦克斯韦引进了一个“负反馈”（negative feedback）观念。最后，他甚至注意到一个重要的、其他人看来似乎很小的问题，这个问题一直到 20 世纪才解决，只有在完成人们所称的量子理论“革命”之后，物

---

① 麦克斯韦想要直接阅读原文的科学文献，因为他有超强的记忆力，所以能够相当容易学会许多欧洲语言。

② 麦克斯韦是第一个以理论证明土星环稳定性的物理学家。今天我们知道其实并没有这么一个“环”，我们看到的“环”是由许多小碎屑组成的，这样的组成是必需的，不然“环”在旋转运动时就会崩解。

理学家才有办法解决麦克斯韦的难题；当然，解决此难题对物理学后来的发展影响甚巨。

在此我们想先说明部分主题，就让我们从最后一项开始吧，因为麦克斯韦从一个并不会让人感到太严重的矛盾中看出了问题所在。在以其统计的知识来检验所测量的来自外地气体样品的比热时，他发现根据他的理论比热应该是1.33，但是实际测得的值却是1.408。不过，这个差异并没有让麦克斯韦的同事感到不对劲，而我想我们一般外行人也不会觉得这个数值差异有什么大不了，但是麦克斯韦却对此现象感到十分困惑，他在写给朋友的一封信中说道："这个结果让我们面临一个到目前为止分子理论遭遇到的最大困难。"

分子理论——这里指的是麦克斯韦和其他物理学家对气体或流体理论所做的假设，也就是说，所观察的物质或元素是由原子或分子构成的，这个毫无疑问已经被写进当今学校教材的理论，在当时还是需要被发现和证明的，因为实验中得到的测量值若是错误的，有可能是所根据的假设根本就是错的。① 这个结果可能让麦克斯韦十分震惊，因为分子观念曾经让他成功理解许多现象，例如让他了解了什么是"热"。根据这个观念，"热"就是分子的运动；当气体被加热时，组成气体的分子的运动速度就会增加。不过，麦克斯韦第一个知道在此过程中并非所有分子增加的速度都是相同的，而是必须假定一种速度的分布。他甚至提出数学算式来估算某种分子拥有某种速度的概率，从此物理学界就有了所谓的"麦克斯韦

---

① 今天我们知道并非"物质由原子组成"这样的假设错误，错误的是——一直到今天都还是——这个假设中包含的想法，即原子是一种"物"。其实原子并不全然只是一种会旋转的小球体。

分布”，今天它已经属于物理学中最常用的方程式之一了。

1859年，麦克斯韦奠定了统计物理学的基础，同年达尔文发表了他的《物种起源》，我想这一定不是一个毫无关联的巧合。之所以会这么说，是因为从原则上来看，达尔文和麦克斯韦所做的事其实是一样的：他们都转移目光，不再只是专注于独立的现象，而是试图掌握整体的现象，也就是一种概率或可能性。借由分布的理论，麦克斯韦可以预测特定条件下一部分气体分子经过长时间运动后所能达到的速度；而达尔文则能以长远的眼光来看一些生物在特定环境中的改变和对新环境的适应，并对此作出说明。

正是因为麦克斯韦的理论，统计观念从1859年起就一直被科学界应用，今天统计概率的观念甚至已经深入日常生活中了，我们根本无法想象没有概率观念时到底要如何处理一些事务。例如，做民意调查或选举预测时，我们自然而然就会接受这种性质的统计，并且认为这些事原本就是如此计划的。不过，我还是要提醒大家，直到麦克斯韦提出统计理论时，这些事才有可能完成；在麦克斯韦之前，物理学家认为气体中所有的分子都拥有相同的速度。总之，分布观念必须追溯至麦克斯韦，从那时起每个分子才可能被允许拥有自己独立的贡献。

概率观念的出现，使得清楚指出物理过程的进行方向成为可能。例如，一滴墨水滴入一杯水中，墨水分子不需多久就会扩散得相当远；不过，相反的过程——许多墨水分子突然再一次聚集成一大滴墨水——是非常不可能被观察到的。对每个墨水分子而言，虽然其个别运动都符合牛顿的运动方程式，我们还是无法解释为何所有粒子都倾向朝不同方向各自分离，也无法说明粒子为何会一直往外、往远处扩散而非集中聚合。

概率观念的解释是，自然的事物倾向于占有其在自然界中较可能维持的状态——较可能的分布。根据这种说法,所有墨水分子一直停留在同一个地方简直是不可能的事,比较可能出现的情形是,分子会朝各个方向扩散开来;更清楚地说,就是这个物理过程会根据热力学第二定律①描述的方向进行。热力学第二定律是指,一个物理量"熵"会不断增大,一直达到其所能达到的最大值;在这种情况下,我们将这种物理状态称为达到系统的动态平衡。

麦克斯韦相信这个主要定律深层的真实性,为了确保这个观念的有效性,他设想出所有可能伤害这个定律的因素。也就是说,他将假想出的物理过程解释为与物理学法则不一致的现象。麦克斯韦的企图的确进行得相当顺利,特别是他在 1871 年提出的到今天都还值得我们细细思考的"思想实验"。那时,麦克斯韦发明了一个概念,今天我们以原创者的名字称之为"麦克斯韦恶魔",这个恶魔指的是一种微小却能将速度不同的分子区分开来的东西。他设想一个装满气体的箱子,箱子中间有一片隔板把箱子分为两个气室,但是隔板上有一个小孔,前面提到的恶魔就守着这个小孔。若是从箱子的左气室来了一个速度快的分子,恶魔就让它通过小孔到达右气室;相反地,若是从右气室来了一个速度慢的分子,恶魔也会让它通过小孔到达左气室。除此之外,恶魔会堵住这个小孔,不让分子通行。

如果不干涉恶魔,恶魔就会将箱子里的分子依速度分类整理好。假如一开始箱子里的每个地方温度都是相同的,很快地,在恶魔将分子分类之后,右边那一半就会充满速度快的分子,温度也会

① 热力学第一定律说的是世界的能量是个常数,能量能够转变形式,但是不被产生也无法被毁灭。我们还会在讨论亥姆霍兹的那一书中介绍热力学。

变得比原来高；左边那一半就会充满速度慢的分子，温度就会相对较低。当然，这样的温度分布是无法被观察到的，热力学第二定律也不允许这种现象发生，但是麦克斯韦还是提出一些问题，他问：为什么不会有这样一个恶魔？是什么因素阻止自然发展出这种装置？或者，是什么因素让工程师无法制造出这种机械？我们可以想想，如果能够制造出这样的"恶魔"，那将会有多么全面性的影响呀！如此我们便能轻易制造出温度差异的状态，有温度差异就能使其转变为"功"，这样就再环保不过了。

麦克斯韦推测这样的恶魔是不会存在的，他也认为"热"的理论和统计物理学都还不够完备到能证明此不可能性。麦克斯韦看出，要证明恶魔不存在必须还要有一种待发明或待发现的物理量。这一点他是对的，今天我们已经很清楚地了解为何自然界不会存在这么一个恶魔，了解这个问题的线索在于一个观念，即"信息"。在此我们不想探讨所有细节，简单地说，就是恶魔需要大量的信息才能执行区分不同速度分子的任务，他必须持续不断地接收新资料，因为他必须测量每个分子的速度并且将每一笔测量储存起来，总有一天记忆体容量一定会不足，这时就必须清除掉一些资料；不过，若是这样的话，情况可能会变得一团乱，因为如此一来，温度就会变得不稳定，最后连自己的任务也无法完成。

虽然这个恶魔深深吸引住麦克斯韦的注意力，一直到其短暂的一生结束为止，但是麦克斯韦的科学事业却是从研究颜色开始的，这与麦克斯韦的传记作者声称麦克斯韦发明了"比色法"(Colorimetry)的说法相符合。[1] 不过，我们不想谈论这个问题，只想向

---

① 麦克斯韦也是第一个想到色盲形成原因的人，他认为可能是色盲者的眼睛缺少某种适合的颜色感受器。

大家介绍麦克斯韦如何成功进行了第一次彩色摄影。这个故事告诉我们，麦克斯韦能够成功完成彩色摄影，其实运气的成分比他对颜色的理解要多得多。

促成麦克斯韦进行彩色摄影的基础是他的"三色说"，这个理论最初是由托马斯·杨(Thomas Young)提出的，麦克斯韦只是对其加以改良。托马斯·杨在1810年指出，红、蓝、绿三种颜色就足以混合成眼睛所能区分的不同色度。在知道托马斯·杨的理论之后不久，麦克斯韦就清楚地指出，人类不是只能区分这三种颜色，而是任何三种颜色，只要它们差别够大，都足以被区分开来。这个想法让他提出一个今天已经被证实的假设，也就是人类的眼睛只有三个色彩感受器，而人类能够感受到的细微颜色差别都是由这三种基本颜色混合产生的。

依据"三色说"，麦克斯韦认为可以通过下面的方法制作出彩色图片：如果分别用红、绿、蓝滤光镜拍摄同一景物，然后再将这三张照片合在一起，就能产生彩色照片。的确，麦克斯韦成功地制成了彩色照片。1861年，麦克斯韦在伦敦的演讲场合向大众展示了世上第一张彩色照片，这是一张拍摄苏格兰裙的彩色照片。不过，麦克斯韦却为后世留下一个谜，因为他使用的感光乳胶根本无法对红色感光，那么照片中苏格兰裙的红色部分究竟是怎么来的？

后来，经过现代仪器检查之后，科学家认为麦克斯韦是很幸运的，因为一方面麦克斯韦使用的红色滤光镜能够让紫外线通过，另一方面苏格兰裙的红色部分刚好反射足够的光线。总而言之，就是运气。

在结束了伦敦的演讲之后，麦克斯韦和法拉第一起去用餐。如果有人问我最想经历的历史事件是什么，我会说我最想和这两位科学家一起用餐，并且静静地听着他们的对话。法拉第并不用数学来了解所有现象，麦克斯韦正好相反，他是用数学来理解所有的事。一位是具有洞察力的伟大实验家，不只预知电场与磁场的存在，更让我们“看到”它们的存在；另一位则是伟大的理论家，他统一了电场与磁场，也让我们更理解“光”。公元1万年时——如本书最后一章的主人翁物理学家费曼所说的，如果人们还记得19世纪，一定只会知道那时曾经有个麦克斯韦。如果真是如此，而我们对他却一点都不了解，不会感到羞愧吗？

亥姆霍兹

孟德尔

玻尔兹曼

如果对于气体理论因为一时不喜欢而把它埋没，对科学将是一个悲剧；例如，由于牛顿的权威而使波动理论受到的待遇就是一个教训。我意识到我只是一个软弱无力的与时代潮流抗争的人，但仍在力所能及的范围内做出贡献。

——玻尔兹曼

第七章　来自旧大陆

· 亥姆霍兹(Hermann von Helmholtz, 1821—1894 年)

· 孟德尔(Gregor Mendel, 1822—1884 年)

· 玻尔兹曼(Ludwig Boltzmann,1844—1906 年)

19 世纪后半叶的中心思想——最常被提及的——就是“流变”。不管怎么说,正是在这一时期,达尔文提出了物种适应的观念,也借此描绘出生物的进化;在物理学领域中,人们也了解了能量的转换,并借此制造了机器。这里所说的是一个到今天都还充满争议的值:“熵”。正是三个伟大的“E”——能量(Energy)、熵(Entropic)、进化 (Evolution)——在上一个世纪交替时统治着科学思想。为了应付这样的转变,许多研究者尝试在流变中找出永恒的法则,而这种法则的确在物理学和生物学中被成功地提出来。在欧洲的两个首都柏林与维也纳,人们提出著名的热力学主要定律;另外,在一座寂静的修道院花园中,一位修士发现了更著名的遗传规则。

第一节 亥姆霍兹:物理帝国的宰相

在19世纪后半叶的科学界,亥姆霍兹的影响力从许多角度来看都无人能望其项背,无论是在内在的科学内容还是外在的科学环境上,他都占有重要的地位。以内容来说,亥姆霍兹几乎熟悉所有领域,许多领域中的基本观点都是出自多才多艺的他。例如,1847年,26岁的亥姆霍兹提出能量守恒的原则①,不久又发明了一种叫作"检眼镜"(Augenspiegel)的医疗器材,40岁时勾勒出一种全面的生理光学,之后又着手研究一种"声音感觉的学说",并以此建立一种科学的合声学。以上提到的只是亥姆霍兹研究内容的一部分而已,在科学计划方面,他确定了他那个时代科学研究的纲领。今天我们将他脑海中浮现的景象称为"物理主义",依他自己在1869年于德国自然研究者因斯布鲁克(Innsbruck)会议的演讲中所说就是:"科学的最终目的在于寻找所有变化赖以为基础的运动及其推动力,也就是以机械力学解释这些推动力。"最后还有政治——组织上的面向,由于亥姆霍兹统治着当时的科学,所以有人拿他与政界的俾斯麦相比,称他为学术界中物理王国的"宰相"。亥姆霍兹最后一个高级职务是1888年德意志帝国在柏林夏洛滕堡(Charlottenburg)成立的帝国物理－技术研究机构之第一任所长,这样一所"促进精密自然研究与精密技术实验的研究所"的建立是亥姆霍兹——一些朋友也帮了忙,例如西门子[Werner von

① 今天我们所说的热力学第一定律是指:宇宙的能量是恒定的,能量不灭不生,只能从一种形式转变成另一种形式,例如动能变成热能(经过摩擦)。既然有第一定律,第二定律也必定存在。事实亦的确如此,我们曾在讨论麦克斯韦时提到,后面介绍玻尔兹曼时还会再进一步讨论。

Siemens,译注:即德国著名企业西门子公司创办人之一]也在其中——提出的专题报告促成的。亥姆霍兹也建议,除了他原来从普鲁士科学院领到的6 900马克之外,身为研究所所长应该可以再领年薪24 000马克,这么高的薪资要求德意志帝国竟然也同意了。①

亥姆霍兹让人印象深刻。他是普鲁士的明星,从一幅伦巴赫(Franz von Lenbach)所画的肖像画就可以看出,他被描绘成具有庄严外表、信心十足的人,我们从画中那双闪烁着智慧光芒的眼睛与宽广的额头就能得出这样的印象。1891年,亥姆霍兹在70岁生日宴会的演说中清楚地表示,所有知识的起点就是"驱动人类借由概念来掌握现实的那份力量";他和其他科学家期望会有持续的进步,并拥有越来越多的力量掌控自然。亥姆霍兹的每一句话都被人接受,历史上没有任何一个时代的"专业"像当时那么受人重视,也没有任何一个地方的人像德国人那么信任大学教师,而其中最有影响力的就是柏林大学物理学讲座正教授亥姆霍兹。

不过,亥姆霍兹晚年却非常孤独,因为他的一个儿子、令人钦佩的朋友西门子、天才学生赫兹和令人尊敬的同事孔脱(August Kundt)都一一先他而逝。1894年夏天,亥姆霍兹去世时精神已经错乱,就像他的妻子安娜在写给其姐妹的一封信中描述的:

> 他的思想错乱。现实与梦境、希望发生与实际发生的事情、地点与时间,都在他的心灵中朦朦胧胧、摇摇摆摆地浮动。大部分时间他都不知道自己身在何处,他觉得他在旅行、在美

---

① 1850年亥姆霍兹开始工作时一年只领600塔勒[Taler,译注:塔勒为普鲁士旧银币],马克——或称金马克——一直到1871年德意志帝国建立之后才开始使用。600塔勒这样的年薪并不够支付亥姆霍兹结婚与抚养家庭的开销。

国、在一艘船上。他一直——似乎他的灵魂漂浮得相当远——在一个美丽和谐的国度里，那里存在的只有科学和永恒的法则。一旦身旁的事物有什么不对劲，他就无法了解也找不到目标……

时代背景

1821年亥姆霍兹出生前不久，20岁的玛丽·雪莱写下了著名小说《弗兰肯斯坦》。在亥姆霍兹出生那一年，天主教会撤销了对哥白尼宇宙体系的处分，美国的人口大约已经到了1 000万。1822年，商博良(Jean-François Champollion)成功破译出埃及的象形文字，尼埃普斯(Joseph Nicéphore Nièpce)首次发展出照相术，"德意志自然学者与医生协会"成立，孔德则发表了《为了重新组织社会所必需的科学研究的计划》。一年之后，开始以工业方式生产肥皂，贝多芬创作他的第九交响曲，美国总统门罗宣布了以他为名的"门罗主义"，主张"美洲人的美洲"。1826年，舒伯特谱写了《死神与少女》(*Der Tod und Mädchen*)，门德尔松则谱出《仲夏夜之梦》(*A Midsummer Night's Dream*)。1828年，化学家维勒(Friedrich Wöhler)成功地在试管内合成尿素，正如他所说："为此并不需要一个肾脏。"

40年后，也就是1866年，才有通过大西洋的海底电缆，同年人们还发明了甘油炸药。1867年出现交流电发电机，然后爆发了普法战争，这场战争在1871年德意志帝国于凡尔赛宫宣布成立后结束。那时的伟大政治家是帝国宰相俾斯麦，他对外促成和平，对内则掀起一场"文化斗争"[译注：1871年至1878年俾斯麦与天主教会的斗争]与反对社会主义者的斗争。1878年，俾斯麦颁布了"反社会党人非常法"，此法直到1890年才废止，德国在这段"经济繁荣时代”[译注:指1871年至1873年间]逐渐蜕变成一个具有“现代”面貌的国家,例如,出现了婚姻的民事规定、健康保险(1883年)和其他措施,其工业也因研究工作而在这段时期获得极大进步。1884年,不仅由纤维素造出人造丝,也发展出荧幕的前身尼普科夫圆盘(Nipkow-Scheibe)、胶卷与自来水笔。大约在亥姆霍兹去世的前后几年,人们开始铺设穿越西伯利亚的铁路(1891年),也发明了柴油引擎(1893年),法国则卷入了反犹太人的“德雷福斯事件”(The Dreyfus Affair)。又过了一年,伦琴(Wilhelm Conrad Röntgen)发现一种“新形式射线”,诺贝尔设立诺贝尔奖,而伦琴则是第一位获得此项荣誉的人——不过那已经是20世纪的开始了。

人物侧写

根据麦克斯韦的看法,亥姆霍兹是一位“知性的巨人”。来自苏格兰的麦克斯韦特别钦佩这个德国人(或者说普鲁士人)表现出的“深入彻底”,因为亥姆霍兹在许多科学领域中都留下了痕迹。下面我们就要看看亥姆霍兹在历史上参与的重大事件,以学科分类来看,亥姆霍兹是以医生、物理学家、生理学家和哲学家的身份涉入这些领域的。

1821年,亥姆霍兹出生于波茨坦,是家里的第一个孩子。他的父亲是中学教师,母亲则出身于普鲁士军官家庭。亥姆霍兹从小就被施予人文主义的教育训练,除了拉丁文、希腊文之外,还学习了希伯来文、意大利文、阿拉伯文、法文和一些英文。尽管学习了许多古典文化,当这名逐渐长大的小男孩表示想要学习物理学时,他的父亲却因为学习物理学花费太多,并且视物理学为一门不赚钱的技艺而加以拒绝。经过妥协之后,家里才同意亥姆霍兹学习医学,因此这名17岁的中学毕业生在1838年进入柏林一所军医人才培养学校(Pepinière)[①]。该校规定,学习期间必须先在柏林夏里特(Charité)医院实习一段时间,毕业后则必须履行两年军医服务的义务。[②] 1842年,亥姆霍兹获得博士学位,以解剖学家的身份离开学校。

尽管亥姆霍兹对医生必须学习的技巧和安排的医疗工作感到相当无聊,但是他也因为从事医疗工作而亲眼看见一门学科如何在精确的科学影响下改变。在他的观念中,决定性的问题和以下问题有关:是否存在着一种自主的生命“力”,一种能赋予物质“生命”特质的“力”?还是说物理法则在此也能发挥作用,也就是所有生物现象都可归结到物理学或机械力学上?或者说生命只不过是物理与化学?大多数亥姆霍兹的老师——例如著名的生理学家缪勒(Johannes Müller),他于1840年左右出版的《人类生理学手册》(*Handbuch der Physiologie des Menschen*)主导了当时的想法——都还坚持着生机主义或活力论的观点,完全以机械力学解释生命现象肯定会让这些人感到触目惊心。[③] 尽管化学家大约在12年前就已经拆毁了一个看来似乎永远存在却也是相当基本的障碍,即存在于没有生命的无机物与生物的有机组成部分之间的障碍。有机的物质,例如尿素,才于几年前在试管内以简单的方法(加热)加以合成(不久,丝和复杂的物质也被合成),从此,化学家再也不需要

---

① “Pepinière”在普鲁士扮演的角色是培养军医,其正式名称为“弗里德里希·威廉医学外科研究所”。这里的训练十分严格,亥姆霍兹每周要上12科共42小时的课程。

② 经过两年义务服务,亥姆霍兹得以免缴学费。

③ “机械的”(mechanisch)一词所代表的意义当然不容易理解,在那个时代,人们一直认为有一种类似机械、能依机械力学原理运作的东西;机械对他们而言,与其说是一部精巧的仪器,倒不如说是一只能隆隆作响地运动的巨兽。

肾脏、腺体或是其他类似的器官来合成有机物了。

生命的组成部分是一回事,生命“力”又是另外一回事。当年轻的亥姆霍兹还在军医院服务时,就已经在思考关于生命“力”的起源与消耗问题了。亥姆霍兹在 1845 年写给朋友杜布瓦 - 雷蒙(Emil Du Bois-Reymond)的信中表示:“下一季轮到我在军医院驻守,那时我将特别钻研力的守恒问题。”①信中一个决定性的观念是“守恒”,因为这个观念代表了亥姆霍兹撷取自康德作品中的一个基本哲学立场。亥姆霍兹阅读相当多康德的作品,特别是接受了康德以下的观点,即从事科学与寻找科学法则的可能性是存在的,这个可能性是以一个中心假设为基础,也就是所有自然的变化都必须符合一个根本的不变量,必须有个东西一直存在并保持不变,而且能被理智认出;只有在这样的前提下,一种科学的认识或理解才有可能成立。

因此,亥姆霍兹试着寻找一个基础的、不变的、隐藏在所有物理现象之后的“量”,他已然预知到这个“量”可能会是什么,即是使所有运动或变化可能的“力”或“能量”。亥姆霍兹建立了一间实验室,进行有关人体温度现象的实验,②例如剧烈体力劳动后的流汗。1845 年的《肌肉运动时的新陈代谢》是亥姆霍兹发表的第一篇文章,他在文中批判了当时还流行的观点,即人体拥有一种特殊的生命力。根据他的观察,肌肉运动产生了身体的热量,这个观察加上他对“腐烂”与“发酵”的分析让他获得一个具有影响力的看法,一个今天被称为“能量法则”,也就是以热力学第一定律闻名的观点,

---

① 对亥姆霍兹来说,“力”和“能量”两词所代表的意义是相似的,当时这两个词并未清楚区分,今天的物理学家将它们的关系表述为能量(功) = 力 × 距离。

② 亥姆霍兹当然也从事动物实验,并因此牺牲了许多动物的生命,不过我们在这里并不想大肆宣传这件事。

这个观点是1847年亥姆霍兹在其演讲“关于力的守恒”和随后发表的著作《力的守恒》中提出的。

这里出现了两个不寻常的难题。第一个难题有关原创性，因为亥姆霍兹既不是第一个观察到能量无法消灭的人，也不是第一个发表这项观察结果的人。1845年，来自海尔布隆[Heilbronn，译注：位于德国西南部巴登－符滕堡州]的医生尤利乌斯·罗伯特·迈尔(Julius Robert Mayer)就已经谈到能量的可转变性，甚至计算出“热功当量”。“热功当量”是指机械做的功(运动)如何变成热(汗)。不过，我们并没有在亥姆霍兹的著作中发现他提到迈尔，因此不久之后就有人认为还不到30岁的亥姆霍兹是有意如此做的，但是亥姆霍兹正直的人格似乎有力地反驳了这样的指控。在此我们不想就这一点继续追踪下去，因为亥姆霍兹的注意力这时正被第二个难题吸引，而这一点以历史的眼光来看更能引起人们的兴趣。这里所说的是一个较不为人注意却是毋庸置疑的事实，即不久后成为物理学基本原则的能量法则是在同一时期由两个人各自描述出来的，而且这两个人原本从事的职业都与物理学无关——他们拥有相同的职业，也就是医生。

两位科学家都探讨人体产生热量这个课题，①并且获得相同的结论，即必须存在一个不变的“量”。今天我们沿用18世纪的表达方式称之为“能量”，“能量”这个表达方式在18世纪第一次被人使用，它是指一个人所做的劳动或行动。

能量守恒这个自然法则的出现似乎暗示了，一个在人类灵魂

① 迈尔曾经是一名随船四处旅行的医师，他注意到放血治疗时，平时呈现暗色的欧洲人静脉血液(较少氧气)在较温暖的地区就会呈现出类似动脉血液的鲜红色(较多氧气)。

中发生的更深层过程在经历巨大变化之后显现到科学这个表面领域上来。[①] 这个对灵魂的认识能与被浪漫哲学称为“自然的幽暗面”取得联系,就像是似乎隐藏在所有事物背后第二层次的实在。迈尔是这种思想的追随者,而亥姆霍兹则是以康德的思想为出发点,但他不见得是追随著名的启蒙者康德,而是追随那位强调自然背景不变性的自然哲学家康德;康德认为,这个不变的基础足以让我们提出具有普遍性的科学法则。

让我们先将这种玄想放到一旁,回到年轻的医师亥姆霍兹身上。那时的亥姆霍兹清楚地知道其有关能量守恒工作的重要性。他在写给未婚妻奥尔加的信中表示,再过不久——在多做几次实验之后,就可以开始“给书籍市场供应我的作品”。的确,亥姆霍兹很快就因此获得他所期待的来自科学界的承认,他获得一个在柏林的艺术学院教授解剖学的机会。1848 年 9 月,亥姆霍兹在完成军中医院的义务,离开他越来越不喜欢的医疗工作之后,全心全意从事科学研究。不过,一直到他实现梦想——确切说是到 1871 年的复活节,他才能将他的一生奉献给物理学。这时——帝国成立的那一年,亥姆霍兹成为柏林大学物理学正教授,之后又在柯尼斯堡(Königsberg)、波恩和海德堡教授生理学与解剖学。

在柯尼斯堡时,亥姆霍兹专门尝试去测量从产生神经冲动到引起肌肉反应的时间,也就是神经冲动的速度。为此,他必须自行设计制造所需的仪器,一种测量肌肉张力的器具和测量微小时间单位的钟。虽然亥姆霍兹在这里的研究非常成功,但是他的妻子却无法忍受东普鲁士的天气,感染了结核病,因此,亥姆霍兹希望

① 关于这一点,在此我们只能略加触及,较详细的介绍请见本书中讨论开普勒的那一节。

转到偏南方的大学，于是他们在波恩短暂停留，最后到了海德堡。当他在1857年到巴登（Baden）时，对他的妻子来说已经太晚了，没多久她便留下亥姆霍兹和两个小孩撒手而去。1861年，亥姆霍兹再婚，对象是一位教授的女儿，名叫安娜。

从科学方面来看，亥姆霍兹在海德堡这些年特别专注于视觉作用的研究，并且完成了三卷伟大的《生理光学手册》（*Handbuch der physiologischen Optik*）。① 他在这部作品中全面探讨了颜色理论，采用三个一直到今天都还被使用的变数——色相、纯度和明度——来刻画特定的颜色。亥姆霍兹也是第一个较清楚区分不同形式颜色混合的研究者。他指出，如果将黄光和蓝光混合（正混合），得到的结果会不同于黄色水彩和蓝色水彩的混合（负混合）；不过，若是说到混合本身涉及的内容，亥姆霍兹还是跟随着那个时代科学界的想法。自从19世纪开始，人们便假设存在着三种基本颜色，这三种颜色可以混合出所有颜色，亥姆霍兹认为这三种基本颜色就是红、绿与蓝紫色。②

---

① 亥姆霍兹还是个年轻的医师时，就对眼睛这个器官感兴趣并加以研究；众所周知，他曾发明后来眼科医师必备的检验镜。亥姆霍兹利用玻璃反射和透光的双重特性制造这种仪器，他让光线从一个放置在侧边的光源射出，首先达到一片斜置的玻璃，经过反射，光线会透过瞳孔到达眼睛内部；紧接着光也会穿过这片玻璃，在此观察者便可进行观察。由于眼睛结构的光学特性，眼睛底部的影像会被放大，而观察者观察到的视网膜和位于视网膜下面的血管会透出红润的微光。亥姆霍兹以猫为实验动物——因为猫拥有对光特别敏感的视网膜，在那些起初不相信他的同事面前检验这种效应。我们还应该知道的是，当时检验镜的光源是烛光。

② 如我们在麦克斯韦那一节看到的，“三色说”这个观点可以追溯到英国科学家托马斯·杨。今天人们将具有加成性质的基本色（红、绿、蓝）和具有抵消性质的基本色（青蓝、黄、苯胺红）区别开来，后面这一组“三色”的用途之一是用于彩色影印。

亥姆霍兹对视觉的研究也被长久以来存在着眼睛和耳朵两种感觉机制的类比引导着，上述颜色感觉的三个变数就是类比声音中的三个因子，即音量、音高与音色。声学现象和色彩感受的差异主要在于，眼睛无法分辨混合颜色的成分，耳朵却有能力分辨任何一个音的成分，以亥姆霍兹在1857年所说的话来说就是：

> 眼睛无法区别混合的颜色，无论这个混合颜色中的基础颜色是否以简单或不简单的周波关系组成。这里并没有像耳朵感受到的那种和谐，没有音乐。

亥姆霍兹对生理光学的阐述相当全面，他的《手册》也非常成功地确立了这个领域的教学研究发展方向，特别是其英文版，引起了巨大的影响。亥姆霍兹清楚地知道，并不是所有光学现象都能直接以物理法则或化学规律来理解。例如，针对光学造成的感官错觉、深度洞察或者颜色稳定性的问题，亥姆霍兹就认为必须追溯至心理或心理学；而这个对非物理式解释必要性的认知对一个狂热追求因果性的研究者（如亥姆霍兹）而言，一定是一种震撼。基于这个理由，亥姆霍兹拒不接受一些心理学家发表的对颜色的看法。例如，黑林（Ewald Hering）就说，对他而言，物理学家是否能合成黄色根本没什么意义，他认为黄色对每个人来说都是一种“纯粹的感觉”；既然黄色不是由其他颜色混合而来的，那么自然科学家就不能以三种颜色，而必须以四种颜色——红、黄、绿、蓝——来工作了。①

---

① 以下内容在今天已被视为众所周知，即眼睛里有三个颜色感受器，但是脑中却有四种特殊的神经细胞能感受到上述四种颜色。就颜色而言，亥姆霍兹和黑林在这里都是对的；同样地，物理生理学和心理生理学也都是正确的。

不久,亥姆霍兹对生理学或其中困难的生物物理学部分感到不满,所以将较多的注意力转移到经典物理学上,这当然也是因为和他所在的地方柏林有关。亥姆霍兹50岁时终于来到首都柏林,他对帝国的建立及其祖国感到骄傲,因为他曾在之前的战争中以野战医院负责人和野战军医[沃耳特(Wörth)战役]的身份积极参与。不过,他后来在1848年革命时表现出来的冷漠与这时对政治的兴趣截然相反。对亥姆霍兹而言,进步概念只有在自然科学的范围中才有意义。在政治态度的取向上,我们必须认为他是个较不自由且趋于保守的人。亥姆霍兹非常注重隆重与庄严。例如,他的妻子安娜注意到,他在演说时绝不让爱说笑的人以其幽默和愉悦干扰演说的严肃与庄严。来自维也纳的科学家玻尔兹曼——后面我们还会有一节专门介绍他——非常喜欢开玩笑,他曾告诉别人,在他拜访"物理帝国的宰相"时,原本想以其习惯的语气说话,但是亥姆霍兹的妻子提醒他:"你这是在柏林呢!"而"亥姆霍兹的一瞥"的确也让玻尔兹曼约束了自己的行为。

在德意志的首都,物理学家苦苦思索许多严肃的问题,但是亥姆霍兹却想重新证明因果性在任何领域都具有无限制的有效性。声音的和谐、颜色的美学不用说,当他遇到流体力学时也探讨了流体力学的问题;在光的传播问题上,他也研究了电动力学这个主题。亥姆霍兹在柏林的名声达于顶点之际已经超过50岁了,因此他必须继续努力——尽管有无数工作讨论着许多专家感兴趣的细节,如"电化学元素的电动力"或"经过浓度差异产生的直流电流"——以期掌握一直出现的新领域中的新思想与新观点,同时给予这些新观点应有的承认。日渐年老的亥姆霍兹的最伟大事业之一,就是向他的天才学生赫兹提出了重要的问题;他并没有亲自向赫兹提出这个问题,而是将这个问题提供给位于柏林的普鲁士科学院,作为有奖征答。亥姆霍兹于 1886 年想出来的这个题目是,电磁现象能否导致非导体的极化现象(也就是将电荷区分开来)? 1887 年 12 月,赫兹提出一个不算简单的解答,却成功制造出电磁波,也就是今天用于接听广播的电磁波;他的成功是因为他利用了麦克斯韦的原则以及亥姆霍兹针对此原则修改的电磁场理论。

当这个令人兴奋的实验正在进行时,亥姆霍兹的兴趣非常明显地已转向哲学问题,他专心思考并撰写了以下作品,如《医学中的思想》(*Das Denken in der Medicin*)、《归纳与演绎》(*Induction und Deduction*)和《感官知觉的事实》(*Die Tatsachen der Wahrnehmung*)。亥姆霍兹特别感兴趣的是自然科学的经验如何建立或观念如何形成。对此,他有着很妙的想法:所有的感官知觉都可以被解释为一种"给意识的信息";也就是说,当感觉刺激以神经冲动的形式传入脑中时,便会在那里被感觉到而成为感官知觉。以这种方式来看,"感觉"就变成一种象征,"感觉"的作用——根据亥姆霍兹的说法——就是会形成一个象征的世界,观察者在其中重新寻获真实世界的结构。

尽管偏爱哲学推理,亥姆霍兹还是提醒自己和同事不可过度夸大这部分工作;若是过分强调,如他于 1869 年所说的,"最后会造成去道德化",他认为这个"去道德化"会"使思想变得毫无原则并模糊不清"。他又说:"我想先花一些时间通过实验和数学重新训练思想,过些时候再来处理感觉的理论。"

当人们说亥姆霍兹掌握了他那个时代的科学时,也许只展现了铜板的一面,其实他的时代也同样控制了他。因为从他那些超出物理细节的著作中,我们认识的是一个对其从事的科学之"质"和"精密"性质没有丝毫怀疑的 19 世纪的人;对这些人而言，科学的"准确性"超乎一切。亥姆霍兹企图切割所有事物，并且将对事物的理解追溯至物理学，把一个全面的因果性作为礼物送给这个世界。他非常肯定，无论是对他或是其他人，他指出的这条路都是正确的。随着他的自我意识产生了一种科学家于19世纪后半叶所经历的情况，也就是研究逐渐变成一种专业计划，计划中包括越来越多专精的领域和越来越多更优秀的专业人才，而这些专业人才也开始被社会接受。工业革命已经产生了影响，它让很多化学家、物理学家与医疗人员走上领导岗位，甚至成为企业家。

当时的科学家得到的社会承认是多么崇高，我们可以从亥姆霍兹离开海德堡时举办的一场宴会中一个与会人员的回忆清楚地感受到。他回忆道：

> 所有参加者都不会忘记他（亥姆霍兹）或其他人在那里说的话，可是，所有人也都有那种感觉，即那位杰出的德国思想家和研究者是与建立德意志帝国的伟大政治家和天才统帅同属一群的。

因此，这位新任的物理学正教授是与皇帝威廉一世、宰相俾斯麦和统帅毛奇并列的。的确，在那样的场合是没什么玩笑可开的！

第二节　孟德尔：花园中的物理教师

格雷戈尔·孟德尔从容不迫地花费许多年进行他于1866年发表的论文《植物杂交实验》（*Versuche über Pflanzen-Hybriden*）中的实验，著名的遗传法则就是来自这篇论文，而这篇论文也让一场生命科学革命的发生成为可能。不过,孟德尔之后的研究者数十年后才开始注意并懂得利用他的研究成果。遗传学的发展一直到20世纪才真正步入轨道,它的历史开始于1901年,遗传定律在这一年——超过30年的延误之后——重新被发现,[1]教科书中也都将此发现归于孟德尔,因此以他的名字称之。经过多年的考验,孟德尔遗传定律[2]一如过去仍是中学教科书的内容,学校仍然希望学生能——至少以最简单的形式——了解并解释孟德尔遗传定律。

在今天,虽然提到遗传定律便与孟德尔脱离不了关系,但孟德

---

① 这个故事应该还很有名:1900年后不久,孟德尔定律(请看下面相关注释)同时被三位生物学家"重新发现"。经过详细的文本分析,大部分人认为这三位生物学家德弗里斯(Hugo de Vries)、切尔马克(Erich Tschermak)和科伦斯(Carl Erich Correns)是为了避免优先权的问题才将此发现归于孟德尔。不过,这个解释并没有抓住真正吸引人的问题,即为何到1900年才突然了解孟德尔30年前就已经知道的事?此前并非没有人读过孟德尔1866年那篇作品,事实上1900年之前就已经有许多人引用孟德尔的文章,只是他们并未真正了解孟德尔的理论;至于无法理解的究竟是什么,我们随后会尝试提出解释。

② 如果要清楚彻底地说明,孟德尔定律共有三条,这些定律总是让首次接触的读者感到不易理解:1. 具有一个相异遗传因子的两纯系个体交配,子一代个体中相应的性状会呈现杂交型,也就是子一代的所有个体具有相同的基因组成(基因型)[译注:回想一下生物课本中的AA×aa]。2. 将子一代(本身为杂交型)个体相互交配,子二代中便会出现不同的基因型,它们出现的比例根据重组的法则为1:2:1[译注:Aa×Aa]。3. 若具有不止一个相异因子的个体相互交配,则每个因子的分配相互独立[译注:AaBb×AaBb]。若知道这个过程与被称为基因的遗传因子相关,也明白基因来自亲代,且在精细胞和卵细胞形成时分离,最后于卵受精时重新混合,则孟德尔定律就能用较简单的方式描述了。这也就是说,孟德尔发现这些成对基因能够自由分离或分开(分离律)进入配子,然后在配子结合时又自由地组合(自由组合或独立分配律);即对偶基因(例如Aa)在配子形成时彼此分离,但非对偶基因则彼此独立(例如Aa的分离与Bb无关)。

尔若是知道自己被尊为“遗传学之父”，肯定会丈二和尚摸不着头脑，因为他想处理的实际上并不是所谓的遗传问题，至少第一眼看来不是。“遗传”这个字眼在他的《植物杂交实验》中只出现过一次，而且一直到第136句才出现，句中他提到“绿色”并不会遗传。[①]孟德尔在修道院花园中进行的实验到底有什么目的，可以从一篇报道窥探究竟。1865年2月9日，《布吕恩日报》(*Brünner Tagblatt*)刊载了一篇关于自然研究协会于前一日举行集会所发表的文章，孟德尔便利用这个机会向报纸读者说明，他那篇“植物学家应该会特别感兴趣的长篇演说”的不凡价值，就在于“植物杂交……总是倾向于回到原始的亲种”。换句话说，孟德尔的实验应是指出，经由交配(杂交)产生的植物的表现型在代代之间并非恒定，而是倾向于再次表现出起始亲代的性状。

根据这样的说法，也许我们会怀疑在此是否有人想反驳发展(进化)的可能性；不过，即使孟德尔怀有这种企图，也没有人如此理解他。所有提到孟德尔的生物学家都对他的工作赞赏不已，说他以实验方法让我们了解藏在植物体内的运作机制，并以量化手段阐明性状的传递，也就是遗传的现象。孟德尔的实验方法经后人一再改进，最后才有遗传学的诞生，并发展成今天一个极令人期待也具争议的研究领域。

的确，目前人们狂热地进行遗传学研究，为数众多的科学家参与其中，许多研究甚至已经进入锱铢必较的商业阶段，种种投入俨然就像新世代的采金热潮，这与孟德尔当时那种缓慢沉静的作风实在有天壤之别。这个科学与商业渴望的中心要角正是众所周知

---

① 感谢瑞士的埃利(Martin Egli)向我指出这件有趣的事。埃利对《植物杂交实验》做了非常详细的分析，他的分析成果应该发表于《曼海姆论坛》。

的“基因”①，但是孟德尔并未使用“基因”一词，尽管是他发现真的存在这样的遗传因子（基因），并借由计算它解释一些遗传现象。如果一定要用一句话来表达孟德尔的发现对我们的意义——或许和孟德尔的意图相违背，那也许可以说：孟德尔发现遗传以微粒形式进行，也就是存在着颗粒状的遗传“因子”从亲代传递到子代，而众多因子在传递过程中可以自由分离并各自结合，孟德尔定律则是对此过程的量化描述。

“因子”（Elemente）——孟德尔如此称呼他所掌握与追踪的遗传单位；此外也有人常说，对生物学家而言，今天我们称为基因的因子就像古代的物理学家所说的原子一样。原子是物质的构成基础，它无法被掌握，也不可见地存在于元素内部，而且是不可被分割的；基因则是生命的构成基础，它无法被掌握，也不可见地存在于生物内部，而且是不可被分割的。

当然，无论是原子或基因，这样的说法今天都已经过时了，但是这里触及的物理学与生物学的关联在孟德尔的例子中是相当重要的，因为我们可以合理地猜测孟德尔正是从其主修的物理学出发才获得成功，进而促使遗传学于 1865 年诞生。特别是当时一个逐渐获得承认并流传开来的想法影响了孟德尔，即原子并非只是物理学中一个深受青睐的假设，而是真实的存在，物质的确可由原

---

① “基因”这个字眼于 1909 年由丹麦生物学家约翰森（Wilhelm Johannsen）提出。约翰森的“基因”具有一种计算单位的意义，它可以帮助记录（豆类）杂交实验的结果；不过，我们今天说到“基因”时指的是其他的意思，也就是一种由 DNA 组成的分子结构。我们并不十分清楚原有的基因概念与今天对基因的定义之间的关系，因此我们也可理解，有人主张只存在着“基因”这个字眼，而无真正稳定、相对应的内涵；当然，孟德尔那时并没有这样的困扰，所以这个问题在此先存而不论。

子组成。

孟德尔接受的基础教育基本上是物理学,而他接受的教育比一般人对奥古斯丁修道士所想象的还要完整。1843 年,布吕恩修道院院长选定了当时 21 岁的见习修士孟德尔为预备物理教师,将他送至维也纳大学学习。或许孟德尔患有考试恐惧症之类的毛病,总之他参加了两次教师资格考试都没通过,于是修道院又提供另一个机会给他,让他能够沉湎于科学之外的爱好,也就是他从小在家乡便已熟悉的园艺工作。就是在修道院的花园中,孟德尔开始了从四处旅行的商人手中搜集并栽植各类植物的工作,直到适合实验的植物出现为止。不过,我们绝对不能认为孟德尔在修道院中过着与世隔绝的生活,他经常离开修道院到外地参观以开阔眼界。例如,1862 年他为了参访一场工业展到了巴黎和伦敦,另外也多次参加德国养蜂人协会举办的活动(为了他的另一项嗜好——养蜂)。

1865 年 2 月 8 日与 3 月 8 日在自己成立的布吕恩自然研究协会举办的演讲中,格雷戈尔·孟德尔神父两次将他在修道院花园中进行多年的植物实验结果公之于众。今天,孟德尔那篇 1866 年于布吕恩自然研究协会会议记录中发表的《植物杂交实验》虽然名列科学经典著作之林,但是人们需要 30 多年的时间才能了解这篇论文并评估其影响;待科学界准备妥当时,已经是 20 世纪的开始了。

时代背景

对科学界而言,1822 年是多产的一年,除了那时还叫作约翰的孟德尔之外,还有法国细菌学家巴斯德(Louis Pasteur)、德国物理学家克劳修斯(Rudolf Clausius)和法国数学家埃尔米特(Adolphe Hermite)诞生;此外,《天文学报道》(*Astronomischen Nachrichten*)也在这一年创刊,夫琅和费发现恒星光谱中一条不同于太阳光谱的线,并以他的名字为其命名。1824 年,英国政府颁布法令确定“码”的长度(即摆动时间为 1 秒的单摆长度,约 91.4 厘米)。一年后,斯蒂芬森(George Stephenson)的火车第一次载运人员与货物;同年,居维叶(Georges de Cuvier)公布其关于地球的灾难理论。1826 年,奥尔贝斯(Heinrich Olbers)表述了一个与“夜晚为何黑暗”相关,并以其名著称的矛盾论点:若星球在无垠的宇宙中平均分布,夜空为何是黑暗的? 1827 年,威廉·冯·洪堡(Wilhelm von Humboldt)男爵开始一系列关于天文学的普及演讲;两年后,他的弟弟亚历山大踏上前往西伯利亚的研究旅程。

1838 年第一次出现生物由细胞组成的概念,天文学家贝塞尔确定太阳系之外星球的距离,数学家泊松(Siméon Denis Poisson)发表了一个概率理论,李比希则奠定了农业化学的基础,并提出了著名的发酵理论。1865 年,当孟德尔正式发表其著作时,瓦格纳谱写了《崔斯坦与伊索德》(*Tristan und Isolde*),马奈 (Édouard Manet)完成了《奥林匹亚》画作,刘易斯·卡罗尔(Lewis Carroll)写下了《爱丽丝漫游奇境记》,克劳修斯则创造了“熵”这个概念,并提出了热力学第二定律。孟德尔逝世时,工会在法国合法化,鸟类学家举办了第一次国际会议,特斯拉(Nicola Tesla)发明了交流电动机,魏斯曼(August Weismann)将体细胞与生殖细胞区分开来,斯宾塞(Herbert Spencer)则建议人类社会应当严肃看待“适者生存”这个原则,并且让成为社会负担的人死去;同一年,美国决议将经过格林尼治的经线命名为零度线。

人物侧写

孟德尔出生时叫作约翰,直到献身成为神职人员后才叫格雷戈尔。1822 年,孟德尔出生于当时属奥地利,如今属捷克的海因岑多夫(Heinzendorf)的一个小农家庭,虽然家境贫穷,父母还是让他接受较高等的教育。1843 年因家贫辍学后,年轻的孟德尔决定到布吕恩的奥古斯丁修道院当修士。① 孟德尔以当时海因岑多夫的主教施赖伯(J. Schreiber)为榜样,因为他不仅是教区民众的心灵导师,也非常关心当地农业的发展。在接受一些神学训练之后,孟德尔于 1847 年成为修士,其沉静的工作态度和对科学抱持的开明见解引起修道院院长纳普(Franz Cyril Napp)的注意;纳普不仅在当地的农业促进协会扮演重要角色,对遗传问题也相当感兴趣。重视科学的纳普院长给孟德尔机会成为科学家,将孟德尔送到维也纳大学,希望他能学习物理学。② 可惜,如前所述,孟德尔并没有通过教师资格考试,因此一直到 1868 年都只是所谓的"临时教师"。这一年,孟德尔被修道院推举为院长,从此管理和行政工作剥夺了其大部分从事科学研究的时间。在发表《植物杂交实验》之后,孟德尔特别专注于蜜蜂繁殖的问题,但是并未得到特别的结果。这个没有结果的动物学实验令他心灰意冷,再加上 1865 年发表的文章并没有引起回响,也没有获得学界的承认,更让他产生放弃研究的念头。不过,孟德尔深信其研究发现的重要性,1883 年,也就是他过世的前一年,他告诉下一任修道院院长:

---

① 奥古斯丁教派成立于 1256 年,创立者因受圣奥古斯丁(354—430 年)著作的启示而以圣者之名立派。奥古斯丁教派并没有隐遁修道的义务,但是鼓吹追求知识的智性活动。1802 年皇帝谕令规定,布吕恩的奥古斯丁教会必须承担起当地教育事业的任务。

② 孟德尔跟随的教授并非泛泛之辈,而是今天大家熟知的"多普勒效应"的提出者多普勒(Christian Doppler)。

> 我非常满意自己科学上的工作,并且确信我的研究成果将会获得全世界的承认,这一天指日可待。

大家都知道,这一晃便是30多年。我们必须对当时的人无法理解孟德尔的工作作出解释,必须说明为何“孟德尔定律”在20世纪初同时被三位科学家“重新发现”。在分析这两件事情的原因之前,我们必须先仔细看看孟德尔到底做了什么,其研究工作依据的基础又是什么。

我们可以从三个方向来理解孟德尔的工作,这三个方向为:孟德尔开始进行杂交实验时想知道些什么?什么因素让他的研究方法如此成功?孟德尔和当时其他科学家的不同之处在哪里?

我们先从最后一个问题开始回答,因为这个问题可以用一个流行观念来解释,即“跨学科研究”①。孟德尔既非物理学家,亦非植物学家,更不是生物物理学家,我们可以说他是自然科学家或自然研究者;②也就是说,他并不将自己限定于一门学科之内,而是以问题为导向,因此虽然提出的是一个生物学问题,却是以当时物理学的严密精确与善用假说进行研究的方法来解决。③ 孟德尔从物理学家那里学到的非常多。例如,存在不可见的组成物质基本要素(原子),使物质具有颗粒状的基本结构;另外,因为原子的数目

---

① 简单举个例子,跨学科研究就是某些问题(如环境污染)的解决不再以各个单一学科为导向,而是需要众多学科合作,也就是以问题为导向。

② 当然他也是一位神父,是一名奥古斯丁修士,只是这些身份对这里讨论的科学问题较不重要。

③ 类似的情况于20世纪中期又出现一次,即具有物理学背景的德尔布吕克解决了一个生物学问题,并且为分子生物学奠定了基础;也就是说,古典遗传学与分子遗传学的诞生都得益于物理学家将他们的方法应用到生物学问题上。

极多，不可能一一探究单一原子的性质，因此必须具有整体的概念，并以统计方法评价原子表现出的整体结果。

这样的见解今天听起来平凡至极，但是在当时却颇具原创性，孟德尔的天才正是在于他能体会进而使用这个看起来简单的观念；此外他也清楚，若是最后想用统计来掌握“许多”实验结果，则实验中最多应该只改变“一个”变数。所以，当同时代的植物学家尝试分析不同植物及其子代时（他们并没有获得很好的结果），孟德尔却选定“一种”植物（豌豆），尝试分析它的子代，而且数量越多越好，如此才能获得我们今天统计术语中所谓的“显著”结果。孟德尔了解所谓“偏差”现象，实验若是要准确，就不能分析任意的单一数值，而是应该重视平均值。

上面的说明或许可以解释孟德尔“如何”找到通往目标的道路，但是却无法厘清他要找的到底是“何物”（以及同时代的人为何不跟随着他的方法）。

然而，到底是什么东西引起孟德尔如此大的兴趣，让他愿意花费 8 年时间进行植物杂交实验？① 如果想知道，我们就必须阅读他的论文，特别是尝试了解论文题目的含义。通过题目，孟德尔清楚地告诉读者他的意图，也就是做一些“植物杂交实验”，论文的第一页就已经解释为何要进行这种费时的实验。实验如此费时是必要的，因为“这样才能一举解决一个不可低估其重要性的有机生物形式发展历史问题”。这个问题就是，大自然为何会产生许多变异现象或变种，这样的多样性从何而来？

---

① 根据《杜登字典》（*Duden*）［译注：德文字典名，其地位一如英语世界中的《牛津字典》（*Oxford*）］的解释，“杂种”（Hybrid）指一个经由杂交而产生的植物或动物个体，其父本与母本生物之间必须具备许多相异的遗传性征。

对当代的读者而言，这种说法很像是在谈论进化问题。孟德尔所说的究竟是生物个体的发展，还是已经有达尔文式种系发生的观念？[1] 如果我们仔细分析，便能接受以下的解释，也就是孟德尔试图解释当时动植物栽培者获得的成果——众多新品种动植物的产生。园艺家和动物饲养者进行人工选种的实践工作，孟德尔则是寻找理论来说明他们成功的理由。

1852 年，孟德尔在维也纳学习时便接触过“进化”观念，他上过当时对“进化”问题感兴趣的植物学家翁格尔（Franz Unger）的课。翁格尔想出一个尚不成熟的“进化”理论，依据他的进化理论，族群中会出现变异的个体，这些变异个体先形成变种，之后为亚种，最后则发展出新的物种。在此，我们可以不必对翁格尔的想法字字推敲，因为他只是提出一个模糊的想法，许多细节自己都还不明白（一直到孟德尔的工作之后才清楚）；然而，翁格尔理论的重要性在于他指出一个可行的研究方向，即研究“形状”（例如不同种类的水果）的发展和发展的可能性，而孟德尔也正是从翁格尔的理论中得到了实验的灵感。

现在孟德尔需要的就只剩下合适的实验材料了。根据长期的园艺经验和考虑，孟德尔决定采用学名为“Pisum sativum”的豌豆为实验材料，并将选用豌豆的理由写在 1866 年发表的论文中。他说合适的实验植物必须：

---

① 孟德尔知道达尔文的著作，例如在其 1869 年的文章中便出现过“达尔文式学说”这样的字眼；当然，那时的孟德尔是以“转化变形”（Transformation）来理解我们所谓的“进化”观念。此外，孟德尔曾经寄了一份 1866 年的论文给这位伟大的英国学者，虽然达尔文懂一点德文，却显然连拆也没拆过孟德尔的信；在达尔文留下的档案中，我们还能找到这封没被读过的信件。

> 1. 具有稳定却相异的特征；2. 杂交植物在开花授粉期必须能避免不同种植物花粉的干扰，或是很容易防止外来花粉接触实验植物；3. 杂交植物及其子代的生产力在经过数代之后不得有显著减低的情况。

而且他也告诉我们：

> 一开始便是因为豆科植物花的结构特殊，因而特别注意豆科植物。在试验过几种豆科植物后，我发现"Pisum"这一属符合所有要求。

目前，大家都同意孟德尔在发表实验结果前其实已有一个理论解释豌豆的遗传现象，经典的实验只是为了证明这个理论。① 无论孟德尔当时知道的是什么，对同时代的人而言肯定难以理解，整个社会似乎一直要到20世纪才能接受他的想法。在我们解释这个原因之前，还要先对《植物杂交实验》的内容做些简单的整理和介绍。

在决定选用豌豆为实验植物之后，孟德尔便从当地的种子商人处购得34个豌豆品种，并培育两年使之成为纯系。在这两年的实验中，他发现有22个株系的性状稳定，然后又选定7种性状作为观察性状在代间传递情况的指标。这7种性状分别是：成熟种子

---

① 1935年左右，族群遗传学家费希尔(Ronald A. Fisher)指出，孟德尔的数据完美得令人起疑，他的抽样调查样本中只有5%的数字统计结果表现出其理论所提出的比例。当然，孟德尔作假的可能性并不大，因为我们可以想象得到，如果人们都是用肉眼来判断未成熟豆荚的颜色是黄或绿，则对一些特征较不明显的豆子归类都有自己的判断标准。不过，孟德尔知道遗传因子是毋庸置疑的，问题只是：他从何处获得这样的知识并且如此确信。

的形状(圆的、有棱角的或皱的)、子叶的颜色(黄或绿)、种皮颜色(白或灰)、成熟豆荚的形状(成拱形膨胀状或于种子间成收缩状)、未成熟豆荚的颜色(绿或黄)、花位(侧位或顶位)、茎长(高或短)。

当然,孟德尔大可再多找几项豌豆的特征,但是他认为这样并“不合适”,因为一些性状的分配并不是如孟德尔预期的那样;不过,这样的结果至少暗示孟德尔知道自己在寻找什么。根据现代科学的语言,我们可以说孟德尔所选的性状都是由存在于不同染色体上的遗传因子(基因)决定的。事实上,孟德尔也无法再找到另外一个独立的性状了,因为豌豆只有 7 条染色体,其他任何性状的出现都可能令他束手无策,因为会牵涉一个今天我们称为染色体“重组”或“交换”的过程,对此我们不打算深入探讨。

当孟德尔提到“勇气”时,肯定包括“进行一项规模宏大却并非无限制的任务”,因为他认为勇气不只是 8 年来对 28 000 株植物进行交配实验,并计算所要观察性状代间传递情况的坚持,也代表研究者必须知道自己的条件限制,适当地克制好奇心,才能真正从所有观察记录中得出有意义的结论。孟德尔的确贯彻了这一点,他在所有的实验与观察记录完成之后真的提出一个“假说”;如他所称,这个“假说”能够解释豌豆的质性是如何获得的:

> 两株植物具有不同的性状最后必然归因于其因子性质与部署的差异,而因子存于各自基础细胞之内,并能产生具有活性的交互作用。

如果我们先不考虑今天称为干细胞的“基础细胞”,孟德尔的句子中便出现一个对基因(因子)的正确叙述。当然,我们不能说一个基因会导致某一性状,只能说基因之间的差异会导致性状之间的差异。例如,孟德尔的基因逻辑中并没有基因与豆荚颜色或茎长相应的基因,只有基因的变异,而此变异才导致豆荚颜色或茎长的变异。

除了正确的逻辑之外,孟德尔还带给我们一种基因代数学:通过简单因素组合所产生的数字关系,代数定律便跃然而出。在此,我们不打算深入数字迷宫,而是要回到之前的问题,即:究竟是什么因素让孟德尔同时代的人无法理解他的想法?如前所述,孟德尔真正的发现其实可以用一句话来表达,那就是:遗传以颗粒状进行,细胞内的细微颗粒决定或影响生物体的外在性状。① 对我们而言,这样的见解是那么简单(希望如此),但是对 19 世纪其他的研究者而言则是相当困难,甚至要到 20 世纪 20 年代,孟德尔遗传与基因的图像才完全被学界接受。

对孟德尔学说的最后抵抗——如果要这么说的话——来自胚胎学家。如孟德尔一般,他们也追踪"生物体的发展史",但他们就是无法想象生物界中令人难以置信的丰富多样性,或者说受精卵细胞成为完整生物体的过程,怎能只归因于遗传中的一些小颗粒?当时人们认识的有机物质或生物分子似乎还太简单,无法解释自然界中无所不在并且让研究者印象深刻的复杂性,因此需要有一个精巧细致的解决方法,研究者的眼光朝向流体物质,如原生质或血液。数百年来,生物学家思考生物体的本质时都偏好将本质归诸流动的物质,因而忽略了固态的性质。例如,疾病是体液失去平衡所致,因此要以放血或灌肠的方式治疗。

连续性是很重要的,这对遗传也一样。连续的事物中特别明

① 众所周知,孟德尔也注意到每个体细胞都拥有两个来自不同版本的遗传单位(基因),他依照特性将它们区分为会表现出自己特性的(显性)与克制自己特性的(隐性),到今天我们仍如此区分。

显的就是液状的血液，这也难怪一般人会高估血液的重要性了。另外，当时的物理学界亦正将注意力集中到连续性观点上，法拉第和麦克斯韦分别发现了电场与磁场，指出空间中均匀布满力线，而且没有什么是永恒不变的。因此，在连续性观念盛行的时代，接受原子式观点对许多科学家而言是较困难的。即使在物理学界，如是否真有间断的原子个体存在也一直存有极大的争议，支持者如物理学家马赫（Ernst Mach）一直到20世纪都还在为这个问题奋战。

这也就是说，孟德尔时代的思潮是“连续”，“非连续”或“间断”难有立足之地。正是在这种情况下，孟德尔必须将他的“因子”介绍给他的听众，期待他们接受。听众或许了解孟德尔关于豌豆的工作，却无法真正接受这样的概念成为一切现象的解释。他们也许能从“纯知识”的角度理解孟德尔，但是自己原先抱持的信念却并未因此松动，也无意加入孟德尔的行列。

经过一段艰难的奋斗，“间断”的观念终于在20世纪初期在科学界扮演了一个基本的角色，量子力学的兴起①让物理学家以基础的“非连续性”重写了经典物理学描述的世界图像。同一时期，在视野或思想中，生物学界也注意到一个间断、非连续的量，由此，遗传规则对每个人来说都突然变得容易理解。这里指的量是“突变”，也就是基因的变异造成植物或果蝇外形一种“跳跃性”的改变，而这些现象或改变在代间传递所显示的关系正与孟德尔于1866年发表的论文中描述的一样。②

---

① 量子力学会在爱因斯坦和玻尔那一章中介绍。

② 特别是在果蝇“Drosophila melanogaster”身上偶然出现的突变，给20世纪初的遗传学家提供了一个成为孟德尔的追随者的契机。

“基因是颗粒状的”这个简单明了的说法应该毫无疑问可以得到概念原创者——也就是孟德尔——的赞同，但是这并不暗示基因永远是固定的，它必须像科学家企图掌握的那般保持动态。如果孟德尔在晚年能修正看法，采取“连续”与“间断”的中间立场，也许他能借由达尔文的观点推论出一个乍听之下自相矛盾的说法，即：基因同时具备固定与连续的性质。基因必须是固定的，以便传递生物作为生活在世界上的个体所应具有的特质；但是基因也必须具有流动性，如此才可能适应环境存活下来。

任何对孟德尔感兴趣的人都该去趟布吕恩，亲睹那座矗立在修道院花园中的雕像。这座孟德尔雕像完成于1912年，过了80年才重新整修。在1992年整修前，这座雕像和修道院花园都是一片破败之相；之所以如同废墟，是因为第二次世界大战期间在此发生的一个悲剧。1945年5月，大约3万名布吕恩的德国人被集中到孟德尔的花园，然后踏上前往奥地利的“布吕恩死亡游行”之路；在经过捷克共和国的波霍热利采（Pohorelice）时，许多人死于街上。今天在花园中丝毫感觉不到这里曾经上演过一场战争悲剧，我们只看到一座崭新的孟德尔雕像矗立在整修后的修道院前。修道院内还有一间孟德尔纪念室，给参观者提供一些遗传学发展初期较不为人知的资料，光看这些资料实在料不到遗传学的发展会对今天的世界造成如此深远的影响。

第三节　玻尔兹曼：为“熵”而战

1906年，玻尔兹曼以自杀的方式告别人生舞台，同为奥地利人的哲学家波普尔猜测，才60岁出头的玻尔兹曼之所以如此绝望，背后一定藏有更深层的原因。玻尔兹曼并没有身体上的缺陷，而他从事的物理学也正进入一个令人振奋的新阶段：爱因斯坦才刚刚发表关于空间与时间的狭义相对论，原子的量子理论也逐渐获得学界关注。尽管如此，玻尔兹曼还是在一次前往杜伊诺（Duino）的度假旅游中陷入了极度忧郁。根据波普尔的看法，这应该与玻尔兹曼工作不顺有关，因为当时的玻尔兹曼尽了全力还是无法导出他想象中所谓的热力学第二定律。① 热力学第二定律涉及的是时间的方向问题，当时只要有人能在经典物理学领域中提出证明，便能为无法返回的时间之矢提供客观的论点；关于这一点，玻尔兹曼认定时间只能往一个方向行进——也就是往前。

19 世纪末，玻尔兹曼相信自己根据纯数学与无可争议的假设证明了这一点，但事实上他的工作遭到严厉的批评，因此必须为自己的证明辩护。他在 1896 年一篇著名的辩护文章中写道："对于作为整体的宇宙而言，时间方向'往前'或'往后'是没有差别的。"时间方向的差异只是"为生物可以生活于地球上"而存在。玻尔兹曼的辩护躲避了原先其他人批判的客观证明，采取主观假设的手法；他虽然因此开启了一道通往主观物理学的门缝，这种观点却还是逐渐让他无法承受。如果我们宣称熟悉这种想法，只是因为我们先后受到量子理论和以人类经验为原则的影响。② 玻尔兹曼当时对这种矛盾无法释怀，正如波普尔过世前所说的："他的忧郁与

---

① 热力学第一定律即能量守恒定律，我们已在亥姆霍兹那一节介绍过了。除了第二定律之外，还有一般人所谓的热力学第三定律。根据第三定律，温度是不可能达到绝对零度的。这三个定律在学生之间流传着有趣的说法，大致如下：一，在生命的游戏中，你不可能赢得任何东西；二，你只会输；三，即使如此，你也无法喊停。

② 量子理论将在介绍爱因斯坦与玻尔时讨论。以人类经验为原则是指自然的恒定性必须以生命能够存在其中为前提，由于是我们在观察宇宙，因此知道宇宙中的力并不能以任意的大小存在，是我们的存在创造了条件。

自杀可能和这个观点有关。”

以上的分析有一点无论如何都是正确的，那就是玻尔兹曼当时无法解决一个统计力学上的基础问题，①事实上有许多人尝试解决这个问题，却都无法逃脱失败的命运。一本美国知名的教科书②在论及与此问题有关的物理学时提出以下警告：

> 玻尔兹曼，奉献大半生于统计力学，1906 年以自己的手结束生命，继承其研究的埃伦费斯特(Paul Ehrenfest)于 1933 年以类似的死因辞世，现在轮到我们处理这个问题了，或许谨慎着手研究是个好主意。

当然，谨慎肯定是个好主意。

时代背景

1844 年玻尔兹曼出生于维也纳时，孔德在巴黎发表了“实证主义精神演说”，西里西亚爆发了纺织工人起义，美国的华盛顿与巴尔的摩之间架设了一条传输电报的线路。一年后，著名的科普杂志《科学美国人》创刊；在爱尔兰，马铃薯歉收导致 200 万人移居美国。1848 年，马克思与恩格斯撰写《共产党宣言》，许多欧洲国家爆发革命；生物学家贝茨(Henry Walter Bates)在亚马孙河流域工作了 11 年之后提出“昆虫拟态”观念。1850 年，全世界大约有 12 亿

---

① 以今天的眼光来看，玻尔兹曼当时拥有的数学工具尚不成熟；尽管玻尔兹曼能利用黎曼(Bernhard Riemann)提出的积分法，但是要证明玻尔兹曼的观点必须使用修正过的形式，而此修正值到 20 世纪初才由法国数学家勒贝格(Henri Lebesgue)完成。

② D. L. Goodstein. *States of Matter*. New York，1974.

人，克劳修斯首次提出令人难以置信的热力学第二定律；几年后出现了一种荒谬的想法，认为“宇宙热寂”是我们的宿命。1856 年发现尼安德特人，不久达尔文发表关于物种起源的想法，当时人们认识的生物包括：大约 2 万种脊椎动物、将近 1.2 万种软体动物，以及大约相当于如今一半数量的节足动物。

19 世纪末期，哈布斯堡家族的王朝瓦解，维系近 700 年的旧秩序终于结束；维也纳因而有机会接受现代流行文化的洗礼，不仅出现了咖啡馆文学与精神分析，也出现了让维特根斯坦参与哲学讨论的“维也纳学派”。此外，画家埃贡·席勒（Egon Schiele）活跃于艺术领域，赫茨尔（Theodor Herzl）则宣传建立一个“犹太国家”。当知识分子发现“双重现实”中的第二个层面时［译注：例如弗洛伊德的潜意识］，物理学家也正在争论原子的真实性。在发现伦琴射线（1895 年）和放射性（1896 年）之后，研究者便能测定原子的大小与重量，原子因而可被具体掌握。玻尔兹曼自杀那一年（1906 年），美国发生旧金山大地震，居里夫人成为巴黎索邦大学第一位女性讲座教授；英国生物学家贝特森（William Bateson）在一篇书评中建议，应该给予研究亲代与子代间性状传递现象的学科一个正式名称，他建议称之为“genetics”（遗传学）。

人物侧写

玻尔兹曼出身中产阶级，据说家人——特别是他的母亲——为他设想得十分周到，让他享有安静的读书环境。玻尔兹曼的父亲是个“皇室财政收纳员”（其实就是属于皇室的收税员），他为儿子提供所有最好的东西。小学时期的玻尔兹曼可说是“既勤奋又温驯”，而且还定时到牧师那儿忏悔。他中学时开始学习钢琴，他的钢琴启蒙老师乃赫赫有名的音乐家布鲁克纳（Anton Bruckner），一个总喜欢教学生贝多芬音乐的老师。从玻尔兹曼自己叙述1905年到加利福尼亚州旅游时发生的故事看来，音乐是他生命中的珍宝。有一次，他在一个富裕的家庭中作客，在令他不适的晚餐①之后，主人带客人进入一间“大约和贝森朵夫厅(Bösendorfer Saal)一样大”的音乐室：

> 在场还有一位来自密尔沃基(Milwaukee)的音乐教授，他用钢琴表演了音乐把戏，但是实在不能说具有职业水平，尽管他知道贝多芬写过9首交响乐曲，也知道第九交响曲是最后一首。他向我致敬，但我承担不起，因为大家偶然间争论起音乐是否也可以是幽默的，他便试着对我演奏第九交响曲中的一段诙谐曲，而我则幽默地对他说：当然好。我还向他建议，如果允许另一个人合奏，并演奏定音鼓的部分，这样肯定更好听。

其实，第九交响曲对玻尔兹曼来说具有特殊的意义，因为就像他在《通俗著作集》的前言中所写的，贝多芬“将年轻时受席勒的诗所激发的感动化为光彩，在他最终的传世之作中绽放开来”[译注：贝多芬于1792年读到席勒的诗《欢乐颂》时深受感动，因而产生为其谱曲的念头，他的愿望过了大约30年才于晚年实现]。这对他的生命是很重要的，因为“如果不是通过席勒，我不会知道一个有我这种鬓角和鼻子的人也能拥有非凡的才能”[译注：玻尔兹曼的外表和贝

---

① 玻尔兹曼不适应美式饮食，就像他在《通俗著作集》(*Populäre Schriften*)中写道：“之后来了一盘像糨糊的东西，在维也纳我们很可能把它拿去喂鹅；不过，我想人们应该不会这么做，因为维也纳的鹅一定也不愿意吃。”除此之外，他也受不了美国的禁酒令，水让玻尔兹曼的胃不舒服。

多芬有些类似,他们都有一头散乱的鬈发和一个大鼻子]。

这个受过古典教育却不失幽默感的年轻人在维也纳研读物理学,1866 年获得博士学位后不仅结束了这段学生生涯,亦发表了第一篇著作。他一生的努力其实全部包含在这篇著作的主题中,这些问题甚至到死前都还困扰着他。他在这篇《关于热力学第二定律动力学的意义》(*Über die mechanische Bedeutung des zweiten Hauptsatzes der Thermodynamik*)的著作中第一次提出了对于热力学第二定律的看法。

才过了一年,他便获得了大学教师资格[译注:在德语世界的大学中,获得博士学位只能担任类似讲师的工作,唯有获得大学教师资格才有可能占正式教授的职缺,通常还要花费三至五年不等的时间才能获得教师资格]。1869 年,25 岁的玻尔兹曼被格拉茨(Graz)大学聘为数学物理学专任教授。四年之后,他回到维也纳,待了一段不算长的时间,最主要是为了回来结婚(玻尔兹曼似乎很少提到婚姻生活)。1876 年,玻尔兹曼开始了以格拉茨大学为根据地的教学研究事业,他在接下去的 14 年都是格拉茨大学实验物理学教授(令人意外地并非理论物理学)。他在这一时期到过慕尼黑大学,也在莱比锡大学短暂停留过,最后还是回到了维也纳,一直到过世。

玻尔兹曼想要解决的科学问题首先是之前提过的热力学第二定律,同时他也想证明原子真的存在,尽管人们无法看到也无法以任何感官感觉到原子。① 通过以下的叙述,我们将会了解其实这两个物理学上的主题是紧密相连的,原则上不可分开研究。

---

① 维也纳有一位著名的反原子假说的物理学家马赫。如果有人在马赫面前提到原子,他就会用带维也纳腔的德文咆哮:“您可是看见什么原子了?”

热力学第二定律是在玻尔兹曼获得博士学位的前一年第一次以其普遍形式被人提出的，提出此定律的科学家是克劳修斯；为了解释这个定律，他创造出一个著名却“声名狼藉”的新名词：“熵”。[①] 克劳修斯用希腊文中代表“改变、发展、转化”的词源创造了“熵”（Entropie），它的读音听起来像“能源”（Energie）这个词。他想要表达的是：“宇宙中的‘熵’会朝一个极大值奔去。”[②]达到此最大值时，“熵”便会处于一种平衡状态——当然不是政治上的均势，而是热力学上的平衡。

即使不了解“熵”是什么（我们会立刻回来对这个困难的观念稍作解释），我们也可以感觉到热力学第二定律要谈的东西相当特殊，因为它引进“时间之矢”并宣称时间只能往一个方向飞去，即往平衡状态（也因此趋向死寂）前去。此外，重要的是，在所有物理学法则中，“只有”热力学第二定律给予（物理学意义上的）时间方向，其他所有定律的有效性——无论是机械力学还是电动力学——在时间逆转的情形下也不会改变，这种特性一般被称为“时间反演不变”，而热力学第二定律就是这种特性的一个大例外。它确定方向后，一个自发过程就能不回头（即不可逆）地发展下去；这种过程之所以能够进行，就是因为那巨大且令人感到不安的“熵”的缘故。然而，“熵”究竟是什么？这的确是个重要的问题，不只对玻

---

① 使用这个概念要非常小心，物理学中很可能没有任何一个名词被那么多人误解和误用，这也是其“声名狼藉”的原因。

② 对“熵”的误用最著名的是将“熵”与“乱度”混为一谈，根据这样的理解，宇宙便会趋向最大乱度；出于不可理解的理由，这种状态也被称为宇宙的“热寂”。可笑的是，“熵”这个观念正是以这种错误形式对19世纪末期的知识界产生重大的影响，人们尝试以热力学的观点勾勒出某种形式的“死亡记忆”，并怀疑“熵”就是想象中造成文化倾颓的因素。

尔兹曼而言,一直到今天都还是如此。一个今天被人接受的答案成了墓志铭,镌刻在维也纳中央墓园玻尔兹曼的墓碑上,我们可以在墓碑上发现一道以普朗克(Max Planck)建议的方式书写的数学方程式:

$$S = k \cdot \ln W$$

[译注:以统计物理学的说法即是,系统的"熵"(S)正比于与宏观状态相应的微观态数 W 的对数,k 为玻尔兹曼常数]。

任何读到墓碑上这个方程式的女性若是学过物理,便可向其男伴解释:在特定物理状态下的系统的"熵"(S)可通过"热力学概率(W)"求得。也就是说,特定状态(或特性)中出现特定"熵"的可能性就在于"热力学概率",只要对此"热力学概率"取对数并乘上玻尔兹曼常数①就可以了。

当然,除了专家之外,没有人能在毫无说明的情况下了解方程式,特别是热力学概率。热力学概率与组成物理系统——气体、液体或固体——的原子或分子有关,是科学家用以描述概率的量。例如,科学家可以用热力学概率来描述玻璃杯中的水分子究竟如何运动或保持在什么状态之下。物理学家非常详细地描述了封闭系统(我们的例子是玻璃杯中的水)的微观态,并与系统的宏观态——如可经测定的温度或体积等性质——相区分。

现在我们明显拥有一种微观态,不同的微观态出现的概率不同。当所有分子由定向运动变成相互追逐时,代表着概率小的状态向概率大的状态转变。我们可以想象,杯中所有的水分子以相同方向运动这种情形是非常不可能的[译注:分子由不规则运动转变为规则运动是由概率大的状态向概率小的状态转变,这种过渡

---

① 玻尔兹曼常数 $k = 1.38 \times 10^{-23}$ J/K(J 指焦耳,K 为开尔文)。

并非绝对不可能，而是实现的概率太小，实际上观测不到，因此可以说实际上是不会实现的]。也就是说，以宏观态来说，水非常不可能出现这种情况[译注：例如，在同样的条件下，水的温度低、体积小]，因为只有一种微观态——所有水分子朝同一方向运动——才能造成上述情形。不过，对每个微观态而言，出现的概率都是相同的，大自然并没有特别的喜好，如果不加干扰，系统将会找到一个大部分微观态都能达到的状态，也就是这种状态出现的概率最高。玻尔兹曼认识到这个关联性，并且以数学方式描绘出来，最后更让它铭刻在其墓碑上。借由这个方程式，玻尔兹曼将“熵”的增加解释为分子秩序的减少；更精确的说法应该是，一个系统所拥有的偶然性之减少。①

今天，这层关系用如此简单的形式描写出来（希望大家也能因而理解），但是在 1900 年之前，这个想法却很难被大家接受，因为一些我们现在视为理所当然的观念——原子或分子的存在——在当时很有争议，特别是在维也纳学界。身为物理学家的玻尔兹曼通过原子和分子的帮助，澄清了许多现象在质性方面的问题，并且在量的方面成功预测了许多现象（如气体定律、放射现象），他深深确信原子的实在性。针对这个问题，他铆上了物理学家马赫与化学家奥斯特瓦尔德[Wilhelm Ostwald，译注：奥斯特瓦尔德认为只有能量才是最基本的物理实在]。这场争论的激烈程度可以从参与论战的科学家赌上其灵魂的情况略知一二。换句话说，旁观者都清楚，与其说原子概念是许多科学假说中的一个，倒不如说它涉及

---

① 不管怎么说，有一点必须弄清楚的就是，“熵”并非一个任意赋予的物理量，而是可测量的，它与一个系统（例如一部机器）能做的“功”有关。机器并不能将所有能源转变为“功”，或者说完全以“功”的形式释放出来；系统吸收的所有能源与最后释放出来的能源之间的差异便由“熵”确定。

在人类集体灵魂背后扮演着某种角色的“原型图像”和古老的人类理念。

对玻尔兹曼来说,“当时的潮流”似乎“与原子学说相对立”,但是这并不阻碍他着了魔似地宣传原子学说。物理学家索末菲(Arnold Sommerfeld)曾叙述玻尔兹曼在1897年举办的一场自然科学会议上如何积极地参与论辩:

> 无论是表面上或内心里,玻尔兹曼与奥斯特瓦尔德之间的斗争都好比公牛与灵活的斗牛士之间的殊死战斗;不过,这次是公牛(玻尔兹曼)战胜了斗牛士,尽管斗牛士拥有高超的战术。玻尔兹曼的论点通过了考验。

虽然玻尔兹曼赢得了这场血战,但是摆在他面前的才是真正的挑战,也就是依照原子论的思想原则证明热力学第二定律;例如,若水是由原子组成的,我们要如何指出水杯里的“熵”增加呢?这个问题在于,对原子的运动而言,机械力学定律是有效的(无论是当时或是现在都没有人怀疑这一点)。但是如前所述,机械力学定律具有“时间反演不变性”。这个意思是说,如果我们用摄影机追踪观察一个特定的原子,之后将影片放映出来,没有人能知道这部影片是正向放映的还是逆向放映的。单一原子进行的是可逆的过程,但影片拍摄的若是一些甚至是全部的原子,我们就能轻易看出影片中的现象是正确的过程还是相反的过程。这也就是说,许多原子在一起时发生的是不可逆的过程。

然而,时间的方向究竟从何而来?我们该如何理解这样的矛盾,即宏观现象不可逆,而微观尺度下的运动却完全相反,也就是可逆的呢?从这样一个本身不涉及时间的思考方式究竟如何发展出所谓“时间之矢”的观念呢？

玻尔兹曼尝试以数学方式处理这个问题，他推测这个“不可逆性”与原子或分子之间的交互作用有关，而且是这些作用某种形式加总之后的现象；以科学的语言来说，这就是学物理的人曾接触过的玻尔兹曼“H 定理”。不过，任何熟悉这个定理的人后来都会产生一种感觉，即此定理似乎只是从远距离［译注：即以宏观层次］看真正的问题。当玻尔兹曼运用数学语言大力宣传他的观点时，他的对手也开始以同样的武器回应。例如，法国物理学家庞加莱(Henri Poincaré)便想要完全抛弃热力学第二定律，为此他提出了一个著名的“可逆佯谬”：

> 一个容易证明的法则告诉我们，封闭、仅受(可逆的)机械力学定律支配的宇宙总是会回复到任意接近初始状态的状态上。

庞加莱的“可逆佯谬”引起了回音，德国数学家策梅洛(Ernst Zermelo)因而鼓起勇气向玻尔兹曼的观念提出了令人不得不正视的尖锐批评。玻尔兹曼原本不想回应，并且认为很容易反驳，他说：“当然有可能回复到初始状态，但是所需的时间如此之久，因此便没有机会让我们观察到这样的回复了。”

策梅洛并不轻易放过玻尔兹曼，直指玻尔兹曼的解释不但“毫无意义”，而且只是一些任意独断的假设。不过，虽然提出激烈的批评，策梅洛也请玻尔兹曼不要生气。玻尔兹曼经过一些日子的思考，一直到 1896 年才提出一个假设；如哲学家波普尔所言，这是一个“既大胆又优美、简直令人喘不过气”的假设。在我们直接引用玻尔兹曼的话之前，还是应该对他的假设做一些简要介绍。玻尔兹曼到底想证明什么？如前所述，玻尔兹曼将“熵”与系统的“无秩序”（偶然性）联系在一起，并且举例指出气体的无秩序状态比秩序状态出现的概率还高。玻尔兹曼据此推论出“一般力学定律”。根据这个定律，封闭系统内的无秩序状态会持续增加，规则的系统会倾向减少自身的秩序，因此系统的“熵”会增大；随着时间的推进，“熵”不断增大，而时间之矢的方向也正是以此增大为方向的。

为了反驳策梅洛的攻击并为可逆性的观点辩护，玻尔兹曼建议：

> 热力学第二定律能用机械力学理论来证明，只要我们假设整个宇宙或者至少是围绕着我们这一部分的现状是由一个非常不可能的状态开始发展的，而且还处于一个相当不可能的状态。这是非常符合理性的假设，我们可因此解释一些经验事实。
>
> 当然，我们可以对以下的说法存疑：宇宙作为一个整体是否处于热平衡？平衡之后的宇宙是否便是一片死寂？不过，我们还能发现某些区域仍然会出现一些偏离平衡的状态，虽然它们出现的时间与永恒相比极为短暂。对宇宙作为一个整体而言，时间方向“往前”或“往后”其实没什么差别；然而，对生物赖以为生的有限世界，也因此处于相对不可能的状态的世界而言，时间方向是由“熵”增加的方向——也就是从较不可能出现的状态到较可能出现的状态——决定的。

这是玻尔兹曼针对该主题发表的最后说辞，有生之年他不再向论战对手作出任何解释。由于争论戛然而止，因此我们很想知道这场争论究竟有无胜利者；若是有胜利者，到底是谁？从现代物理学并不否认原子理论看来,胜利者似乎是玻尔兹曼;尽管学界不接受时间方向可逆的观念,却承认了热力学第二定律的统计力学解释。当然,没有人完全满意这种解决方式,这个问题的深层涵义似乎触及了人类的主观性。主观上,人类感受到的时间像是一支箭指向"熵"增加的方向。自从人们了解一个系统的"熵"与"信息"(我们拥有的或缺乏的相关信息)的性质相似之后,主观因素的作用便越来越大,我们可以将一个物体的"熵"视为一个主体所缺乏的信息,甚至在某种程度上将此二者视为同样的东西。

到目前为止,我们一直在谈系统的"发展"(熵),借此区分出系统的过去与未来,这样的区分影响了对系统的思考。很明显地,过去已成定局,谈论过去的可能性是毫无意义的;重要的是未来,但是时间也因此失去其对称性。

因此,我们面临一种新状况,也就是处于一种以经验为根据的科学领域中。然而,经验只能由过去得到并运用于未来,任何形式的自然法则必定包含时间的结构,我们才能根据法则或条件指出,这个会发生,那个不会出现。根据这样的逻辑,波普尔对玻尔兹曼所提出的主观性问题的指责便失去了效力,因为对现实的任何客观描述都必须是对于想发现的东西的"预告",也就是说,人们在"查对"某种被发现的东西之后才能做出"预告",然而"查对"只有在"预测"出现之后才有可能。对时间方向性以及过去与未来的差别丝毫不怀疑的信念其实是很主观的,它之所以根植于心,是因为时间结构根本就是任何形式的科学的基础。现在我们若是根据上面的说法将"可能性"理解成"预测出来的相对概率",应该能从此摆脱掉如何从时间对称的现实兴趣上解释主观的时间之矢这样的问题。

当然,玻尔兹曼是个物理学家,而我们也一直在讨论物理系统,例如玻璃杯中的水、容器中的气体。但是,玻尔兹曼一直试图跨越通道窄墙,他总是自问,如何使自己喜爱的热力学第二定律与生命现象相协调?在物理学中,无秩序可在秩序中突然发生,但是有机的生命却保有,甚至还会增加它们的秩序(在进化领域中)。生命如何避开"熵"增加的需求?如何摆脱热力学第二定律?

很明显地,生命能够存在便是因为生命存续过程中的"熵"能够部分地减少(我们要知道,热力学第二定律是一个全面的、普遍的定律)。今天的人们清楚地知道为何会有这种看似矛盾的现象发生。例如,地球通过太阳的能量减少自身的"熵",在这一过程中,太阳"熵"的增加比地球"熵"的减少还多,因此,从整体而言热力学第二定律还是有效的。生物借着分解并吸收食物内的能量降低自己的"熵",玻尔兹曼已经看出这一点,即生命必须以持续的能量来源为前提,唯有如此,生物才能维持其低"熵"。玻尔兹曼曾于1886年说道:

> 生物一般的生存竞争并不在于竞争原料,也不在于能源,而是在于"熵"。它的能源经过灼热的太阳传送到冰冷的地球以供利用。

从这句话可以看出玻尔兹曼跨出物理学的目的。玻尔兹曼尝试将生命面对的时间合理性与物理学对宇宙的理解结合起来,他意识到他们两人都是对的——达尔文的进化与克劳修斯的"熵"(还有热力学第二定律),并且看出关于自然界中生物发展的观念也可以用类似的统引法则(就像苏格兰物理学家麦克斯韦的气体或液体法则)来掌握。从此,"生命"便不再是物理学中的陌生领域。如果玻尔兹曼能够导出"熵"增加的机械力学证明,一定能成为物理学界的达尔文。

玻尔兹曼非常崇拜达尔文,曾表示19世纪终将被称为达尔文的世纪。他坚信进化观念,也认为以相同的基础(统计分析与机械力学定律)理解有机与无机界的想法是正确的,这样的信念让他在1900年提出一个有关认识论的初步想法,而此想法一直到近年才得到发展与认同。这里所说的是同样来自维也纳的生物学家洛伦茨提出的"进化认识论"。1900年11月,玻尔兹曼曾在莱比锡介绍他自己对认识论的想法(可以说是"进化认识论"的前身之一),他的说法如下:

> 我确信思考的法则如下产生:我们从对象物中获得的初步观念(也就是内在的观念)之间的联系会逐渐适应对象物之间的联系,所有与经验相违背的联系规则都会被丢弃;相反地,始终与经验相契合的规则便会被费力地保留下来,这些保留下来的规则会传递给下一代,长久下来会被视为公理或是天生的思考法则。我们可以称这些思考法则为先验的,因为这些思考法则是经由人类数千年的经验传递给单一个体的。

居里夫人

迈特纳

麦克林托克

我们谁的生活都不容易。可这又有什么关系？我们必须坚定不移，最重要的是要对自己有信心。我们必须相信，自己在某个领域有天分，无论需要付出多大的代价，都必须实现自己的目标。

——居里夫人

我爱物理，我很难想象我的生活中没有物理会怎样。这是一种非常亲密的爱，就好像爱一个对我帮助很多的人一样。我往往自责，但作为一个物理学家，我没有愧对良心的地方。

——迈特纳

当我发现他们不理解、也不当回事的时候，我很惊愕，但我并不在意。我就是知道我是对的……光是研究本身就带给了我莫大的愉悦。

——麦克林托克

第八章　三位女士

· 居里夫人(Marie Curie,1867—1934 年)
· 迈特纳(Lise Meitner,1878—1968 年)
· 麦克林托克(Barbara McClintock,1902—1992 年)

长久以来女性始终无法在科学界取得一席之地，直到 20 世纪才有一些女性获得机会独立进行研究。在这些人当中，让史学家特别感兴趣的首先是两位研究物理学的欧洲女性，她们研究的是相同的现象，即放射性。任何思考放射性意义——原子核的转变——的人都会注意到，还有一位美国女性生物学家面对着基本相同的主题，这位生物学家对基因的转变感兴趣，在其他男性同事专注于解决基因的构造与组成问题时，便着手分析基因的动力学。类似的情况也发生在物理学领域，当其他男人还在思考原子的稳定性时，这两位女性物理学家已经在探求原子的转变了。

第一节 居里夫人:对放射性的热情

1867年,玛丽·居里出生于华沙,取名为玛丽亚·斯克洛多夫斯卡(Maria Sklodowska)。第一本关于她的传记名为《居里夫人》(*Madame Curie*),虽然这样的书名让人觉得描述的对象并非这位波兰女士,而是法国物理学家皮埃尔·居里(Pierre Curie)的夫人;不过,随着文章的铺陈,读者一定会越来越佩服这位被其姐妹称为"玛丽"的伟大女性科学家。"居里夫人"——她的同事都是这么称呼她的,例如爱因斯坦提到她时就表示:"居里夫人是所有知名人物中唯一没有因其盛名而堕落的。"对许许多多我们这个时代的科学家而言,以居里夫人①的行谊与思考方式为榜样肯定不会有任何损失,就像她写道:

> 皮埃尔·居里和我的意见一致,也愿意放弃我们的发现(镭和它的放射性)所能得到的金钱利益。我们并未申请它的专利权,亦毫无限制地公开我们的研究成果,就算是生产镭的流程也是如此。此外,我们也给予感兴趣者任何他们想要的信息,这对于镭工业是一件非常好的事,他们可以自由发展,而且有能力提供所需的产品给医生和科学家。

---

① 我不愿只写"居里"而是写"玛丽·居里"或"居里夫人"是出于一些不同的理由。首先,"居里"在此时已经成为放射性的一种单位(即一种放射性物质的计量,表示每秒有 3.7×10^{10} 个原子核分裂)。此外,只写"居里"有可能是指众多其他人,像皮埃尔、伊雷娜、艾芙。第三,女士在自然科学领域中是非常特别的,应该被特别看待,"玛丽·居里"听起来就是比"居里"好;也许我应该将所有男士的名字也写出来吧!

虽然居里夫人在金钱方面长久以来都很拮据，但是她并不需要任何经济上的酬劳①，她将自己的目光投向另一个方向，试着寻找另一种类型的幸福。大约在25岁时，她便离开波兰来到有“小宇宙”之称的巴黎，年轻的她在此听了物理学和其他科学的课程后感到惊奇无比：

> 怎么会有人觉得科学枯燥无味呢？还有什么比这些不能被改变、主宰着世界的规则更美呢？还有什么比能够发掘这些规则的人类心灵更神奇呢？小说及童话和这些经由和谐规则彼此联系的特殊现象相比，显得多么空虚、多么缺乏想象力啊！

再次谈到童话则是居里夫人成为世界知名人物之后的事了。1933年——她逝世的前一年，居里夫人在马德里一场由瓦莱里(Paul Valéry)针对“我们文化的未来”引发的讨论中提到童话，她当时的自白让其他参与者大感惊讶：

> 我是那些曾经体会科学研究特殊之美的人之一。科学家在实验室中不仅仅是个技术员，同时也面对着自然的法则，就像孩童面对着童话世界。我们不允许任何人认为科学的进步只是被理解为一种机械论、一部机器、一部具有相互嵌合齿轮的装置——除此之外，它们还具有本身的美感。
>
> 我也不相信会有这样的危机——科学冒险精神会从我们这个世界消失。特别是我从自己的周围观察到的：如果有任

① 她并未将夫妇二人得到的诺贝尔奖奖金用于私人用途，而是捐给一些基金会赞助其公益活动。

何一种具有生命力的事物,那就是这种冒险的精神,它已根深蒂固地和好奇心紧紧联结。

那天听了居里夫人这番话的男人都被弄糊涂了,因为他们自诩"知识界中真正的堂吉诃德,为对抗风车而奋战",也就是说,他们为科学的专门化感到难过,并且认为这个现象必须对文化危机——他们自认身处其中——负一份责任;但是,这位女士却站在那儿侃侃而谈对其研究工作的热爱、对其精神上的孩子——放射现象的热情和对社会的义务。① 不过,居里夫人的成就又多得数不尽,众人就是必须听她演说:她得过两次诺贝尔奖,将两个孩子抚养长大,是第一位在索邦大学获得讲座教授职位的女性,在第一次世界大战期间建立了大约200座X射线站,并且为射线站的工作人员上课,协助将华沙建立成镭研究中心等。

也许我们真的该多听听居里夫人的话,不光只是效法她的谦虚,而是严肃地将她的建议当一回事;也就是说,科学精神对世界的影响力是否越来越大并成为固定的影响因素之一,是值得我们争辩的,毕竟她实践了自己的信念,为研究工作奉献了一生心力,最后也因此丧命。居里夫人是因白血病过世的,这绝对可以归因于工作时接触了过多的放射性制品,其中有许多还是经由她的工作从她手中生产的。② 恰巧就在过世之前,她在年轻一辈物理学家

---

① 人们常称居里夫人为"社会辐射学创始人",因为她极力为医学上广泛使用放射线方法而辩护。

② 我们经常可以读到一些报道,报道中认为接触些许放射线便会诱发细胞病变致癌。其实这种可能性非常低,而且任何人若是想要探查放射性和癌症之间微妙且重要的关系,就必须先考虑到每个人体内每秒都有4 000次放射线衰变,这主要是由具有放射性的钙元素产生的,任何一个活到50岁的人都已经历过自身10^{12}次自然衰变。

的帮助下完成一本书的撰写工作，这本书即以其创造出来、有时会令我们感到害怕的字眼为题：《放射性专论》（*Radioaktivität*）①。

时代背景

玛丽亚·斯克洛多夫斯卡于1867年诞生时，马克思发表《资本论》第一卷，彻底批判了黑格尔哲学；心理学家冯特（Wilhelm Wundt）第一次举办名为“生理心理学”的讲座；汤姆森［William Thomson，后来被称为开尔文勋爵（Lord Kelvin）］提出第一个原子模型“果冻模型”，这个模型持续使用了20年之久，直到新的“葡萄干蛋糕”［译注：或称布丁模型］取代它。1868年，筑路工人在法国发现大约生活在35 000年前著名的克罗马农人骨架。一年之后，今天最具声望的专业期刊《自然》在伦敦出版；门捷列夫（Dmitri Mendelejew）提出一张尚不周全的元素周期表；但泽则诞生了另一位伟大科学家——化学家阿贝格（Richard Abegg），他后来同样离开了家乡，在西边的德国开创他的事业，并且首先注意到原子的化学特质不是来自核的质量，而是取决于外壳的电子。

在居里夫人一生中，人类对于原子概念的理解变化十分巨大，原子不再被简单地视为基础单位，而是更次级的单位。它具有能被发现的特定结构，要确定它的结构必须具有一些先决条件，这些重要的基本知识之一即来自居里夫妇的工作，也就是日后被称为“放射性”现象的发现。1896年，法国物理学家贝克勒尔（Henri

① 今天我们在“放射性”这个字眼下了解到一个事实，即原子这种东西是存在的，它会放出射线和微粒，我们将其区分为α，β和γ射线。α射线是氦元素核，β射线是电子，γ射线则是超高频的电磁射线。或许放射性这个主题对研究者的诱惑力在于它发生变化的过程，而且是在原子核中；就像对心理学家而言，还有什么比一个人内心产生的转变过程更令人感兴趣的呢？

Becquerel)发现放射性,同年人们举办第一次现代奥林匹克运动会,第一次公开的电影放映(1895 年)则造成轰动。

当居里夫人于 1911 年第二次获诺贝尔奖时,新西兰科学家卢瑟福(Ernest Rutherford)的行星原子模型又向真相迈进了一步。一年之后,“泰坦尼克”号驶向其第一次也是最后一次的航行。1913 年,美国人亨利·福特采用传输带技术生产汽车,将每辆车的装配时间由 12.5 小时缩短到 1.5 小时。接着爆发了第一次世界大战,这也是人类第一次运用科学物质——化学武器打仗。1918 年,女数学家诺特(Emmy Noether)发现一种紧密的关系:每个对称在物理学中都包含守恒定律(反之亦然)。同一年,英国实施普选制度(但女性仍要满 30 岁)。1934 年,居里夫人逝世那一年,托马斯·曼开始撰写小说《约瑟夫和他的兄弟们》(*Joseph und seine Brüder*),而希特勒已经成为总理,科学家陆续被驱逐出欧洲。

人物侧写

居里夫人分别于 30 岁和 37 岁时在巴黎产下两个女儿。大女儿伊雷娜也成为科学家①,而且还是在母亲建立的领域中工作。她和物理学家约里奥(Frédéric Joliot)②结婚,他们在居里夫人过世那年共同发现今天所谓的“人工放射性”,并因开辟一条通往核裂变的道路③而获得诺贝尔化学奖。相反地,居里夫人的小女儿艾芙

---

① 伊雷娜和她的母亲一样,于 1956 年亦因白血病过世。

② 约里奥是值得人们为他写传记的。身为法国共产党员,他是第一个对于核能运用做出决定性贡献的人,而且接下来号召成立了一个和平运动国民议会。

③ 相关资料请参阅迈特纳那一章。迈特纳被视为对放射性这个领域的重大进步付出心血的第三位女性。

(Eve)则远离这些实验,但是写下了母亲一生的故事。这部传记于1938年出版,以下列这段文字开始:

> 她是一位女性,她来自一个受压迫的国家,她贫穷,她美丽。一个从内心而来的召唤让她离开了故乡波兰前往巴黎求学。在这个城市中她度过孤单、困苦的数年。她遇到一位男性,和她本身一样都是天才;她嫁给了他,她的幸福是无与伦比的。历经最困难、最顽强的奋斗,她发现了一种神秘物质——镭。她的这项发现不只带来一门新科学、新哲学,也带给人类对付一种可怕疾病①的可能性。就在这两位科学家开始声名远播时,一件不幸的事发生在她身上,死神夺走了她美好的人生伴侣。她忍着心灵与肉体上的痛苦,持续已经开始的工作,将这门由他们两人共同发展的科学发扬光大。在剩余的生命中,她所做的就是持续地奉献;她为战争伤患付出力量与健康,之后将自己的建议、知识和所有时间都给了来自世界各地的未来科学家。她从不自认为是个名人。

今天若我们在某些方面也用较保守的方式表达,则这段导论仍然点出了下列让人感兴趣的主题:对科学渐增兴趣、辞别波兰、与皮埃尔共度的岁月、研究工作的诱惑力;而这项关于放射性现象的研究不但铺好了通往探究原子的道路,也让我们了解居里夫人如何实现其惊人的成就,达成其毕生最重要的工作。

玛丽亚·斯克洛多夫斯卡来自双亲都是教师的家庭,排行第五。她度过了无忧无虑的童年和小学、中学时期,如果忽略她只是

---

① 这里指的是癌症。有了镭的帮助,人类才首次产生放射治疗的构想。

少数可以进入“男子中学”的女孩这件事。她以优异的成绩通过所有考试完成学业，得到一面金牌，并决定当教师或者家庭教师谋生。当她还在华沙时，她找到的工作是“在一栋那种有钱人的房子里，这里的人在客人面前说着法语——蹩脚的法语，有半年的账单未付清却还在浪费钱，同时又节省点灯的煤油。这里有5个家仆，人人都装出一副崇尚自由的模样，事实上却尽做一些见不得人的蠢事”。

居里夫人写这封信给她的表亲时才18岁，她每天要工作7个小时，之后有许多时间可用来阅读。她“一头埋入书堆中”，涉猎的范围“越来越广”（波兰文的物理学、法文的社会学和俄文的解剖学与生理学）。“持续从事同样的活动会让我已经操劳过度的脑子更加疲惫。当我觉得阅读效率已不可能提高时，就会解代数和三角函数的习题，这样不但会转移我的注意力，让大脑得以休息，还能带我回到原来的正确航道中。”

这个工作环境虽然让她觉得气愤——“对那些人而言，‘实证主义’和‘劳工问题’这类字眼就像恐怖的幽灵”，但伟大的未来计划还是在慢慢成形。在波兰不只是女性有就读大学的困难，“俄罗斯熊”［译注：指俄国政府］在此处肆虐，关闭了所有高等学院和大学。不过，波兰人民懂得如何瞒天过海，他们设立了可以从一处迁移到另一处的“流动大学”，并以假象蒙骗俄罗斯官员。在正面墙上悬挂着“工业暨农业博物馆”字样的建筑物中隐藏着一间实验室，其领导人是居里夫人的一位亲戚；居里夫人后来提到此事时曾说，她是在此处“培养出对科学实验的兴趣”。当她23岁第一次有能力重复她从教科书上知道的实验时，就再也睡不着了，一份内在的激动让她一直保持清醒，她体验了一种全新的感觉——热情，因而开始主宰自己的生命。她希望学习更多科学知识，这样的机会就在巴黎等待她,她的姐姐和姐夫住在巴黎,她可以和他们住在一起。于是,1891 年秋天,居里夫人动身前往巴黎。

两年后,她拒绝了物理学学士学位;过了一年,她再度拒绝化学学士学位。她鼓起勇气决定继续深造,“一个人必须相信自己对某种特定事物是有天分的,然后必须达成这件事情,不论花费什么代价”。她在 1894 年写给那位在“流动大学”的亲戚的信中如此表示。任何在这段时间观察过她的人都知道,她将爱情和婚姻从人生计划中剔除,但是就在这个时候她遇到了皮埃尔·居里博士①:“他看来非常年轻,虽然当时已经 35 岁了。我们讨论着科学问题,而我觉得能和他一起讨论是一件快乐的事。”皮埃尔将前一篇论文特刊送给她,论文阐述“关于物理现象的对称性”,并且在册子边缘为她写上小小的献词:“以充满敬意的友情献给斯克洛多夫斯卡小姐,皮埃尔·居里。”而他们两人也开始慢慢亲近。

过了两年,皮埃尔向她求婚,这时她在华沙。是留在自己的故乡还是选择皮埃尔和他的国家,在和家人讨论过后,她答应了皮埃尔的求婚。此时的皮埃尔还不是有名的物理学家,只是巴黎市立工业物理暨化学高校的小教师,而她则需要特别的允许才能和皮埃尔一起在那间非常小、设备非常简陋的实验室工作(但是没有薪水可领)帮他的忙。然而,这对小夫妇怀有“对人性和科学的梦想”,两人都拼命工作,想要实现梦想。他们的工作和法国人贝克勒尔于 1896 年的发现有关。当贝克勒尔用铀或含铀的矿物做实验时,皮埃尔注意到有某种不寻常的强烈射线从这些物质中射出,这些肉眼无法看见的铀放射线在科学上是一种全新的发现,它们

---

① “居里定律”便是根据皮埃尔命名的,指出固体物质的磁场化与温度相关,而“居里温度”也以其命名。

从哪里来？本质是什么？会维持多久？从哪里获得能量？为何会同时产生热量？只有铀才会如此放出射线，即“具放射性的”——居里夫人建议如此称呼它，或是还有其他元素如此？如果是这样，如何才能表示这些放射性元素的特性？

一个问题接着一个问题，对于一位充满好奇、具有野心又正在寻找博士论文题目的女性研究员而言，这正好是个正确的出发点。居里夫人开始测量铀元素的射线，[①]她很快便了解到，事实上是铀本身主动放出射线，温度、湿度或其他任何一种外在参数都与此无关，也不会有所影响；她首先知道或是注意到，这样的研究并不表示将以放射线检验任何物质的任一种特性，而是直接探究某种来自物质内部深处的特性。居里夫人知道自己正在独立追踪一种原子的质性，换种方式来说，今天看来或许是微不足道的事在当时却必定令人兴奋不已；也就是说，突然间可用放射线来检测原子，如此就有一种实验方法可用来理解物质的组成基础，原子就再也不是无法接近的了。并且还不只如此：这个在人类历史上一向被认为是不可分、不可改变的原子明显可以释放出能量，可分离出一些东西，完全不像从古希腊罗马时代以来所想象的那般不可改变，而是可转化的。很快地，在居里夫妇确定除了铀之外还有钍和其他化学元素也具有放射性[②]之后，这种想法更具有说服力了；他们紧接着注意到，从采矿场中得到的（奥地利政府赠送的）沥青铀中含有一种放射性物质，其放射现象明显比铀还剧烈。此时居里夫人

---

① 以技术观点来看，她检测像是射线电离化能力或射线的扫射截面。虽然这些要求严格的细节决定她的日常工作，我们并不在此深入多谈。

② 如前（第 271 页注释①）所述，我认为放射性的魅力在于心理因素，而且和原子经历的转变过程有关：一个具有自主性的中心（我）会发生转变，而且这一切都发生在现实范畴中一个感官无法探触的范畴，就像心理学中的潜意识一样。

决定以“玛丽·斯克洛多夫斯卡·居里”之名提出一个大胆的假设，她在1898年4月12日表示，沥青铀矿（以及其他可能的化合物）中含有一种新元素，其活性远比铀还强，而且截至那时为止还不为研究人员所知。

接下来就是那困难、费力又费时的提炼工作了，这种工作很难让局外人了解；无止境的搅拌、持续的摇动、长年的分离再混合、沉淀、放入溶液中……都是在一间狭小、发臭的实验室中进行。与其说是实验室，倒不如说是工寮还来得贴切：冬天太冷，夏天又太热——日复一日、周复一周，用最专注的精神工作，同时还要担心害怕可能会错失这种微量物质。此外还存在着不确定性：首先，到底能不能得到一些东西？接着，所追寻的主题在科学上到底值不值得？会不会被众人认可？居里夫妇的辛苦当然是值得的，他们两人努力的成果是向科学界介绍两种新元素：钋（Polonium，这个命名是为了纪念居里夫人的家乡）和镭（Radium，这个命名则是因其放射性简直太“巨大”了，[①]居里夫人在1899年12月26日发表的第一次报告中如此形容）。顺便一提，在撰写手稿的这几个月中——可以从她每天的记录中得知，女儿伊雷娜已经学会走路，并且开始牙牙学语，尽管说出的话语仍模糊不清，也长出了第五颗牙，母亲本身则终于学会如何自制醋梅果汁冻。她的确可以为自己感到骄傲。

真正困难的工作则是在发现镭之后，那就是要提炼出纯的镭，这又让居里夫妇在那种无法形容、根本就是非人的条件下工作了45个月。1902年，他们终于满足于这样的成果：从500千克的沥青铀矿中分离出一种有用的镭化合物，得到0.1克纯氯化镭。这项

---

① 1克镭的放射性约为1居里。

成果让他们在隔年得到诺贝尔物理学奖①,这在今天可是一大盛事,在当时却不像今天这么热闹,因为诺贝尔奖才创立不久,其颁奖典礼还不像现在这样成为众人的焦点。居里夫妇虽然很高兴得到这笔奖金,但他们无法参加通常在诺贝尔生日当天——12 月 10 日举行的盛大庆祝会,“因为要做这样的安排太困难了”。“到北方国家这么长距离的旅行”会占用他们太多时间,因此他们直到复活节(而且气候也暖和了些)才出发前往斯德哥尔摩。

获得诺贝尔奖产生了两个重要结果,其中之一是巴黎大学终于放下身段提供了一个物理学教授职位给皮埃尔,而他也接受了;另一个结果则是他可以拥有三个同事——一位助理、一位助手和一位仆人。那位助理是个女性,正是他的夫人。事实上,居里夫人在获得诺贝尔奖之后才第一次得到一个职位,在此之前她虽然被允许待在实验室中,却没有任何职称,而她的大量工作——她因此发现了镭并确定其原子量,也没有任何酬劳可拿。这种情况到了 1904 年 11 月才有所改变,这时身边已经有第二个女儿的居里夫人终于有了职位(连带薪水),同时首次拥有正式权利可以踏入先生的实验室。1906 年 4 月 14 日,皮埃尔如此记录她在这里所做的事:

> 居里夫人和我所做的是:借由镭放射出来的射线对镭进行精准的测量。这看来似乎没什么,但是我们已经为此忙碌了好几个月,直到现在才得到具体的成果。

没有人能预知他在写这封信时——上述句子即引自这封信,

① 还有另外一个人和他们共同获得此奖,这个人就是贝克勒尔。

只剩下 5 天可活了。在巴黎市中心，一辆马车从他身上碾过，居里夫人的岁月忽然陷入悲惨中，她不知所措、精神恍惚，像着了魔般晃来晃去。在此不必费心解释这个噩耗带给她什么样的感觉，她在日记中对皮埃尔说话、写信给他、请求他给她建议，却无法因此再度拾回内心的平静。就在陷入绝望的时候，巴黎大学聘请她继任丈夫的位子，她毫不考虑便接受了这份委托。1906 年 11 月 5 日，她成为第一位站在索邦大学讲台上的女性，讲授她的第一堂课。① 通知上只简单写着："居里夫人将在下午一点半介绍气体的离子理论，并讲解放射现象。"

当她准时踏入教室开始她的第一堂课时，教室已经挤满了人，她的第一句话正衔接着皮埃尔逝世前停止之处：

> 如果有人注意到这 10 年来物理学的进步，定会惊讶于我们对电和物质的观点所产生的转变。

10 年——她指的时间正是从发现放射性和伦琴射线开始算起。事实上，19 世纪最后那几年物理学界正酝酿着一次颠覆，正是因为居里夫人的工作，才有可能造就这个认知上的进步。接下来的几年，她继续专注于纯化镭的工作，终于在 1910 年获得成功，并且确定这种金属的所有物理和化学属性。同一年她交出 22 毫克纯氯化镭给巴黎科学标准局，他们以此制定出放射性和射线的国际通用单位（居里）。1911 年，居里夫人因此项成就获得第二座诺

---

① 居里夫人不仅是第一位在索邦大学得到讲座职位的女性，也是第一位被葬在巴黎先贤祠（Panthéon）内的女性，她的遗体就在距离伏尔泰和雨果不远之处。这场仪式在 1995 年 4 月举行，在场的有法国总统密特朗和波兰总统瓦文萨。在居里家人的请求下，皮埃尔的骨灰也同时被放入先贤祠。

贝尔奖——这次是化学奖。很久之后才有另一个人的成就与所获得的赞誉可以和她相提并论。①

在生命的最后几年间,居里夫人经常旅行;她去了美国,也去了巴西。她获得许多奖项和荣誉博士,这些荣耀并未阻碍她从事科学研究,一直到最后她都待在实验室亲自做实验。例如,她探查钋放射出的射线的有效距离,并且一再加以检验,以确定是否真的没有外在因素会影响甚至阻碍原子的放射线衰变;直到确定真的没有,她才会放心。

第二节 迈特纳:了解“力”从何而来

迈特纳终其一生都没有获得德国护照,虽然她在柏林工作超过30年——从1907年到1938年。1938年3月,当奥地利被并入纳粹德国时,迈特纳被当作“维也纳犹太人”②——纳粹的行话是这么说的,赶出德国并流亡海外,之后才在瑞典找到自己的新故乡。她在1946年正式成为这个国家的国民,只可惜她已经无法再好好地正确学习这个国家的语言了。后来她再也没有返回德国和她出生的城市。1968年,年近90岁的迈特纳逝世于英国剑桥。

对迈特纳而言,根本没有任何理由让她再回到德国,这里几乎

---

① 就在居里夫人获颁第二座诺贝尔奖之前不久,她和法国物理学家朗之万(Paul Langevin)的恋情曝光了。诺贝尔奖委员会因此通知她,除非他们之间的关系是清白的,才欢迎她前来斯德哥尔摩。居里夫人拒绝他们对其私生活的干涉,并且回答他们,她是因为自己的科学工作才得到这个奖项的。虽然她还是出发前往瑞典,但是她必须放弃促使朗之万离婚的想法。

② 迈特纳出身于老式犹太家庭,她虽然曾受过洗,而且被教养成一个新教徒,但是纳粹是不会考虑这类细节的。

每个和她有关系的人都竭尽所能地批评她(却对纳粹的恶行三缄其口),而且直到1991年都不曾出现任何形式的道歉。后来,人们在经过抗议之后才为她在德意志博物馆的名人堂[译注:慕尼黑的德意志博物馆二楼大演讲厅内摆有许多著名人物的头像]中争取到一席之地——虽然有一点妇女保障名额的意味——与普朗克及哈恩的头像为邻。从这些迟来的补救措施可以看出,对德国男人而言,与迈特纳交往象征着思想深度不够(我们暂时不考虑她的科学成就,这一点会再仔细讨论)。例如,有一套传记百科全书——《伟大的自然科学家》①虽然知道向读者介绍航海家恩里克(Heinrich der Seefahrer)和马可·波罗,但是对出版者而言,迈特纳似乎是完全陌生的,或是至少不值一提。

德国那些值得尊敬的男性对待一位伟大女性的方式实在令人觉得不可思议:当迈特纳于1907年刚刚取得博士学位②到达柏林,并且想在大学旁听普朗克的讲座课程时,却被这位有名的物理学家③问道:"您不是已经拿到博士头衔了吗?现在您还想要什么呢?"而当迈特纳想要与哈恩谈公事时,这位研究所领导人还特别下了一道明确的指示:她只准从后门进入这间研究所。迈特纳只能进入木工房,其他房间则连瞧上一眼都不被允许。当迈特纳于1926年拿到大学院校的授课资格并举办名为"关于宇宙的(Kosmisch)物理学"这么一堂导论讲座课程时,柏林的媒体报道的却是

---

① Groβe Naturwissenschaftler, hrsg, Fritz Krafft, VDI Verlag, Dusseldorf, 1985,2. Auflage.

② 1906年,迈特纳成为维也纳大学第二位得到物理学博士学位的女性。

③ 那位保守的普朗克先生后来写道,人们应该只是"试验性地,而且可以随时取消地"准许女性参与他的讲座课程;而他更是如此认为:"女性的职业是母亲和妻子,这是大自然原来就定好的。"

有一位“迈特纳小姐”以名为“关于化妆的(Kosmetisch)物理学”的演讲与听众交谈。

有谁认为这种性别歧视在第二次世界大战之后就结束了,就是低估了德国那群诺贝尔奖精英心胸狭窄的程度了,在这种情势下,迈特纳当然不会被这群精英接受。① 当她在20世纪50年代初期针对纯物理主题发表一次演讲时,当时由哈恩领导的马克斯·普朗克学会介绍这位女性演说者为“长期从属于我们主席的研究员”,而且从此之后一次都不曾修正过。而诺贝尔物理奖得主海森堡(Werner Heisenberg)在1953年的一篇论文中提到“过去75年间物理学与化学的关系”②时,更不止一次将“迈特纳小姐”的身份贬损为“长期从属于哈恩的研究员”,他甚至干脆避而不提其实迈特纳才是第一个理解实际情况的人:迈特纳于1939年便了解到,铀原子内产生核分裂时,原子核内的巨大能量会被释放出来。很明显,海森堡无法想象一位女性竟然可能了解物理学,他传达给读者的是迈特纳不过刚好“将她从哈恩的一封信中得知的正确结果立即以电报传达给一场正好在华盛顿召开的物理学会议”罢了。③

一直到了80年代末期,位于慕尼黑的德意志博物馆仍然只是将迈特纳视为哈恩的助理,尽管她已获得无数的荣誉与承认:她不但早就成为教授(从1926年起),也是哈雷(Halle)的利奥波第那

---

① 有这样的传说:事实上哈恩的诺贝尔奖是靠迈特纳得来的。对于这一点我是认同的。

② 《自然科学评论》(*Naturwissenschaftliche Rundschau*). 1953,(6):6.

③ 在此我们指出的不过是海森堡所做的颇为不光彩的事件之一,他指控迈特纳利用他们对她的信任泄密给美国。虽然当迈特纳收到哈恩这封信时,德国政府正在为战争做准备,再加上当时美国并非德国友邦,但事实上迈特纳并未向华盛顿方面透露任何一个字。

科学院(Akademie Leopoldina)和哥廷根科学院的成员,以及美国恩里克·费米(Enrico Fermi)奖[1]和莱布尼茨奖章的得奖人之一。其实,迈特纳在国外早就获得数不清的荣誉博士头衔和其他殊荣,熟知内情的人也都了解,在这个知名且颇受赞誉的哈恩—迈特纳团队中,"她"才是真正的精神领袖。从一个小故事就可以知道这件事并非秘密:其他研究员经常将他们两人出现在公告下方的签名"Otto Hahn, Lise Meitner"加上小小的蛇形曲线,让这些签名产生更加符合事实的新含义"Otto Hahn, lies Meitner"[译注:在"Lise"中的"se"之间加上蛇形曲线,"Lise"则变成"lies",也就是英文"欺骗"的意思;这就是说,他们的工作伙伴也都认为哈恩欺骗了迈特纳]。迈特纳经常挂在嘴边的劝告为:"小恩,让我做这个吧!你对物理根本一无所知。"这个劝告从不曾被严厉反驳,她是真的对物理有所知;但是,她是一位女性,所以必须总是排在后面或隐藏起来。

时代背景

当迈特纳于1878年出生在维也纳时,有1 600万人参观了位于巴黎的世界博览会,同时美国的纽黑文(New Haven)第一次架设了商业性质的电话连线。1879年,爱因斯坦与哈恩诞生,生化学家科塞尔(Albrecht Kossel)开始钻研细胞核,冯德在莱比锡设立了第一座心理学实验室,西门子公司则在柏林展示了一辆电动火车头。一年之后,陀思妥耶夫斯基出版了《卡拉马佐夫兄弟》(*The Brothers Karamazov*),科赫将洋菜培养基运用到微生物学中,而巴斯德则发

---

[1] 迈特纳以第一位女性和第一位"非美国人"的身份赢得了恩利克·费米奖。

展出疾病可能是由“病菌”引起的概念。到了1881年,真的有一种“杆菌属”被克雷伯斯(Edwin Klebs)发现,它会引发伤寒。1882年,科赫则发现结核病的病原体;在这段时期,电车开始在柏林行驶,阿姆斯特丹动物园内全球仅存的斑驴死掉了(人们认为它是斑马在进化上的先行者),勃拉姆斯则完成了第三交响曲。

当迈特纳在1926年成为教授时,海森堡和薛定谔(Erwin Schrödinger)相继提出原子的量子理论,海德格尔则完成《存在与时间》(*Sein und Zeit*)的手稿。两年后,青霉素被发现(但是一直到20年后才被在医学上使用),英国作家劳伦斯则因《查泰莱夫人的情人》(*Lady Chatterley's Lover*)一书中描写情欲的文字引起争议。1932年,中子被发现,核物理学界为此感到无比振奋。6年后,就在迈特纳努力攀向事业的第一个高峰时,却必须离开德国流亡到瑞典;同一年,也就是1938年,圆珠笔拿到专利权,保时捷将“甲壳虫”的样车介绍给世人,而萨特出版了他的书《恶心》(*La Nausée*)。

不久,就是第二次世界大战爆发、德国分裂、联邦共和国(西德)成立、联邦总理阿登纳(Konrad Adenauer)掌政、第二届梵蒂冈大公会议、对斯大林主义进行清算。接下来的是古巴危机、肯尼迪执政和20世纪60年代乐观主义普遍盛行。自1967年起,人类开始移植心脏。在迈特纳过世的那一年(1968年),学生革命风潮席卷全球,尤其是在柏林和巴黎。当时有摇滚乐、避孕药、毒品等,进步与繁荣被广为称颂,还没有人谈及环境问题,人们只是希望鲁尔河(die Ruhr)上方会再次出现蓝色的天空。

人物侧写

正好是在世纪交替前(1899年),奥地利的大学为女性开启了大门,1901年迈特纳在维也纳展开她的物理学学业。能听到玻尔兹曼的讲座课程让她十分高兴,她更被玻尔兹曼对于热力学的熟练与精通所激励,进而影响其博士论文的选择——《同质物体内的导热》。她在1906年完成这篇论文时28岁,应该已经在这个男人掌权的世界中绕了不少弯路。当然,迈特纳无法再进入更高等的学府,因为那里还未曾让女人进去过,而她的父亲(一位祖先为犹太人的维也纳律师)则理所当然地认为,她要以女科学家这种身份找到工作的概率是少之又少。虽然他支持她这份很早就显露出来的兴趣,但也要求她必须先找到一份稳定的职业,而她也答应了父亲。她通过一些必要的测试,成为法文教师,最后则在维也纳大学注册。在这里她觉得自己像是"玻尔兹曼的学生"(如同她在1958年所写的),而她的第一位老师是如何"感动于大自然定律的神奇,并且对人类思维能力掌握大自然的程度感到满足",这点让她非常着迷。

迈特纳对玻尔兹曼的活力与热情"完全着迷",因此,当她自1907年秋天起在柏林听到普朗克既不带个人色彩又颇为枯燥无味的理论物理讲座课程时,感到十分失望。在此顺便一提,迈特纳并不能就这样轻易走进讲堂听课,因为在当时,女性若没有得到进一步的允许,是不能在普鲁士高等学校接受教育的;如果想要听课,必须得到教师个人的准许。虽然,就像前面提到的,第一次和伟大的普朗克会面的经历是极不愉快的,但是在接下来的日子里,迈特纳却越来越尊敬普朗克的为人。普朗克是"非常优秀的人",有一次迈特纳曾如此提起:"当他走进房间时,房间内的气氛会变得好起来。"①

---

① 迈特纳在此引用了普朗克自己的话。坐在迈特纳对面的普朗克有一次提到,小提琴家约阿希姆(Joseph Joachim)在场会让房间里的气氛变好。

普朗克很快就发现迈特纳拥有的是多么特别的天赋，因此接下来就让她成为自己的助理，一直到第一次世界大战都是如此。1915 年，迈特纳自愿成为 X 光护士，以便在维也纳前线的野战医院工作，她特地为了这份工作去上课以做好准备。

以科学的观点而言，第一次世界大战是一个决定性的里程碑，因为这是第一次有化学家和物理学家直接帮助的战争：最为人所知的就是化学武器的加入，所有参战方都运用权力进行测试——并不只有德国人。德国方面是由哈伯（Fritz Haber）领导的，所获得的是最伟大的“成果”，如果人们对事实上数以千计的死亡人数也可以如此称呼的话。虽然迈特纳和这种研究及其毁灭性一点关系也没有，但是在此我们之所以提出毒气战及其后果，是为了告诉对科学提出批评的人，如果他们想要对这些行为做出道德上的批判或谴责，不该这么简单就骤下结论，而是必须对时局加以考量。迈特纳也能理解她的同事为化学武器投入的心力，因为“每一种方法主要都是以同情心为出发点，用来帮助缩短这场可怕的战争”。她在 1915 年 3 月如此写道。谁会因为她有这种想法而责备她呢？众所周知，30 年后人们将第一颗原子弹丢在广岛之后，这种想法在美国这一方又重新冒了出来。

迈特纳写出上述那些话是要安慰那位 8 年前给了她很多机会、让她进行实验的同事哈恩，因为当时哈恩是站在第一线的。哈恩于 1907 年春天取得在大学授课的资格，并开辟了一个科学新领域，命名为“放射化学”，这个领域关心的是在化学方面更正确地表明放射性物质（就是像居里夫妇在巴黎研究的物质）的特性。哈恩了解到，这必须依赖——用现代的方式表达——团队作业才能达成，因此他以化学家的身份寻找一位能胜任此计划的物理学家。另外，由于哈恩刚刚从美国返回德国，而他在美国时曾有和同龄女性研究员一同工作的经验，所以“对女性有明显的偏爱”；或者如传记作家一般的说法，这位物理学家也可以是位女物理学家，迈特纳因而获得这个机会。

虽然如前所述，迈特纳只被允许在木工房内进行实验，但这时的她在柏林的达勒姆[Dahlem，译注：柏林西边的一区]度过了“最没有烦恼的工作时光”：

> 放射性和原子物理在当时以一种不可思议的速度飞快发展，几乎每隔一个月就会有一种奇妙、令人惊喜的新结果出现在众多从事类似研究的实验室中。如果我们工作进行得顺利，就会一起唱着两部合唱，大部分是勃拉姆斯的歌曲。这时我通常只能轻声哼唱，哈恩则拥有非常美妙的歌声。不论在为人或科学方面，我们和物理所里的年轻同事都维持着很好的关系，他们常常来拜访我们，有时竟然不走平常的路，而是从窗户爬进木工房。在这段短暂的日子里，我们是年轻、愉快且无忧无虑的，也许在政治方面太不懂得忧虑了。

很快工作房内的日子便进入倒数阶段。1911年，德国成立威廉皇帝协会①，而且在达勒姆建立了威廉皇帝化学研究所。1913年，哈恩与迈特纳这对工作搭档搬到这里。1917年，迈特纳在此接管了一个属于她自己的部门——而且是“物理—放射性”部门，同时也被允许使用教授头衔。从这时起，“迈特纳小姐”再也不是哈恩的助理了，但是仍然要过大约80年的时间，德国科学这个属于男人的世界才会对此事有所认知。

① 第二次世界大战后，这个协会改名为“马克斯·普朗克学会”。

对于迈特纳而言，在 1917 年就返回柏林是相当不容易的决定，当时战争仍然在进行，而她也还在奥地利前线的野战医院工作；然而，此时她收到一封来自哈恩的信，信中对于军方想要将研究结果应用在战争上感到十分激动。迈特纳曾说："就算我没有一直待在那里，我们这个部门的研究也可能被应用于军事目的。因为我们对于以镤（化学元素）为锕之母成分的研究，离不开精密仪器非常精确且能再复制的测定，如果将这个部门拿走，我们长久以来的工作成果就会成为幻影。因此，在 1917 年 9 月，我不断回到达勒姆将这份工作做完。"当然，如果没有普朗克的帮助，迈特纳肯定无法摆脱来自军方的压力。

镤和锕正是哈恩—迈特纳团队研究的主角。他们两人在 1908 年发表的第一份共同工作成果，是关于名为"锕"的化学元素的：这个元素具有放射性，而且比法国的居里团队发现的著名的镭还重。虽然当时已经有化学元素周期表，而且表中的已知原子也都各有其"序数"（即原子序数），像是以氢为 1，作为开始；镭暂居 88，而锕则为当时所知的最后一个，序号为 89。但是这些越来越大的数值究竟代表什么，在 1908 年还没有人知道。迈特纳只知道，锕有一个母成分，这是一个元素，本身具有放射性且会分解，之后就会形成锕。她和哈恩一起寻找这个被他们命名为"镤"的元素，并于 1917 年发现了它。他们分配给它的序数为 91，比被定为 92 号元素的铀还小 1 号。

迈特纳在其研究中专心致力于被称为"β 射线放射者"的元素，简单地说，就是试图从放射现象中出现的那三种以希腊字母 α，β 和 γ 命名的射线中挑出她想要的种类。我们现在当然知道这种射线涉及的其实就是电子的某些现象，但是当时的迈特纳并不清楚。她在实验中注意到所有电子都是从原子核内部射出的，同时也发现在这种情况下，电子被射出的速度呈现出所有的可能性（若要更准确地说明，就是它们拥有“连续性的能量谱”）。

这两种见解其实是非常惊人的，虽然今天的我们因为熟悉而不容易察觉原创的伟大。容我提醒大家：当时的物理学家是活在这样的假说中，即世界只是由两种基本粒子组成，一是质子，它是带正电的重粒子；一是电子，它是带负电的轻粒子。约在1912年，新西兰物理学家卢瑟福在做“散射实验”时注意到，原子是由一个核心和一个壳层组成的，原子核中所有的质子（这几乎等于原子全部的质量）是相互连接的，而电子则围绕着这个中心。除此之外，丹麦科学家玻尔——我们会在后面的章节再详细介绍他——很快便明白，这样的发现让以牛顿和麦克斯韦物理学为基础的经典物理学走到了尽头，因为经典物理学无法解释这种微小行星系统的稳定性；然而，哪一种新理论可以替代它的地位呢？当然也没有人知道，这样的理论一直要到大约12年之后，也就是1925年才被提出来。但是在革命性的原子“量子理论”出现之前，诸多理论的各自表述造成了理论物理学界的一片混乱，因此人们必须依靠实验结果寻找可能的答案。迈特纳在这个领域居于领导地位，她那可靠又正确的测量揭露出许多令人惊讶的真相，也对经典物理学施以致命的重击。不过，她的数据不只具有破坏力，也带给后来的物理学家一个新框架，人们在其中找到了继续研究的立足点。

迈特纳的实验结果是物理学中的大挑战：那些电子是怎么来的，当她用“镤”这一类β射线放射者检验电子时，电子会先进入原子核再跑出来吗？在此必定隐藏一个关于电子的重大特性，特别是经过她多次证明（虽然她的同行非常喜欢将此当成测量错误而加以反驳）的事实显示出，β射线放射者的电子可以接收所有可能的能量，因此呈现出的能量光谱和大家熟知的不连续原子光谱（一条条分明的谱线)有非常明显的不同。①

比起20世纪30年代初期的发现,事情到现在才显现得较为清楚,即并非只有质子和电子存在,在这两种各带着正负电性的物质基本粒子之外还存在一种中性的基本粒子;因为它不带电的特质,物理学家遂称之为"中子"。随着中子的发现,迈特纳的研究生涯进入一个全新的阶段,这样的转变不只发生在她身上,世界各地的科学家也都在设法寻找中子的来源,以便运用在所有的原子上,并且希望获得以下结果:这些不带电的微粒子能被成功地推进原子核内并留在里面。这背后无疑隐藏着某种程度上依旧是炼金术的老梦想,大概就像是将非贵重物质转换成贵重金属;不过,隐藏在这背后的首要驱动力应该就是好奇心了,就像想要了解从模型上看来像是全部由质子组成的原子核的稳定度。照常理来说,这种带同样电性的基本粒子应该相互排斥而非黏合在一起,就像平时有目共睹的一般,究竟是什么原因将它们固定在原子核内?在这里有什么样的力存在?人们希望能以中子撞击找出答案。

就在20世纪30年代中期,人们发现原子核并非只是由质子组成,同时还有中子存在,而在此之后的可能性就显得非常诱人:用中子撞击当时所知的最重元素,即原子序数号为92的铀,以这样的方式形成新的"人造元素"。这个主意看来既清楚又可行:当铀

---

① β衰变中放出的电子会有一个连续谱,之所以一直受到玻尔的注意,是因为这样的过程与能量守恒定律抵触。这个问题的"解决"则是物理学家泡利的贡献,他在1930年提出一个假说,认为原子核在β衰变中不仅释放出电子,还会放出一种质量甚小、穿透力甚大的中性粒子。泡利将之称为"中子",并开创了对"中微子"(neutrino)的研究,这一假说解决了β衰变中角动量各能量不守恒的困难。

原子核抓住一个中子(或是几个中子)时,一定会变大且变重,形成一个人们想要的"超铀元素"。事实上,科学界很快展开了生产这些"超铀元素"的竞赛。①

但是,忽然间科学被粗暴地干扰了,厄运更是降临在迈特纳身上,掌控德国多时的纳粹在这段时期更将势力深入奥地利;为了躲避迫在眉睫的逮捕,迈特纳于 1938 年逃往瑞典。她在非常短的时间内突然被宣告不能胜任,被迫离开此科学中心——一个研究工作正处于令人振奋阶段的研究中心。虽然她后来在瑞典被友善接纳,人们也非常慷慨地提供薪资和仪器给她,但我们还是不能因此忽视她遭受的剧痛,毕竟突如其来的流亡还是让她变得孤独、与世隔绝。"你们可能无法理解,从 9 个月前就住在一间小小的旅馆房间内、心中充满害怕、担心没有人肯花费必要的时间完成我在柏林的事情,这对我这种年纪(迈特纳此时已经超过 60 岁)的人来说会是什么样的感觉,而在这里的研究机构中我也是完全无助的。"这就是她在 1939 年 3 月的心情写照,之后她又补充:"我的生命是如此空虚,真的没有任何一个词可以形容。"

她提到的一些"事情"已经被持续做下去了,哈恩和他新来的研究员斯特拉斯曼(Fritz Straβmann)越来越好奇用中子撞击铀会发生什么事。他们尤其思考着来自巴黎的消息——这个消息来自居里夫人的女儿伊雷娜,就是这种情况下应该不会产生具有更高原子序数的元素(超铀元素),而是会生成具有低原子序数的元素,此处谈及的便是镭(原子序数为 88)。当哈恩与斯特拉

---

① 在这段时期,人们真的可以生产原子序数较高的"超重"元素。到 1992 年时一直生产到原子序数为 109 的元素,它被命名为"Meitnerium"(鿏),以表达对迈特纳的敬意。

斯曼对此进行测试时,却非常惊讶自己无法得到这个结果:想象中应该要发现的“镭原子”所产生的现象却非常类似“钡原子”应有的特性,但是原子序数为56的钡却比铀轻多了。因此,哈恩与斯特拉斯曼的实验结果不得不让人推论出铀原子核会分裂这种说法。

迈特纳于1963年叙述了1938年她在瑞典枯坐无法工作、只能等待来自柏林的信件时的心情,她在了解哈恩和斯特拉斯曼发现核分裂之后写道:①

> 我想要强调,在强度如此微弱的样本中取得这项(钡元素的)证明,真的是放射性学中大师级的成就,而这件工作在当时除了哈恩和斯特拉斯曼之外几乎没有人可以达成。
>
> 1938年圣诞节,哈恩捎信告诉我他们在上回实验中得到的让他们两人大感惊讶的结果,当时我正在瑞典西岸的孔艾尔夫(Kungälv)和从哥本哈根来的侄子奥托·弗里施(Otto Frisch)共度圣诞假期。可想而知,他显得非常激动,他问我以物理学家的身份对这个结果有何想法,我自己在阅读这封信时也因为惊讶而变得激动(说实在的)且不安。我对哈恩和斯特拉斯曼所拥有的不平凡的化学知识和能力太清楚了,所以对于这个让他们感到惊讶的结果连1秒钟的怀疑都不曾有过。我体会到这个结果开创了一条全新的科学之路,而我们在早期的工作上(寻找超铀元素)走了多少冤枉路!

---

① 迈特纳,《通往核能的道路与迷途》(*Wege und Irrwege zur Kernenerjie*).《自然科学评论》,1963,(16):167-169.

迈特纳和弗里施在宁静的圣诞节气氛中伴随着瑞典的冬季风光一同散步，并且开始讨论这个问题：铀原子核被中子撞击时会因为什么分裂呢？为了推想这种情况，他们回到玻尔的原子核模型（今天虽然认为这个模型用来理解仍不够，但是在当时已经可以帮上很大的忙了）。玻尔曾指出，人们可以视原子核为一颗小水滴；就像水滴一样，其内含物是由所谓的表面张力使之稳定的。迈特纳和弗里施的谈话是从这样的概念出发的：

> 我们在讨论中产生了以下的图像：当具有高电量的铀原子核内——质子彼此之间的排斥使得表面张力大量降低——借由被捕获的中子而让原子核的集体运动变得足够剧烈时，核的形状便会因剧烈的运动而拉长，此时便形成一个像是“腰身”的部位，接下来终于分裂成大约同样大小、重量较轻的两个核，而这两个核因为反向的推撞非常剧烈而各自飞离。同时，我们也可以借由这个概念估算在此过程中释放的能量有多少。

接下来的事情就像她描述的，那份能量非常巨大，让这两位物理学家非常惊恐，并将接下来的方法悄悄地保留起来。他们讨论的结果在1939年初以英文出版，内容谈及的就是“裂变”（fission）。

核裂变因而被发现、被命名，并且理所当然地在第二次世界大战前夕引发世人对于它在此过程中释放巨大能量的高度兴趣。就在1939年1月，相关的信息已经从哥本哈根传到华盛顿，而“进一步的发展已经可以知道了”，迈特纳在1963年言简意赅地如是说。当战争接近尾声、第一颗原子弹爆炸时，迈特纳写了一封信给哈恩，不过这封信从未送到收信人手中。她并没有因为核分裂①指责这位似乎成为讨论科学研究良知问题时指向的中心人物，而是谈到纳粹的罪行以及一个与此密切相关的主题，而这个主题对许多男性则是几十年来的禁忌：

> 你们所有人都遗弃了正义与公平的尺度，这真是德国的不幸。你曾经在1938年5月亲自对我说，传言会有对付犹太人的恐怖事件发生……你们却还为纳粹德国工作，即使连一些消极的抵抗都未尝试过……你可能也会记得，当我还在德国时，我经常对你说：只要我们还会有失眠的夜晚，不只是你们，整个德国都不会变得更好；但是你们并不因此失眠，因为你们不想正视它。

我们可以了解，为何在这些事件之后，在她以前的同事对纳粹暴政“睁一只眼闭一只眼”之后，德国的生活对她“再无可能”。1945年底，迈特纳参加在斯德哥尔摩举办的诺贝尔化学奖颁奖典礼，哈恩为得奖人，迈特纳则空手而归。

第三节　麦克林托克：就是这份对生物的感情

芭芭拉·麦克林托克曾有一次被如此问道，为何她能比她的（大部分为男性）同事更早注意并更清楚地了解到大自然中蕴涵的关于基因的秘密？她的回答是，她给自己时间去倾听自己研究的植物的声音。不然怎么能理解那些植物针对她的问题，也就是她

---

① 令人惊讶的是，迈特纳谈及的大多是纳粹统治下的德国科学家对于纯科学观点的专注应负的责任，在此倒是忽略了核分裂这个问题。

的实验提供的答案呢？那些生物体一定是为此才开放自己的：因为她对它们开放自己。任何想要成为优秀生物学家或遗传学家的人，必须对自己选取的实验生物抱有感情，用麦克林托克的话来说便是："对生物的一份感情。"这个有机体并不限于一株植物或一只动物，而应是"生物体内任何一个组成部分与其他任何部分都扮演同样重要的角色"。

麦克林托克于1983年春天说出这些话时，已经年过八旬了，除了美国东岸一个非常小型的科学家团体之外，似乎没有什么人认识她；就算在越来越受基因技术影响的时代，大部分遗传学家对于这个似乎从生物学课本中消失的名字顶多也只是稍有耳闻。这种情况在1983年秋天麦克林托克获得、而且是她独自一人获得诺贝尔生理学或医学奖①之后发生剧烈的转变，她不需要与任何人分享这份奖励（以及奖金②）。瑞典学院的确做了一项卓越的决定，正因如此，许多可能太过于追求功名的分子生物学后生才有机会向这位遗传学的伟大女士献上敬意。

30年前他们都还以截然不同的方式对待麦克林托克。那时，当她在叙述自己用玉米进行的遗传学实验的结果时（就是因为这项结果，让她在1983年获得诺贝尔奖），并没人认真倾听。20世纪50年代初期，生物学，尤其是遗传学登上另一个新滩头，但是她不想共同参与。那个时期的咒语是"分子生物学"，将注意力从生物

---

① 依照诺贝尔奖创办者的意愿，诺贝尔奖项只发给三个自然科学领域，即物理、化学、生理学或医学。诺贝尔奖于1901年首度颁发时还没有遗传学这门学科，因此遗传学家必须被列为生理学家或医学家。

② 除了荣耀与名声之外，诺贝尔奖还可以带来将近（换算过来）100万马克的金钱[译注：大约430万元人民币]。我不知道麦克林托克用这些钱做了什么，但是对于自己，她最多只是买了一副新眼镜。

体本身转移开来,同时引诱许许多多科学家几乎只瞄准细胞的组成部分——遗传分子。遗传物质的结构,即著名的 DNA 双螺旋①被找出来了,人们发现了生物界存在普遍的遗传密码,现在需要的就是破解它。在新潮流下,细菌和病毒这一类微生物成为被探索的对象,没有人再对玉米真正感兴趣,但是,麦克林托克根据自己观察玉米数年的经验清楚地体会到:当下没有任何分子生物学家跟得上她。② 然而,这位不久前才被选为美国遗传学协会会长并且被著名的美国科学院选为院士的女士,忽然间又变成孤单一人,她再次变得如此孤单,就像其人生的绝大部分时间一般;就像几十年后她在斯德哥尔摩,在瞬间闪亮的舞台灯光下站在众人面前一般。如果就像人们常说的,孤单是伟大艺术家的特征,那我们就可以称麦克林托克为遗传学中伟大的女性艺术家了;一直到今天,我们都还在尝试更准确地理解麦克林托克绘制的那张基因图所蕴含的秘密。

时代背景

如果我们忽略孟德尔不计,麦克林托克大概就和遗传学本身一样老吧! 1902 年,当她出生在哈特福德(Hartford,位于美国康涅狄格州)时,孟德尔的遗传定律才重新被提起。而那位年轻的美国科学家萨顿(Walter Sutton)第一次(根据观察蝗虫的结果)提出这种想法:有一种叫作"染色体"的细胞结构存在,这种结构可能与遗传有关。同一年,托洛茨基逃离西伯利亚流亡伦敦,澳大利亚成为

① DNA 是英文脱氧核糖核酸(deoxyribonucleic acid)的缩写,是一种化学物质,基因即是由它组成。

② 麦克林托克发现了我们今天称为"跳跃的基因"或"转位子"(Transposons)的存在,我们将在文中详尽地说明。

世上第一个赋予妇女普选权的国家（德国直到1918年才如此，美国则到1920年才跟进）。1903年，埃尔利希（Paul Ehrlich）尝试借由其“侧链理论”（Seitenkettentheorie）为化学疗法的效果提出根据，美国的莱特兄弟进行第一次引擎飞机试飞（这次持续不到一分钟），列宁则在流亡国外期间策划他的布尔什维克党。一年后，韦伯写出了《新教伦理与资本主义精神》。1905年，爱因斯坦创造了一个“奇迹年度”，他在这段时期发表了许多传奇性的著作。从1910年起，开始出现人造丝制成的女性丝袜以及电动洗衣机，卡尔·冯·弗里施（Karl von Frisch）第一次进行蜜蜂色彩辨识能力试验，摩尔根（Thomas H. Morgan）及其工作伙伴提出了第一份果蝇染色体图。

当麦克林托克在20世纪30年代初期出版其第一份论文时，物理学家发现了“反物质”，日本人建立了伪满洲国，塞拉西（Haile Selassie）成为埃塞俄比亚皇帝，德国则有600多万失业人口。除此之外，第一部配有阴极射线显像管的电视接收机在1932年完成，它的出现让人惊叹不已。当时的科学语言还是德语，但是这点很快就改变了；20年后，也就是麦克林托克获得重要成果的时代，研究人员若是要相互了解，说的和写的就都是美式英语了。在1952年的德国，《孕妇与产妇保护法》第一次生效，施韦泽获得德文图书出版发行商颁发的和平奖，一年后更获得诺贝尔和平奖。1953年，除了双螺旋链的发现之外，彩色电视节目首次在美国公开播放，斯大林逝世，英国女王伊丽莎白二世登基（当时登基大典由电视转播，此举促成电视这种媒体的成功），第一批人类登上世界最高峰珠穆朗玛峰。

1992年麦克林托克过世那一年，基因疗法已经问世两年；另外，为了将人类完整的基因组排序出来，已出现耗资数百万美元筹建的基因工业。“人类基因组计划”的目的在于获得一种新的医学——他们如此宣称，但是麦克林托克对此抱持怀疑的态度，她认为基因并非这么简单，生命肯定比这些人认为的“更复杂，毋庸置疑也更美”。

人物侧写

麦克林托克的一生几乎除了孤独还是孤独，这句话是指她的人际关系，包括肉体上、情感上和智性生活上的关系。当然，她拥有一个能充分谅解她的家庭。她是康涅狄格州一位医生的女儿，这位医生一共有四个小孩，由一位充满活力的母亲抚养和教导。但是她的“独处能力”则是与生俱来的。“我的母亲为我在地上放了一个坐垫，给我一个玩具让我坐在那儿。”80 岁的麦克林托克回忆，“在此之后，她说我从不曾哭喊或要求过任何东西。”

在这段年幼的岁月中，麦克林托克的名字还叫作“爱莲诺”（Eianor），但是父母亲在她四岁生日时决定不再以这个他们认为特别细腻且女性化的名字称呼她，而是将她的名字改成被认为是男性化、坚定、有三个音节的“芭芭拉”（Barbara）①，这时她和母亲之间的关系变得紧张。就在她改名之后不久，家中诞生了一个男孩，她被送到马萨诸塞州的亲戚家，她不记得那段时期曾经想过家。

尽管产生紧张，但那毕竟是一个能充分体谅她的家庭；这里是

---

① 明显地，她的名字至少听起来有一点像她祖父的名字“Benjamin”，但是不需特别强调就能让欧洲人联想到“芭芭拉”的发音听起来和“野蛮人”（Barbaren）相去不远；而“野蛮人”是古希腊时期希腊人给非希腊人的称号，因为他们说起话来令人难以理解。在德文中，人们表达呢喃自语、咕哝之类的声音也用类似的元音“Rhabarber Rhabarber”，“野蛮人”正是这么说话的。对分子生物学而言，麦克林托克在 20 世纪 50 年代说的话也是难以理解的，名字不只是空洞之物。

指他们接受麦克林托克的特质,并且给予她所有机会让她获得良好的教育。不久之后,她的家搬到纽约,她在 1919 年进入康奈尔大学农学院就读。康奈尔大学在为女性提供机会这方面是非常先进的,这所仰赖私人财力建立的大学从一开始就不希望仅仅是提供教育给"特定学科的特定人选",它在创校文件中甚至明确表示,女性应该拥有和男性同样多的使用设施的权利。①

在康奈尔大学约 17 年的日子,麦克林托克过得非常愉快。到了 1936 年,在努力为博士学位而在植物学领域工作大约 10 年之后,她才离开那里。在这段日子里,她遇到许多朋友,像其他人一样和同学一起外出,也认识了许多不是学习自然科学的人,但是并没有和任何人产生情感上的关系。"对任何人的依恋并不是那么必要,我就是没有这种感觉,而我也无法理解婚姻会是什么。我甚至真的不知道……我从未有需要它的体验。"她在生命快结束时是这么说的。

当麦克林托克在 1927 年获得自然科学博士学位时,遗传学成为一门非常令人期待的科学,特别是因为美国的帮助才变得如此热门。位居这项研究顶端的是一间实验室——位于纽约哥伦比亚大学内传奇的"果蝇室"(fly room)。在曾经是胚胎学家的摩尔根领导之下,大约自 1910 年起,今天被视为经典的果蝇实验的令人惊叹的结果便是逐渐在此发表。如同 1920 年之前一本名为《孟德尔遗传机制》(*Der mechanismus der Mendelschen Vererbung*)的书所记述的,果蝇遗传学家②对于"孟德尔遗传机制"越来越清楚。这里

---

① 这听起来很棒,却也很令人难过,因为这种给予女性的平等机会只存在于求学方面,关于提供女性同样多的教授职位一事则从未在任何地方被提起过,康奈尔大学一直到 1947 年之后才在这方面有所改变。

② 这里提到的除了摩尔根之外,还有斯特蒂文特(A. H. Sturtevandt)、穆勒(Herman J. Muller)和布里奇斯(Calvin B. Bridges)。

所说的是，果蝇遗传学家证实了孟德尔遗传因子的物理基础，这个基础就是自1909年起被称为“基因”的东西；更准确地说，就是这些遗传学家在细胞内发现的一些结构，而这些结构正好作为当时只能以抽象形式存在的基因概念的具体载体。这个细胞的组成部分之所以会在光学显微镜中被清晰地指认出来，是因为它在偶然的情况下——就像从19世纪起人们所知的，被染色剂选择性地染色，因而与细胞的其他部分产生差别。这个“带色的物体”在希腊文中可以翻译为“Chromosomen”（染色体），凭借这个概念，或许我们可以将摩尔根“果蝇学派”的第一份成果以一个无伤大雅的句子总结：“明显存在着一个孟德尔遗传定律的染色体基质。”

以显微镜观察染色体为遗传学研究带来一种新方法。人们不仅可以像孟德尔以往一样在植物（或动物）杂交时用肉眼检验与计算，看看哪种特性会在何时何处再度出现，并且精确地记录下来，如今还可用显微镜取代肉眼来研究遗传现象。也的确还有人这么做，这一类研究学科就是所谓的“细胞遗传学”。麦克林托克的研究正是属于这个传统，据说就是因为精通显微技术，年仅30岁的麦克林托克便成为居于领导地位的美国“细胞遗传学家”。她并未选择果蝇作为她的实验生物，①而是选择了一种植物，精确地说就是美国人称为“maize”的玉米，科学上则被分类为“Zea mays”。

康奈尔大学的基因学家当中有一位是以玉米进行实验的——埃默森（Rollins A. Emerson），而他也清楚用玉米穗轴上谷粒的颜色来追查遗传法则的秘密是再适合不过了。它们产生的色调和花纹

---

①　摩尔根之所以选择果蝇有以下三种原因：首先，人们可以很容易地在实验室中养殖果蝇；第二，每10天就会有一个新世代提供给遗传学家使用；第三，从一开始就出现许多自发性突变，最有名的就是一只有白眼睛的果蝇。

十分显眼，就算任何一个从未以遗传学角度来观察玉米的人，至少也应该会注意到这种印第安玉米的特征，它主要有红黄斑点，而且具有装饰性非常强的色彩变换。这种玉米现在在美国西部已经被当成纪念品贩售。

当麦克林托克开始针对玉米进行研究时，还没有任何人尝试进行染色体或细胞遗传学的分析；在她还是博士候选人时，她就学会栽培植物，然后年复一年追踪它们的成长，现在则尝试以玉米为研究主题。她费心地定义玉米的染色体、表明其特性并分类，很快就能将杂交实验的结果与显微镜的检验结合在一起——就像人们所说的，使它们相互呼应。1931 年，她和克赖顿（Harriet Creighton）共同发表了一份报告，报告中提到，在自然状况下会发生遗传信息交换的情形，也就是当生物体产生生殖细胞时，遗传信息会伴随着遗传物质交换；也就是说，会发生一种可被证实的染色体“互换”。

当然，麦克林托克并不是用这样的词句表达的，因为“信息”这个概念在科学上的使用是第二次世界大战之后的事情，但是她指出有一种“细胞学上和遗传学上之间互换的关联”存在。在此，“互换”（Crossing-over）这个未经翻译（成德文）的概念清楚地显示，遗传学在美国已经成为一门全面性的科学，同时也拥有自己的语言。“互换”——人们如此称呼染色体并列在一起时其中某些小段彼此交换的过程，①而只要能够熟练掌握这种技术，每个人都可以在显微镜下观察到这段过程。麦克林托克不仅精通此道，她在 1931 年

---

①　并非所有染色体都会发生互换，它们必须是同源的。在此我们并不想重复解释那些染色体“芭蕾”表现出来的细部舞蹈动作，毕竟在高中时期这些复杂的图像已经为许多人带来非常多的困扰。不过，我们必须明白告诉各位，这些错综复杂的细节还是必须被掌握与理解的；若是从这个观点来看，我们也只能对麦克林托克的工作加以赞赏。

更提到，每当发现玉米彼此之间交换一些特性时——最主要是与玉米棒子上谷粒的色纹有关，就同时会有一次“互换”被记录下来。借由运用这种长久以来被归类为传统的工作，那些被果蝇遗传学家探寻出来的染色体基质终于成为事实，而遗传研究也有了新目标。

在我们深入讨论这个目标之前必须补充的是，想要区别单一染色体和其他染色体，就算是用最好的染色技术也是一件非常困难的事，更加困难的则是证明一个染色体从这一代到下一代的确产生了改变。这里需要的不只是准备实验时的十足耐心与熟练技术，更需要认识细胞的构造，因为实验者必须先能辨识它的特征才有办法发现它是否产生改变。当麦克林托克谈及这一点时——如上所述，她认为生物体的任何一部分都是一个有机体，若我们想要了解它却不想被它愚弄，便需要培养对实验对象的一份感情，如此方能体会染色体展现的究竟是什么。由于她不止对玉米，也对玉米的染色体发展出一份感情——这也包括正确、耐心地对待她检验的样本，所以能了解到底发生什么事；她看见植物所做的事，而植物也做了她看见的事。

在多位果蝇遗传学家和一位女性谷类遗传学家认清遗传是染色体的一种特性之后，新的问题便出现了。基因在哪里？无法观测到的基因与可以看到的染色体之间有什么关系？基因的数目应该比染色体的数目多很多，因为可辨认的细胞染色组织数目用一只手（在果蝇的情况下）或两只手（在玉米的情况下）的指头就可以算得出来，当时大家都认为应该有更多的基因。虽然大家很快就清楚基因位于染色体上，而且对观察有利的是它们经常一个接着一个规矩地排列着，没有任何往旁边去的分叉，但是伴随着基因像是“染色体这条链子上的珍珠”（或有人称为一块巧克力蛋糕上的巧克力糖）这个令人印象深刻的画面出现，古典遗传学突然间就走到了尽头。对于上面的问题，它再也无法有更多贡献，也不需要再多做什么，因为随着20世纪30年代的流逝，一种全新的发展正式开始；随着这个发展，生化学家和物理学家忽然间都加入了研究阵营，他们研究属于自己形式的遗传学，也提出相同的问题，就是关于基因本质的问题。①

决定性的转折发生在20世纪40年代中期，也就是在第二次世界大战期间，例如，组成基因的元素的化学性质第一次被鉴定出来。当艾弗里（Oswald Avery）及其工作伙伴在纽约偶然发现DNA所扮演的角色，因而导致新兴的分子遗传学进一步加速发展时，麦克林托克距探索基因的另一踪迹也不远了。从1941年起，她就在当今闻名、位于长岛上的小城冷泉港（Cold Spring Harbor）附近的实验室工作。冷泉港虽然位于距曼哈顿大约1小时车程之处，但是一直到20世纪七八十年代，任何来到冷泉港实验室的人都会觉得像是来到了另一个完全不同的世界。② 1941年，麦克林托克以卡内基研究所（Carnegie Institute）会员的身份来到这里，一直到其生命结束。她并不是直接从康奈尔大学过来，而是先在密苏里大学待过，现在又再度来到东岸，可以专心研究玉米。对其科学工作的第一份承认终于来到——她已经成为遗传学协会副会长，应该很

---

① 对这种转变有决定性影响的人物是德尔布吕克，之后将有单独一节介绍他。

② 笔者在1973年至1977年曾有机会在冷泉港度过几个月时间，因此也有机会认识麦克林托克。在冷泉港的相处经验让我对她与自然环境交往的方式惊叹不已，她散步时从不曾漫不经心地迈出一步，因为若是必须踩在草地或土地上时，她就会觉得抱歉。她就生活在这间实验室中，大部分时间都是独自一人，我从未见过任何人比麦克林托克给人更平静、更满足的印象了。

快就能接掌会长一职,平坦顺利的未来似乎正在眼前。她在冷泉港栽培玉米,用以对基因中的一族(family)或一群(group)进行世代追踪,她认为这些基因与谷粒颜色的改变有关。另外,她也发现这些基因会有一些不寻常的变异(或突变),而且它们的出现似乎没什么规则可言。在这段时期,基因已经被认为是染色体上的某个段落,也就是说每个基因——无论它是什么,在染色体上都必须有其位置;从那时起,遗传学家总是会提到位于许多彩色细线中的一条上面的"基因位点",以拉丁文表示即为"Gen-Locus"或是"Loci"[译注:"Locus"的复数]。此时麦克林托克想要探查"玉米中可改变的基因位点的来源与特性",并进行了几乎长达10年的种植、杂交与分析——当然最主要是用显微镜分析染色体。之后,她觉得自己已经准备充分可以发表结果了。1951年夏天就有这样一个机会,就是在她位于冷泉港家门前举行的科学会议上。

这个打击来得毫无预警,"它真的打败我了"。日后她如此承认。在她的演讲"玉米染色体构造与基因活性"结束时,现场只有不解与冰冷的沉默,没有人了解她在说什么,也没有人想要进一步理解。大会请下一位演说者上场,麦克林托克则被孤单地冷落在一旁。

在此,我们将麦克林托克发现的事情以较简单的方式呈现出来(尽管可以相信的是,她发现的事物对她的读者,或者也可能是听众而言原本就是不容易理解的,再加上她那极力追求精确和不错过任何细节的个性,理解起来就更加困难)。麦克林托克发现和发表的是,除了使玉米谷粒具有不同颜色的"正常"基因之外,还有其他具影响力的基因存在,她将这些基因称为"控制因子"。在此不可忽视的是,她运用孟德尔使用过的旧词汇,借此向这位和她一样总是孤单地工作,而且也是近乎30年不被人了解的遗传学创始者表达敬意。

她发现两段“控制基因”。第一段应该是位于负责染色的基因附近，作用像是一种开关，由细胞控制它的开与关。第二段控制基因似乎距“色素基因”有一段较远的距离，但是与第一段控制基因位于同一条染色体上，并且负责控制第一段的开关频率。

还不只是这些。除了控制因子的存在，麦克林托克还指出这些新发现的基因在染色体上并不占有固定的位点；更确切地说，它们是活动、可被迁移的，然后再用类似的方式影响另一个“正常的”基因。这种转移不只是发生在一个染色体上，而是每一条彩色的细线都会出现。

这个对于基因结构和功能的革命性见解首先是被分子生物学界接受（在他们自己也从用来做研究的细菌身上发现这种情形之后），但是分子生物学界并非一下子就产生这样的理解，而是经过了一小步一小步的寻找。最先是法国科学家莫诺（Jacques Monod）和雅各布（François Jacob）在20世纪60年代中期发现可调整控制基因的存在（他们也因此获得诺贝尔奖）[译注：即大肠杆菌操纵子模型]，虽然当时麦克林托克立即在许多论文中指出她的因子和法国人的“调节基因”之间的关系，但是这些分子生物学家不为所动。大约10年之后，直到麦克林托克的移动“基因因子”也在试管中被捕捉到，并且被用一个艰涩的专业术语“Transposons”（转位子）介绍给全世界之后，那些研究分子生物学的男士才总算明白，有一位女士早就解释过所有关联性；他们在20世纪50年代初期时就是听不进麦克林托克的话。

从一开始就孤独的麦克林托克和遗传学世界为数越来越多的其他人士之间之所以缺乏理解，有一个理所当然的原因就是，那些人在那段时期已经开始说另一种语言。和“核酸”“噬菌体”“噬菌体分析”这些概念一起长大的科学家，一定无法理解麦克林托克所说的“交配群”“染色单体互换”和“染色体畸变”；而有能力培养细菌、细胞或病毒的人，只有在极少数例外的情况下才有机会散步经过玉米田，但不一定是为了科学的目的。

然而，这只是事情的一面；除了语言障碍之外，事实上还存在一种观念上的障碍。在20世纪四五十年代蓬勃发展的细菌遗传学，其骄傲主要在于指出基因显现出的变异——它的突变，都是依照可接受的步骤进行，就像我们从达尔文时代开始从他身上学到的一样，而这意味着所有突变或变异应该纯粹只是恰好出现，绝不可能是在任何一种控制下形成的。不过，麦克林托克却在1951年断言，她的实验正好明显地显示出变异受到控制这回事。她从玉米中观察到一些基本上不同的东西，而且在冷泉港的学术研讨会演说中告诉那些遗传学家细胞或者说生物体控制下产生的突变；而这时所有听众都迅速变得充耳不闻，并将发言权交给下一位发表令人瞌睡、无聊教条演说的演讲者。

当然，麦克林托克可以将她的“控制因子”只当作假设来介绍，而我们也要澄清一下，麦克林托克在其漫长一生中提出的所有假设并非都是正确的，许多假设也被分子生物遗传学家认为证据不足。尽管如此，这个问题还是值得大家思考：麦克林托克如何能在20世纪四五十年代就完成如此伟大的成就？她是第一个勾勒出可变动遗传物质动态图像的人，人们到今天都还接受她描绘的图像，并对此感到满意。20世纪80年代初期，麦克林托克在与笔者的一次谈话中提及，当她第一次见到这些变幻不定的玉米谷粒颜色，以及刚刚开始注意到这些与色彩有关的基因的不稳定性是唯一稳定的因子时，她的感觉是：

我有这样一种清楚的感觉：如果我将玉米作为一个整体来观察，不让任何单一的效果影响我，我就能了解玉米在做什么事；但是我也必须注意局部地方的表象，因为那些地方到处都出现许许多多的突变。有一次，玉米棒子这个区域引起我注意，因为那儿产生的突变比整株植物还多，这个区域中每一个突变都可追溯至存在于细胞中的来源，而这正是解谜之钥。在早期的细胞分裂中一定发生了某种事情，这种事情造成一个细胞会得到另一个细胞失去的东西，一个细胞得到另一个细胞交出来的。忽然间我明白了，我会因此找到谜底。

在这一点上，她是对的。

爱因斯坦

玻尔

我想知道神如何创造这世界。对于发现这个或那个现象，对于研究这个或那个元素的光谱，我丝毫不感兴趣。我想要知道他的思维，其他的只是细节。

——爱因斯坦

没有所谓的量子世界，只有抽象的物理描述。我们不该认为，物理学的使命是找出自然的现状。物理学事关我们能够如何讲述自然。

——玻尔

第九章　两位巨人

· 爱因斯坦(Albert Einstein,1879—1955 年)

· 玻尔(Niels Bohr,1885—1962 年)

20 世纪最扣人心弦、充满哲思的一段辩论发生在两位先后获得诺贝尔物理学奖的伟大物理学家之间,他们就是具有瑞士国籍的爱因斯坦和丹麦的玻尔。相较于之前的任何人,爱因斯坦更勇于探索宏观无垠的宇宙;玻尔则是第一个了解到,想要深入原子的微观世界,就必须在思想上付出一些代价。玻尔这位举止总是相当拘谨、穿着得体的科学家在思想上表现得较爱因斯坦更为激进,爱因斯坦尚未准备好承认人类认识能力的限制,因为一旦承认人类的认识能力是有限的,就会威胁到自由——他心中最高价值的存在。

第一节　爱因斯坦:令人愉快的思考工作

爱因斯坦经常受到媒体记者包围,要求他解释他到底发现了

什么,或是那个听起来很复杂的狭义相对论和广义相对论究竟是什么。有一天,爱因斯坦十分给媒体面子,他说了一句话:

> 从前人们相信,即使世界上所有事物都消失无踪,还会有空间和时间留存下来;根据相对论,时间和空间会伴随着事物的消逝而消逝。

这真是个了不起的句子,既简单又困难。它读起来很简单,这是任何人都可以马上感觉到的;然而,任何试图更详细思考爱因斯坦这句话的人也都知道这句话理解起来很困难。如果"时间与空间伴随着事物"消失,那岂不是表示事物和空间与时间联系在一起,而这也代表事物可以对空间及时间造成影响?事实上,就像爱因斯坦告诉我们的,空间①会扭曲;而实验也证实,如果存在着物质,时间的进行会与此物质不存在时不同,例如直线在接近太阳之处会弯曲,时间会变慢。②

空间、时间、物质三者紧密交缠,无法独立处理;企图掌握某个参数时,必须以其他二者为依据。爱因斯坦相对论中的"相对"二字正是代表此三者的"相对关系",这个"相对关系"是年轻的爱因斯坦发现的,那时爱因斯坦正在思考一个问题,也就是当人们说到

---

① 当我们提到"空间"这个字眼时,首先指的是一个几何的量,其中欧几里得的原理有解释的效力,例如平行线永不相交。而当我们提到"时间"时,通常指经典物理学中的一个参数,它代表在没有外力干涉的情况下,一个过程必定规律地朝热力学第二定律预示的方向发展。

② 当然,这个影响是很小的,对我们的日常生活而言根本就微不足道。不过,也因为它的效果极小,所以一方面我们很难发现,另一方面也很难理解或接受它。它的存在并不明显,也不易被观察到。

“两个事件同时发生”时，究竟代表什么意义？对于不同地点且运动速度不同的两个观察者而言，“同时性”究竟代表什么意义？例如，一个观察者坐在行驶的火车上，另一个在火车站附近散步，他们究竟要如何确定——以相互理解的方式，自己是否与另一个人同时读到报纸上可以相互讨论的新闻？

因为这个例子的阐释一再出现在不同版本的爱因斯坦传记中，所以有兴趣的读者可以自行参考。在此我们想要谈谈相对论的另一个面向，也就是相对论似乎是一个大一统的理论，并且企图解释宇宙的起源。在爱因斯坦的理论中，空间、时间与物质的关系十分紧密，以至于必须假设它们三者是一起产生的。的确，根据相对论可以建立一个宇宙起源的模型，今天这个模型被称为“大爆炸”(Big Bang)，这已经成为一般人对宇宙起源的印象了。① 其实，爱因斯坦自己从未提过“大爆炸”，因为这个学说于 20 世纪 60 年代盛行时他已过世数年，②但是爱因斯坦在 1915 年左右——大约在“大爆炸”理论风行半个世纪之前，的确曾导出一个会自我发展的宇宙的方程式[译注：1915 年完成广义相对论，1917 年运用于时空结构的探讨]。然而，因为它们描绘的并非眼前这个静止的宇宙，因此爱因斯坦对于是否信任自己的方程式显得十分犹豫。③ “发展，从何而来，往何

---

① “大爆炸”理论虽然众所周知，但它是否正确仍众说纷纭，因为它无法解释一些观测现象。不过，并没有任何一个理论可取代它，至少没有任何一个像“大爆炸”那样容易与常识契合的理论。

② 当时科学家发现所谓的微波背景辐射，同时也发现宇宙射线能解释 1948 年提出的“大爆炸”模型。其实“大爆炸”这个名称原本是对手用来取笑这个宇宙模型的，不过似乎是失败了。

③ 在爱因斯坦导出方程式的时代，人们还相信宇宙中除了我们银河系之外并没有其他星系。其实较令人惊讶的是，从这样一个以今天眼光来看的小宇宙反而诞生了如此伟大的思想。

处去?”爱因斯坦曾如此自问。针对这个问题,他思考得非常远,但是他喜欢将他的理论奠基在普通的计量单位上,所以运用他的数学天才为重力场方程式加上一个“宇宙学项”(Kosmologisches Glied)。虽然爱因斯坦后来认为这是他“一生中最蠢的事”,但是迫使他收回“宇宙学项”的观察——也就是所谓银河外星系光谱线的“红移现象”,并不像当今“大爆炸”理论的支持者认为的那般毫无疑义。[①] 不过,我们绝不能要求爱因斯坦为这个宇宙理论未达到今天的水准负责。任何研究宇宙学的人都应该知道,所有宇宙数学的原创人都会面临一个困难的观念,即“宇宙时间的起源”;这也就是说,时间先于宇宙而存在,宇宙在时间中发展直到现在,因此宇宙的状况或许还能预测。

虽然在“时间”方面碰到困难,爱因斯坦还是成功处理了“宇宙空间的起源”这个问题。或许我们可以宣称爱因斯坦的解释解决了一个古老的哲学问题,即“宇宙在空间上是无限的”这一传统观念;虽然他的答案听起来有点复杂,但是因为实在太美了,所以非常值得花点精力理解它。这句值得大家讨论的话便是:“我们的宇宙既没有起点也没有终点,因为它是四次元世界中的三次元表面。宇宙是有限无界的。”

为了便于想象这句话的含义,让我们降低一个次元,想想一个三次元(立体的)球体上的二次元(平面)表面。我们可以在这个二次元表面上以手指画出任意长度的线,却不会碰到任何一个终点;换句话说,我们可以在一个有限的面积内做无限的运动,却碰不到

---

① 银河外星系逐渐增加的“红移”是指整个宇宙系统以越来越快的速度远离地球。粗略来看,这个说法是正确的,但是越仔细测量越会发现它是不合理的,所以我们的宇宙还是有可能从未发生过“大爆炸”。

任何一个终点(也不需要起点)。当然,我们实际生活在一个三次元空间中——可以往前后左右上下移动,但是根据爱因斯坦的理论,这个空间坐标并不能与“时间”这个第四次元分离。这四个物理因素构成四次元的结构,物理学家称之为“空间—时间连续区”,而我们只能停留在三次元的“表面”。

很明显地,爱因斯坦的理论中没有边界,其原因当然不全然是几何学的。爱因斯坦的思想之所以不受限制,是由于内在的因素,也就是来自不凡的天赋,因为他很享受纯粹思考的乐趣;正因如此,他才能深入广阔的宇宙。爱因斯坦曾在一封信中回答了一个让他感到十分有趣的问题,他说:

> 思考就其本身而言就像音乐!如果没有其他问题可以思考,我喜欢再次推导一些我早就熟悉的数学或物理式子。这样做并没有目标,只是让自己有机会做做这个令人愉快的思考工作。

除了思考之外,爱因斯坦一生中做过的事情实际上并不太多。

时代背景

1879 年,爱因斯坦出生于德国乌尔姆一个犹太小商人家庭,这一年除了他还诞生了两位重要的科学家哈恩与劳厄(Max von Laue)[译注:劳厄,德国物理学家,X 射线晶体分析先驱],以及另一位历史人物斯大林;也是在那时,美国物理学家迈克耳孙(Albert Michelson)测定光速为每秒 299 850 千米。一年之后,西门子向世人展示第一部电梯;德国物理学家杜布瓦－雷蒙宣称有 7 个“世界之谜”是无法解答的,它们分别是:力的本质、运动的根源、感觉的起源、自由意志、生命起源、自然的目的、思想与语言的根源。1881年,迈克耳孙指出,无法证明“以太”为光的媒介物,25年后爱因斯坦干脆取消这个假想中的媒介;在沃里斯霍芬(Worishofen),一位名叫克奈普(Sebastian Kneipp)的神父成立了一座水疗机构。

1905年,爱因斯坦应该能为其精彩的一年庆贺,毕加索正处于“粉红时期”,德国文学家亨利希·曼(Heinrich Mann)发表了讽刺小说《垃圾教授》(*Professor Unrat*),诺贝尔和平奖则颁给一位奥地利女性和平主义者苏特纳(Bertha von Suttner)。1915年,广义相对论完成,亨利希·曼完成小说《臣仆》(*Der Untertan*),德国成功运用毒气于战争,在欧洲某处已经有人尝试发表跨越大陆的电话通讯。1920年,荣格尔(Ernst Jünger)发表战争日记《钢铁的暴风雨》(*In Stahlgewittern*)。1921年,维特根斯坦完成《逻辑哲学论》(*Tractatus logico-philosophicus*)。1922年,英国考古学家卡特(Howard Carter)发现古埃及第十八王朝国王图坦卡蒙(Tut-ench-Amun)的陵寝。1924年,卡夫卡去世。

1955年,爱因斯坦逝世于美国普林斯顿,同一年联邦德国加入北约,西方列强同意联邦德国重新拥有自己的军队。联邦德国总理阿登纳访问莫斯科,与苏联政府商谈释放德国战俘的问题。黑塞(Hermann Hesse)获得德国书商和平奖。第一座核能发电场在英国正式运转,原子时代逐渐步上轨道。

人物侧写

通往原子时代的道路起始于一个小小方程式。1905年,26岁的爱因斯坦将这个方程式以附录方式寄给《物理学年鉴》这份专业期刊,这份附录便是9月27日发表的一篇具有罕见篇名的文章《物体的惯性与其所含的能量是否有关?》。爱因斯坦这篇文章主要是为了补充他在夏天时完成的关于辐射能量的论文《论运动物体的电动力学》，因为爱因斯坦重新阅读他的方程式时突然灵光一闪，认为能量应与物体的质量——因此也与惯性有关，而且确认两者的关系为："如果一个物体将能量'E'以辐射形式释出，它的质量便会减少 E/c^2。""c"这个字母在此代表光速。除此之外，他还提出一个普遍性的结论："物体的质量是其所含能量的量度。"

换句话说，爱因斯坦将长久以来独立的"能量"与"质量"两个量联系起来，并且用一个闻名于世的方程式描述其关系：$E = m \cdot c^2$。

这个方程式之所以闻名，是因为它是今天那些与其说为人类带来便利、倒不如说带来困扰的原子弹与核能计划的基础。当爱因斯坦第一次提出这个方程式时，并无法预知就在30年后专家们便需对"核能是否能如香槟酒一般被人类使用"这种问题作出回答；当然，我们也可以洗香槟酒浴，只是未免太过昂贵。

如上所述，能量与质量的相关性只是一篇附录，一篇属于他"奇迹年度"中发表的4篇论文的补充；不过，人们一开始并没有时间注意到这篇补充，因为从爱因斯坦那儿他们还有很多东西要消化。其实，1905年"奇迹年度"的真正奇迹是在这篇补充之前的四篇论文，它们涉及的主题分别是：光量子假说、原子的大小、所谓的布朗运动、运动物体的电动力学。在此我们先不对这些观念做进一步解释。

其中，第一篇论文《关于光的产生与转化的一个推测性观点》让爱因斯坦于16年后获得诺贝尔奖。第二篇《分子大小的新测定法》成为他隔年申请苏黎世大学博士学位的论文，这篇论文与第三篇论文同时成为统计物理学的基础。第四篇文章《论运动物体的电动力学》隐含着"特殊相对论"观点，使我们混淆了原有的时空概念（例如，爱因斯坦认为时间与空间关系密切）；那篇附录这时根本还没写成。

毫无疑问地，这是创造力的奇迹，直到今天人们都还无法从这个精神震撼中恢复；不过，这里并不是试着解释奇迹的地方，我们只要接受以下的事实即可：这些成就并非来自知名大学中享有高薪的教授，而是一个满意于自己职务的伯恩（Bern）专利局职员（三等技师）。然而，我们必须回答的第一个问题是：爱因斯坦怎么会来到伯恩？

爱因斯坦出生于乌尔姆，因此一辈子说话都带有施瓦本口音。不久，他的父母为了替时好时坏的生意寻找更好的机会，先搬到慕尼黑，之后又前往意大利。尽管有许多的谣言，但爱因斯坦是个好学生，他之所以中学未毕业，就是因为要随父母到米兰；除此之外，也因为在瑞士有机会上大学学习物理学，而且不需要中学毕业证书，所以他才没有取得毕业证书的压力。虽然他第一次参加苏黎世联邦工业大学的入学考试失败，但是当时他才16岁，如果只看数学和物理的成绩，他肯定是那一年的成绩最好者之一。

对于这些科目或是相关的事物，爱因斯坦总是很容易上手，这种感觉可以追溯到童年时期。曾有一些关于爱因斯坦青年时期的小“奇迹”传言，例如，他很早便对罗盘感到惊讶，青春期时崇拜一本“神圣的集合小书”以及一些无中生有的问题，像是如果能坐在光线上旅行，宇宙看起来会是什么样子？除此之外，也有人注意到一些和天才形象不易联想在一起的现象，那就是爱因斯坦这个小男孩的语言能力发展得很慢（或者说很晚才会说话）。[①] 虽然我们

---

① 在过世前不久与一位心理学家的谈话中，爱因斯坦曾指出文字只会妨碍他的思考，他所有的理解都是以图像开始。这个主题其实十分复杂，不是这么一小篇文章能够解决的。

必须将这个问题交给心理学家，[1]但还是要提醒读者，无数关于爱因斯坦的传记都一直将其一生成就视为谜。

参加苏黎世联邦工业大学入学考试失败后，爱因斯坦在阿劳（Aarau，位于瑞士）待了一年，其间取得高中毕业文凭，并且终于获得苏黎世联邦工业大学的入学许可。如果忽略掉他遇到第一任妻子米列娃这件事，他的大学生活和一生其他时期比较起来就没那么引人注意了。[2] 当然，他开始陷入热恋——这段时期的情书已经被出版，并且紧紧追缠着恋人，一直到两人结婚；不过，很快爱因斯坦的个人特质便出现了，和他共同生活实在困难重重。基本上爱因斯坦只为自己的科学而活，喜欢一人独处（在他的熊穴里），他要的只是来自他人的照顾，因此在私生活领域多多少少显得不会体恤他人。例如，米列娃在婚前便有了孩子，但是他从未见过这个小孩，却要求米列娃必须将小孩交给别人照顾；后来，当爱因斯坦能够到柏林时，便暗示米列娃她在柏林一定不会觉得舒适，所以就让她和两个生病的小孩留在家里，自己却去找表姐埃尔莎，也就是他的第二任妻子。爱因斯坦与埃尔莎结婚只是因为表姐曾在他罹患严重肝病时悉心照顾他，并且答应不干涉他生活上的一些习惯，例如不喜欢洗澡和刷牙。

如果说爱因斯坦曾照顾过他的第一任妻子，那就是在他大学学业结束后找到工作前的那段时期。1901 年毕业后，他希望在大学找个助理工作，却一直无法如愿，所以他接受了所有可能的兼课

---

① 爱因斯坦自己曾与心理学家如皮亚杰通信或对谈，希望借由皮亚杰的帮忙了解自己为何与大多数人的思考不同，以及自己为何能较容易掌握表象之后的事物。

② 爱因斯坦在大学期间是无国籍者，他在 1901 年成为瑞士公民，直到过世都保持这个身份。

机会，为自己和米列娃多赚些钱。因此，当他在1902年6月获得专利局的工作机会时，真是打从心里高兴，因为他终于可以负起养家的责任了。1903年，他们两人结婚；1904年，他们的第一个孩子出世。这时爱因斯坦的生活平静，后来他在发现工作之余还能轻松地思考物理学问题之后，就再次跃入科学领域。他甚至和两位朋友索洛文（Maurice Solovine）与哈比希特（Conrad Habicht）共同组织了一个名为“奥林匹亚科学院”（Akademie Olympia）的三人小组，讨论物理和哲学课题。

这段时间爱因斯坦脑子里正孕育着“1905年的奇迹”，他曾在1905年5月写给朋友的一封信中提到这一点。下面我们将这封曾被称为“可以说是科学史上最令人惊异的信件”全文抄录，目的不仅在于清楚呈现知识在短时间内的暴涨，也是为了举例说明这个“脏鬼”或“邋遢鬼”亦能说出美妙的言语，让他显得和蔼可亲——尽管他所有的缺点让他无法如此，就像我们从他微笑的照片中获得的印象。他在信中写道：

> 亲爱的哈比希特！我们之间笼罩着庄严肃穆的缄默，以至于若我现在以这些不甚重要的事来打破沉静，就像是犯了亵渎神圣的罪恶。不过，对世上崇高的事物不都是一直需要如此？您究竟在做什么呢？您这条被冷冻的鲸鱼、您这枯萎的灵魂，除了这么说，我还能以七分愤怒与三分同情朝您头上扔些什么吗？后面那三分同情必须归功于自复活节之后您便消失得无声无息，甚至连寄罐切好的洋葱或大蒜罐头也没有。可是，您怎么连您的博士论文也还没寄来呢？难道您还不知道我多么希望我就是那个能怀着兴趣愉快地阅读您的论文的人？您这个坏家伙！为了您的论文，我答应给您四篇论文，其

> 中第一篇能立刻寄去给您，因为我将很快收到免费的抽印本。这篇论文的主题是光辐射与光能量的特性，相当具有革命性，您将亲眼看见，只要先将您的论文寄来。第二篇是关于从中性元素稀薄溶液的扩散与内在的摩擦中测定原子真正的大小。第三篇则是以热的分子理论为前提，证明液体中大小约为千分之一毫米的悬浮微粒子会经过热运动产生能被观察到的不规则运动；这正是生理学家过去观察到的无生命、微小物体的、被称为“布朗运动”的那个运动。第四篇还在构想中，它将运用一个修正过的关于时间与空间的理论来处理运动物体的电动力学，这篇作品中关于运动学的部分您一定会喜欢。向您问候，您的阿尔伯特·爱因斯坦。

爱因斯坦所说的“相当具有革命性”是指他的建议，他建议物理学家再次放弃百余年来被视为正确的光波概念，并允许光同时拥有我们看得见，而且会透入眼睛的粒子性质。光的能量如同一个个小包裹，即所谓“量子”，因此爱因斯坦将携带能量的“量子”称为“光子”。借由这个假说，爱因斯坦不止蓄意重新挑起了一场自牛顿以来物理学家之间最激烈的争论，也利用这个机会首次告诉所有人，光具有双重特性（光的波粒二象性），而且不可能二者择一；他必须继续发展这个二象性观念，才能解释观测到的物理现象（即所谓光电效应）。爱因斯坦清楚看出借此将使旧（经典）物理学失去重要依据，[①]尽管如此，这个不为物理学界所知的专利局雇员

---

① 爱因斯坦的假设是以光的频率说明光的能量。这个将频率与能量等同说法的惊人之处在于，如此一来能量就必须在任何时刻存在或被保有，但是频率无法在任何时刻被定义。

还是勇敢地抱着那“相当具有革命性”的观念前进，后来人们为了感谢他这个观念而将诺贝尔奖颁给了他。

请注意！爱因斯坦得到斯德哥尔摩的承认并不是因为他的特殊相对论，即奇迹年度的第四篇论文。现在我们想要讨论这篇论文，因为它在社会上产生最大的影响。在接下来的10年，爱因斯坦将他在这里提到的“修正有关时间与空间的学说”发展成“广义相对论”，有时也被简单称为“重力理论”。如果他“特殊”[译注：特殊相对论又称狭义相对论]地将空间与时间联系起来，那么“一般”[译注：一般相对论又称广义相对论]来说，空间与物质，也因此这三者自然就能在相互孤立的状态下而产生关联。时间、空间与物质三者紧密结合的想法出现在1907年，爱因斯坦后来回首往事时曾说这个想法是“他一生中最妙的点子”；不止如此，这还是个非常生动的点子。爱因斯坦说：“对一个从自己的屋顶以自由落体方式落下的观察者而言，并不存在——至少在直接的环境中——重力场。”

爱因斯坦着手发展这个观念，并且对理论能产生的影响深思多年，其间为了寻找得以表述这个物理观念的数学程序而倍感苦恼——这时思考的愉悦的一面就不太能感受到了。不过，爱因斯坦仍然坚持到底，在1915年完成那直到今天我们仍赖以了解宇宙的理论。① 他导出“重力方程式”的一个奇怪预测，恰好能通过1919年发生的一次日食验证，爱因斯坦在成功证实了他的理论之后一跃而成为世界知名人物。

---

① 当然，物理学界在1905年之后便注意到爱因斯坦，爱因斯坦很快便取得博士学位与教师资格。他首先获聘为苏黎世大学的教授，之后到布拉格，然后又回到苏黎世。之后，爱因斯坦应普朗克之邀到柏林的威廉皇帝物理研究所任职，得以享有无教学义务的研究环境。

这个理论预测了空间和物质的关系,简单地说就是物质能使空间弯曲(当然只是一点点)。太阳的质量应该大到足以作为检测理论的对象,最好的方法便是针对同一星球做两次方位距离的测定;第一次是一般情况下的测定,第二次则在星球经过太阳时测定(而这正是日食才办得到的事)。如果太阳的质量弯曲了空间,对地球上的观察者而言,从被观察星球上发出的光线在经过太阳时行进的路线必定是弯曲的轨迹,在这种情况下记录的星球位置必定和一般情况下不同。

1919 年日食的观测结果正如爱因斯坦的理论所预测的,学界因而激动万分。一份报纸有篇文章的标题是《星球并不在我们认为的那里》,文章报道有一位爱因斯坦先生——他至少是一位柏林的物理学教授,比牛顿更了解星空中的一切,并以思想掌握了全宇宙等。

第一次世界大战刚刚结束,全世界都在寻找一位具有正面且充满和平形象的英雄,爱因斯坦遂成为最佳选择,媒体蜂拥报道。他不是德国人,他的理论又特别是被英国人和法国人证实;在德国战败之后,这是一个所有人都能参与庆祝的关于全世界(宇宙)的(科学)胜利。爱因斯坦的名声如彗星般升起,对媒体而言他是最理想的偶像。他有一头乱发,看来漫不经心,会演奏小提琴,提出令人难以理解、关于整个宇宙的方程式。① 他喜欢用粗野的言语,例如,他会公开说出行政机关那些"滑稽的狗屎文件"或"管理大学的古怪吝啬老头"。特别是他对于上帝美妙而简单的形容每个人都能立刻理解。例如,爱因斯坦曾问"上帝是否不会取笑我(这些

---

① 喜剧演员卓别林曾对爱因斯坦说:"所有人都喜欢我,因为他们都了解我说的话;而所有人都喜欢你,因为他们一点也不了解你说的话。"

念头)而牵着我的鼻子走”,“老头子到底锁上了哪个小螺丝,才使一切按部就班地进行”,或者“永恒的谜语创造者”在创造宇宙时选择了哪些谜题等。

如此做法虽然能使想法普遍被人接受,如爱因斯坦的例子,以及现在一些尝试模仿他这种方式的科学家;不过,爱因斯坦若能较严肃地面对上帝这个问题就更好了,而不要总是以诸如“上帝虽机巧,却无恶意”或“上帝不掷骰子”这样华丽却空洞的辞藻与人交谈。关于上帝,爱因斯坦总是直接以玩笑或胡闹回避,或许这种行为正符合他的个性,但是似乎也为爱因斯坦的传记作者留下一个可以发挥的领域。

在一封爱因斯坦于1949年感谢玻尔祝贺他70岁生日的信中,可以发现爱因斯坦著名的“令人不安的问题”,也就是“上帝是否真的掷骰子”。虽然每个人都听过爱因斯坦这句话,但事实上更重要的是玻尔的回答。玻尔并不逃避这个问题,他在1949年7月写道:“关于令人不安的问题,我要说没有人,甚至是慈爱的上帝自己能够知道,在这种关系下如掷骰子这样的字眼应该代表什么。”爱因斯坦并没有针对这一点再次提出问题,看来爱因斯坦似乎了解一些东西,而他的追随者也因此应该将他视为模范(但是关于上帝这一点也同样保持沉默)。

这封短信标志着爱因斯坦与玻尔之间一段关于物理实在本质(以及关于上帝)讨论的终止。在讨论这段伟大辩论的一个重点之前,我们至少必须指出,我们使一段介于1919年至1949年间因反对爱因斯坦“犹太理论”而兴起的“德国物理学”充满活力。德国纳粹分子在这段时期掌握了政权,鉴于纳粹的暴行,爱因斯坦改变了和平主义的态度,避居美国普林斯顿,并且建议罗斯福总统开始建造原子弹,以色列则敦请爱因斯坦担任总统。后来,爱因斯坦在世界巡回讲演，并迈向一个长远、孤独、最后却失败的旅程，即找寻一个到今天为止都还在许多物理学家脑中浮现的梦想：统一场理论。

爱因斯坦之所以要寻找一个全面的物理学理论，原因之一便是他坚信原子的量子理论一定在什么地方出现了错误，或者缺少了什么。① 1935 年，他和波多尔斯基（Boris Podolsky）及罗森（Nathan Rosen）共同提出了证明，他们的问题是："量子力学对物理实在性的描述是否可被视为完整的？"回答则是斩钉截铁的"不"。他们描述了一个（一开始无法实际操作的）实验，在其中量子力学能够被正确地掌握，条件是实验中原子组成分子之间的联系（相关性）必须能摆脱物理的相关性（如不需要时间来测定）。这种相关性今天被称为"EPR 相干性"，"E""P""R"分别代表爱因斯坦、波多尔斯基与罗森。不过爱因斯坦太喜欢否定东西，也太喜欢把什么东西都牵扯在一起，所以后来也认为绝对不会存在"EPR 相干性"。

不过，"EPR 相干性"确实存在。实验物理学家在 20 世纪 80 年代发现，不仅是质性的描述，也可以确定地测量玻尔量子理论的预测。根据"EPR 相干性"产生的原子确实第一眼看来是十分不寻常的，这里我们看到的，简单地说，是一个没有组成成分的整体，一个没有我们一直在谈论的粒子（电子、光子）的整体。非常可惜的是，爱因斯坦并没有机会对此发表任何意见，他的"EPR 相干性"其实是此量子理论整体性的另一种表述方式，微观世界的限制性才是原子物理真正的新观点以及与经典物理学的差异之处。

---

① 1911 年当爱因斯坦在布拉格大学任职时，其研究室的一扇窗户正对着一间疯人院（当时还这么称呼）的花园。爱因斯坦经常带着访客从这扇窗户观看在花园中散步的病人，并说："您在那儿看到的疯子是没有研究量子理论的那一部分。"

在1905年朝这个方向迈出第一步之后，爱因斯坦便预知科学即将发生彻底的改变。因此，我们很难回答为何爱因斯坦最后不再继续和其他支持者共同努力，却选择回头在经典形式中、在具决定性的物理学中寻找答案，甚至只在精神灵魂层次上分析与解释，以至于被科学界称为“爱因斯坦的神经错乱”①。

一直到今天都没有任何一位传记作者在这一点上有所着墨，所以爱因斯坦的生活还是提供了一个领域，这个领域可以让想要借由描写科学进程来理解爱因斯坦在现实中如何进行科学的人有所发挥。顺便一提，“现实中”如果真有一句爱因斯坦所说的而且大家都能理解且应严肃看待的话，特别是今天大家都还喜欢引用的话，那就是下面这句话：

> 一旦数学式子牵涉到实在，就不是确定的；一旦它是确定的，牵涉到的就不是实在。

任何听进爱因斯坦这句话的人，或许就会放弃从爱因斯坦无法在这些方程式中找到上帝的事实中推论出这老头子根本不存在的结论。上帝应该从其他道路趋近。总之，趋近上帝的道路不在爱因斯坦的数学中。

第二节 玻尔：来自哥本哈根的好人

尼尔斯·玻尔只是那群有名的玻尔子孙中的一位。父亲克里斯蒂安·玻尔（Christian Bohr）是一位伟大的生理学家，著名的“波

---

① 这个说法来自泡利，爱因斯坦视泡利为自己思想的追随者。

尔效应”[1]就是因他命名的。哥哥哈拉尔(Harald)是一位伟大的数学家,同时也在1908年帮助丹麦足球队赢得奥运银牌。[2] 儿子奥格(Aage)则是一位伟大的物理学家,他在父亲之后50多年因为对原子核理论的贡献同样获得诺贝尔物理学奖,所以他的孙子应该很有机会在科学史上留下自己的名字。

虽然如此,尼尔斯仍然是这些玻尔当中最伟大的。任何想要深思玻尔的原子模型、了解玻尔模型中氢原子半径,或是想要在哥本哈根询问关于玻尔研究所事情的人,都想要了解尼尔斯·玻尔做过的事;然而这些并不包括他最伟大的贡献。这里所指的第一点是哥本哈根精神,他在科学中注入这种精神(之后我们会认识它);第二点则是量子理论的哥本哈根解释,这是他和海森堡在1927年共同努力达成的,在这当中他试着“学习原子的课程”——玻尔是这么描述的。20世纪20年代中期,物理学家忽然觉得被放置在一个截然不同的认识状态中,既有的哲学无法为这种新的认识论观点提供解释,正是玻尔对这种情形了解得最为清楚,而且为大家找到了一条出路;那时他40岁,才刚刚获得诺贝尔奖这项殊荣。当时的物理学家发现一种原子理论,这种理论虽然可以针对许多现象提供解释,却也为自己带来许多问题,人们再也无法用浅显易懂的观念描述出像电子是什么或光线如何散播开来这样的问题;虽然科学家还能发现光线和原子及其组成部分之间是以什么关系存在,却也无法再明确地多说什么。光或电子在某种情况下(亦即在一个实验中)会有类似微小粒子的表现,它们会互相碰撞

① 波尔效应描述以下事实:氧气与血(或者说与血液中名为血红蛋白的分子)在肺脏中的结合比在其他器官中容易,在其他器官内氧气会再次被释放出来。

② 当时23岁的尼尔斯虽然在场,但可惜只是替补守门员。

并因而改变方向,但是在另一种情况下(也就是在另一个实验中)表现得却像是波,[①]不仅会互相增强,也会互相削减(干扰)。[②] 人们该如何处理这种"波粒二象性"呢?该以哪一种观念范畴谈论它呢?

这种二象性应该被严肃看待,因为新的原子物理学中也有两种数学表达方式,它们虽然就像波的概念和粒子的概念般彼此相互对立,却会导出同样的预测结果,而且结果也都被视为正确。[③]为何对于一个物理上的真实性会有两种完全不同却又完全等值的描述呢?为何除此之外就无法再说得明白点呢?

哥本哈根的物理学家,特别是海森堡和玻尔,在 1927 年初积极讨论这些问题,密集的会面使他们精疲力竭;在这种情况下,玻尔决定给自己一个假期,而且是他一生中最长的假期。他前往挪威进行四个星期的滑雪活动,在一次长距离的滑降中忽然恍然大悟:物理涉及的不是自然,而是我们关于自然的知识。我们根本不是用那两个相互矛盾的概念——波和粒子来形容物理世界的同一现象,只是借由这些概念传达不同实验条件下得到的某些经验;而且,由于安排实验的条件相互排斥,以至于人们根本无法同时进行

---

① 光表现得既像波又像粒子虽然让物理学家吃惊,却不会再使他们烦躁了,因为早从牛顿时代起他们就已经绞尽脑汁研究这个主题。令人觉得奇怪的是,经过证明之后,人们发现光的行为既像电子又像波;由于人们已经知道一个电子的质量是多少,因此让人大吃一惊,该如何将此与波联想在一起呢?

② 当两个波动被适当地引导在一起时,只有在极少数情况下会形成两个波峰的相加成,在大多数的情况下波的移动会互相干涉;如同人们所说且在学校也得到验证的,它们会产生干扰,而且这种干扰也可能造成波的抵消。如果光是由粒子组成的,那就无法让人理解光线加上光线真的会得出黑暗。

③ 在此人们所指的是矩阵力学(这要追溯到海森堡的概念)和波动力学(这要追溯到薛定谔的一项建议)。这两个数学方程式都被证实为物质的有效理论,到今天为止都没有任何与它们结果不一致的实验。

两种实验。尽管这两种图像相互矛盾，彼此却也息息相关，因为唯有两者在一起才能得出完整的认识。

玻尔记得“我补充，我组合”的拉丁文为“compleo”，因此决定将他的想法称为“互补性”（Komplementaritat）①，借此表达他的观点，即观察到的结果是由实验设备确定（也就是“定义”）的，而这些观察结果中有某些会相互排斥。由相关实验中得出的经验其实是彼此互补的，这也就是说，对所能得到的完整信息而言，每一个单一经验都扮演等价的角色，那不可分割的真实（整体）只能以互补概念加以描述；而因为量子理论是整体性的，所以它描写的实在对我们而言就必须以一种不易理解的形式呈现出来。

我认为互补原理是个伟大的想法，正是玻尔在挪威滑雪时第一次彻底认清了它。简单地说，这个观念要表明的是不可分割的现实只能通过对自然的互补描述来掌握，亦即这些对自然的描述虽然相互排斥，却保有同等效力；“波－粒子”这对搭档只是一座当时已看得见的巨大冰山的第一个尖角，而这座冰山一如往常还存在许多等待探究的事物。②

当玻尔从挪威回来之后，住在哥本哈根的年轻的海森堡同样也对自己的想法追根究底，并由此推演出著名的“不确定性原理”③；为了方便理解，在此我们可以简单地将它视为互补性的数学表达方

---

① 在历史上“互补性”这个词已经使用很久了，它来自色彩学，人们从18世纪起就谈到互补色（例如红和绿）混合在一起会得出白色。玻尔的概念与此并无太大关系。

② 关于互补的一对，还有以下的例子：我们所属的“大地之母”与我们面对的“环境”，或是我们与生俱来的“天赋”与造就我们的“条件”。

③ 它说明人们无法用任何一种精确度同时测量电子的位置与脉冲，当我们非常精确地知道它的位置时，它的脉冲相对地就会变得不准确。这就解释了为何电子无法在原子核内逗留，如此一来，它们的位置就变得太准确了。

式。这两个观念——玻尔的"互补性"和海森堡的"不确定性原理",共同形成了所谓量子力学中的哥本哈根解释,尽管这两位科学家似乎没有共同发表可供后人引用的论文。

在一场辩论之后,玻尔将他的想法告诉哥本哈根的老同学,他们的评论却让他吃惊:"这实在很美也很棒,玻尔,但是你总不能说这些不是你早在20年前就已经说过的吧。"这也就是说,互补原理的思考雏形比玻尔想将互补原理运用在其上的物理模型更早出现。很明显地,互补原理就是人们在思考时会产生的一种经验,它与我们惯用语言可能受到的限制有关;它是通过显而易见的事物获得的,因此我们不该期待它在无法观察到的情况下(也就是在原子的真实性中)仍然保持不变。用玻尔的话来说,在这样的范畴中,"就算是像'存在'和'知道'这些词"也会失去"其明确意义,在此我们被迫面对一个普遍认知问题的基本特征。我们必须清楚认知,在此之前我们总是被教导用文字组成的画面表达物体的本质,而这些文字的使用则是无法分析的"。

难怪玻尔对于直接简单的表达还是有所疑虑,也难怪他总是将坚实的论断隐藏在缓和的阐述之后。谈话时,玻尔只是慢慢地说下去;谈到非常重要的地方时,他还会用手遮住嘴巴;而当他越接近真相时,说话就越会有障碍。玻尔最后表示,每一个字都成为一场即兴表演、一种夸张,或根本就是一则谎言。真相与清楚彼此就是互补的,我们无法将任何事情说得精确,却还是必须说。

时代背景

玻尔于1885年出生时,巴斯德以一剂仍有风险的狂犬病疫苗救了一个小男孩,曼内斯曼兄弟(Reinhard & Max Mannesmann)研发出生产无接缝管子的操作过程，普勒茨（Alfred Ploetz）创造出造成不幸的“种族卫生”（Rassenhygiene）一词。一年之后，巴伐利亚国王路德维希二世（Ludwig Ⅱ）溺毙于施塔恩贝格湖（Starnberger See），美国药剂师潘柏顿（John Pemberton）第一次制造出可口可乐，赫兹开始探索电磁波，并且在一年之后成功找到它，这段时期人们开始建造埃菲尔铁塔。1888 年，巴黎成立了巴斯德研究所，凡·高和塞尚则分别画出《耳朵上扎绑带叼烟斗的自画像》与《圣维克多山》。

当玻尔在第一次世界大战（1913 年）前不久将他的原子模型介绍给世人时（同时也因此宣告经典物理学的结束），斯特拉文斯基谱出《春之祭》，巴甫洛夫（Iwan Pawlow）描述了条件反射，众诸侯在柏林举办了君王体制灭亡前最后一次集会。第一次世界大战期间，当玻尔尝试在哥本哈根设立一间研究所时，魏格纳（Alfred Wegener）提出一个关于“大陆与海洋的形成”的新理论（板块构造），爱因斯坦则完成广义相对论。1917 年，俄国爆发十月革命，美国投入战局，《贝尔福宣言》（*Balfour Declaration*）支持在巴勒斯坦建立一个犹太人的国家。

1941 年，德军入侵丹麦，玻尔必须逃走，他成功地经过瑞典、英国逃到美国。当他在 1945 年返回丹麦时，美军已经在日本上空投下两颗原子弹。1946 年，联合国在纽约召开第一次代表大会，此时地球上已经有 25 亿人口，有 1 万份科学性报纸，其中约 200 份仅刊登摘要。1947 年，美国提出马歇尔计划重建欧洲。

1962 年玻尔去世时，鲍林成为继居里夫人之后第二位领到两座诺贝尔奖的科学家，而且这次是和平奖。此外，这一年的诺贝尔医学奖由克里克（Francis Crick）和沃森（James Watson）获得，他们发现了作为遗传物质构造原则的双螺旋链。1963 年 10 月，联邦德国总理阿登纳辞职，结束所谓阿登纳时期；1 个月后，美国总统肯尼迪被枪杀身亡。

人物侧写

想要介绍玻尔至少必须提到他的四种伟大身份：在 1913 年提出一种革命性原子模型的科学家，唤醒传奇般的哥本哈根精神的物理学领袖，和爱因斯坦讨论认识论的问题并试图使他信服量子理论完整性的哲学家，以及为了理想中更开放的世界而辩论的政治家。

玻尔刚开始只是个毫无野心、进行着实验工作的物理学家，当他的第一份研究报告（水的表面张力之精准测量）①得到丹麦皇家科学院金牌奖时（1906 年），他 21 岁，过着无忧无虑却又充满好奇心的日子。他的双亲非常富有，母亲来自一个犹太银行家的家庭。玻尔非常热爱物理学，因为它隐藏着令人异常激动的问题，当时的物理学虽然已经正确得知原子的存在，却还是无法明确描绘出原子、（带负电的）电子和（带正电的）质子是如何联结在一起的，它们放出来的光——物理学家能以光谱线的形式捕捉到并测量它——是怎么产生的。

玻尔猜测这些光与电子有关，于是开始专注研究电子的理论，他在 1911 年完成的博士论文即以此为主题。在进一步陷入原子的世界之前，他和玛格丽特订婚，一年之后完婚。当他们两人在 50 年之后庆祝金婚纪念日时，参加的不只是他们的众多孙子和曾孙，

---

①　玻尔在 20 世纪 30 年代针对原子核提出所谓的“滴液模型”，由于这个模型的帮助，迈特纳才能了解核分裂时发生了什么事。了解如此一个模型的基础就是水的表面张力就算只有一滴小水滴也可能形成，玻尔对这方面的精确理解当然对自己很有帮助。

还有丹麦举国上下的民众,因为当时玻尔已经住在“荣誉之家”——一栋位于哥本哈根、壮丽的庞贝式别墅。这是丹麦提供给全国最有名的人使用的,①而这个人毋庸置疑就是玻尔。

迈向荣誉的漫长之路是从1912年开始的。起初,玻尔蛰居于英国曼彻斯特的一个小房间,因为新西兰物理学家卢瑟福在此工作。卢瑟福在进行散射实验时注意到,原子应有一个带正电的核,如此带负电的电子才能绕其而行。虽然这个模型的解释既清楚又使人信服,但是它和经典物理学的法则是无法兼容的;依照经典物理学法则,旋转中的电子应该会放射出光线。实际上,原子的确射出了光线,但是原子本身却仍保持稳定的状态,而卢瑟福的模型就是无法解释这个物理现象;如果电子放射出一些东西,失去了能量,应该就会被核吸引,直到掉入核内,到最后原子也不再存在了。

玻尔认识到必须做个二选一的决定:卢瑟福的提议或经典物理学二者只有一个是正确的,没有第三种可能性。尽管这样做似乎欠缺考虑或荒唐愚蠢,但是玻尔认定卢瑟福的模型是正确的,②而且他狂热地思考如何为他尊重的牛顿与麦克斯韦物理学做补充,用以了解原子。玻尔发现的解决之道真的只能用疯狂来形容,因为他在1913年提出的对原子的描述——著名的玻尔原子模型,就像是一个人格分裂者创造出来的产物。首先,玻尔表现得就像

① 这是由嘉士伯啤酒厂提供的友情赞助,公司买下这栋别墅并转让给丹麦政府。

② 这个决定所含的非理性强度或许和玻尔偏爱他在互补原理中提到的二分法有关。卢瑟福的模型创造了原子的两个区域:内部(核)和外部(电子层)。这个结构上的二分法与功能上的二分法相符合,原子既含有物理学上的特性(放射性),又具有化学上的性质(可反应性)。此二者互相契合,原子的物理学藏在核子内,化学则由外层表现出来。

是经典物理学家一般,计算着围绕原子核的电子的可能绕行轨道,就好像卫星围绕着一个中心星体转动。之后,这个玻尔消失了,而他的量子性格接着显露出来,第二个玻尔观察这些被计算出来的轨道,寻找适合的那几个(而且也存在于自然界中),然后宣称位于这些轨道上的电子只要不受到干扰,是稳定的。

这个分裂的构造是可能的,因为大约就在12年前,普朗克发现了产生反应的量子,这是接受和释放电子时所需的最小且确定的能量单位。电子无法连续改变其能量,而这种不连续性拯救了它们,因为有了这种性质才能各自稳定地待在自己的轨道上,只要还没有供给它们必需的能量。在这种稳定的情况下,它们也不会放射出光线(能量),只有在变换轨道时——著名的量子跳跃因此出现,电子才会放射出光线。

乍看之下这些似乎都很牵强,①但是大家很快便清楚玻尔提出的论点不仅可以解释质性方面,更特别的是也可以解释量方面,例如氢原子发生了什么事:它唯一的一个电子从此时此刻起便位于“玻尔半径”的轨道上某处。当然,没有人比玻尔更清楚他的模型并非提供一种解释,反倒需要一个解释,但是他的观念以及使对原子的新描述符合旧(经典)物理学的尝试,终于让那个时代的物理学家有机会接近一个具有一致性的原子理论。

大约12年之后,他们终于达成这样的目标,当然通往目标的道路是充满痛苦与错误的,而这个结果——今天人们称之为原子的量子力学——也还是极端混乱,以至于仍然需要一份解释;但是,玻尔却专注于“互补性”的哲学思考,如文章开头所说成为一位

① 玻尔在当时及后来都强调,那些听到量子理论却没有疯掉的人是因为他们听不懂。

哲学家。正当新的物理学逐渐清楚地显现出来而其他人一直往事件中心挤去时，玻尔则在探讨两个主题，一个是科学性的，一个是组织性的。在科学性方面，他试图解释元素周期表，或者说借由电子及电子轨道理解元素构造的原则；他甚至做到令大家惊奇的混合：直观的理解加上严苛的求证。在此玻尔归纳出，"化学上的质性"（即成为特定的物质）是由"物理学上的量"（即原子中电子的数目）决定的，此时人们可以清楚了解，例如，为何钠元素与镁元素之间不存在其他元素，却还是一直无法真正了解——对此，即使是玻尔也不例外，为何经过玻尔巧妙处理的假设会成功？

玻尔觉得，物理学家唯有定期合作，并且拥有一栋专属的房子进行研究，事情才能成功，这也就是他投注一大部分精力进行的组织性工作。在他被任命为丹麦第一位理论物理学教授之后，他投入这个目标，为这个科学争取一间研究所；在经历许多困难的协商、解决所有可能的财务①问题之后，他的计划终于实现了。1921年，今天的玻尔理论物理研究所成立了，玻尔是这里的物理学领导人，也正是在研究所的这些房间内逐渐孕育出哥本哈根精神。

谁在20世纪20年代和20世纪30年代不在此处或是未与哥本哈根保持联系，就会很快地在物理学的进展方面落后一大截，任何一份当时出版的报告早就以草稿形式出现在玻尔那儿、在研究所内被传阅并讨论着。不过，不仅仅是这种学术上的气氛或是玻尔的学生彼此之间愉快、不拘礼教的来往值得一提，还有那种在此才有的全新国际化经验。为了使研究所内语言上的混乱——除了

---

① 第一次世界大战期间，丹麦克朗迅速贬值，所有战前制订的计划很快就变成废纸；如果当时没有嘉士伯基金会的资助，就不会有今天的玻尔研究所。

丹麦文之外，还有德文、英文、法文、俄文和中文——得到些许改善，玻尔提出一项规定，就是不准用自己的母语做报告，而他自己说话时总是夹杂着丹麦文、德文和英文。大家谈话的范围不局限于物理学，也讨论所有可能的话题，甚至包括美国西部影片。与此相关的问题是：为何总是代表好人的英雄枪杀了可恶的流氓？对此，玻尔也知道答案："因为好人不用思考。"

一个俄罗斯人想对此进行实验，他买了两把玩具手枪，将其中一把交给玻尔，自己则配上另外一把。就在他们讨论物理学时，他试着"枪杀"玻尔，结果总是徒劳无功——玻尔抽枪的速度总是较快。于是他做了如此解释：一个人下定决心采取行动时就会思考，动作就会比一个仅仅需要反应却不需对此有所考虑的人慢。这个来自哥本哈根的好人赢得了每一次枪战。

20 世纪 20 年代末期，传奇的哥本哈根会议开始。这场会议没有固定的议程，而是针对还不了解的事情进行商讨；①参与的人数有多少，就有人数两倍多的钟头可使用，众人可以静下心来思考每一个问题。不过，这种情况很少发生，尤其是轮到玻尔自身时，常常不知所云、歪着头结结巴巴地说着不完整的句子。有时，他塞满自己的烟斗，双手挡在嘴巴前面含糊不清地继续嘟囔着；有时，他放下烟斗用右手在黑板上写着方程式，而左手则将方程式擦掉，直到终于有人将海绵抢下来。

所有物理学家都爱玻尔，但是有一位最特别，那就是爱因斯

---

① 这样的讨论到了晚上当然还是持续进行，而当玻尔对哪一个主题特别感兴趣时，就会邀请共同参与讨论的伙伴来一趟帆船之旅，或是到他位于波罗的海海滨的乡村别墅做客。顺便一提，这栋房子门上钉着一个马蹄铁，有人问玻尔是否迷信，玻尔的答案是："不，我并不迷信，但是我听说就算我们不相信，它还是有效。"

坦。当他们两人在 1922 年同时获得诺贝尔物理奖时——爱因斯坦是因 1921 年的研究，玻尔感到非常震惊，他急着向全世界说明自己是多么不足以得到这份荣耀。爱因斯坦回答他：

> 亲爱的或是更确切地说受人敬爱的玻尔！……我认为您的忧虑特别迷人，您大可将这份奖项从我面前领走——这真的是属于玻尔的。您的新研究（周期表的建构）让我更热爱您的思想。

然而，这两位伟大物理学家相互之间的钦慕仍然阻止不了对于量子力学不同建议的产生。一方面，爱因斯坦对玻尔的解释不满意，不知何时他便将这种解释称为一种“镇静哲学”；另一方面，他也不喜欢电子的旧式称呼“轨道”（Bahn）在这段时期被“停留区域”（Aufenthaltsbereich）或“轨域”（Orbitale）①替代，也不满物理学家只是思考着概率问题。爱因斯坦对于原子理论不再像古典物理那般具有确定性感到生气，因此，在接下去的数年，他试图指出量子力学还不够完美（只有当自成封闭体系的原子理论可以再度像人们几世纪以来就习惯的那样具有决定性质，这个假设才可能正确）。在为数众多的讨论中，尤其是在与玻尔的讨论中，爱因斯坦都尝试证明不确定性原理本身就被蒙蔽了，也因此互补原理是无效的。

这些讨论从 20 世纪 20 年代末期就开始进行，而且大部分是在布鲁塞尔名为索尔维会议（Solvay Conference）的范围中进行。1930

---

① “周转轨道”（Umlaufbahn）的英文是“Orbit”，由这个英文字衍生出“Orbitale”。今天的化学家和物理学家认为电子会出现在这些电子轨域上。

年,爱因斯坦展开针对量子物理最著名的攻击:他提出一个思想实验,在此实验中,很明显地不只是光的最小能量单位,即所谓的光子被正确地测量出来,而且也精确地将光子被使用的时刻测量出来。而依照海森堡的不确定性原理,能量与时间就无法同时被测定出来,因此若未在爱因斯坦的思维进程中找出错误,哥本哈根的解释就会变得落伍。爱因斯坦的构想如下:

> 有一个简单的箱子,内部是明亮的,这就是说,有光子在里头。在箱子内放置一个时钟,这个时钟可以控制一个阀的活动,而这个阀刚开始时堵住一面墙上的一个小洞。这个阀的装置设计成:当小洞通行无阻时,就正好只能有一个光子从箱子内逃逸出去。现在,人们(爱因斯坦)就可以在小洞打开之前与之后测量这个箱子,借此可知光子的质量与能量①,而且是在被精确规定的时刻;更精确地说,是在人们用时钟调整好的时刻。而依照量子力学这些是不可能的——爱因斯坦得出结论——因此这个理论是不充分的(所以需要一些补充)。

“这个论证代表一项严厉的挑战”,玻尔如此表示,而且“有理由针对这整个问题做一番彻底的检验”。在布鲁塞尔,玻尔整夜未眠,试着找出爱因斯坦论证中的错误。他发现一种令人满意的解决办法,令他感到非常满意的是,对此“爱因斯坦本身的贡献具有影响力”;这就是强调,当广义相对论被正确地使用时,问题就消失了,而相对论则是爱因斯坦送给物理学的。这个解决之道用玻尔的话来说就复杂了些:

---

① 这是根据爱因斯坦的“能量等于质量乘上光速的平方”:$E = m \cdot c^2$。

> 由更进一步的勘察证实，有必要考虑时钟的运转和时钟在重力场内位置的关系。这种关系众所周知是来自太阳光谱中光线的红移，而且这种关系是以爱因斯坦在重力影响与在加速的坐标系中被观察到的现象之间的等效原理为原则。

要清楚解释光与原子的特性，玻尔要牵扯到星球。我们可以用简单一点的方式表达出他用来回应爱因斯坦的箱子思考：为了确认光子的重量，这个箱子必须先称过，所以将它吊在一个弹簧上。通过一个指示器，我们可以得知秤的状态并且据刻度读出这个箱子的重量。我们想要在光子逃离的那一刻量出弹簧往上的移动，这当然需要一定的时间，直到弹簧的晃动停止。这时，地球重力场上的时钟继续走动，但是根据爱因斯坦的广义相对论，时钟的运转会被重力场改变，因此时钟的运转在确定光子逃离箱子的时刻会变慢——这正是量子物理中的不确定性原理所主张的。

玻尔因此在这一次赢过爱因斯坦，但是他们的辩论一直没有结束。表面上看来他们之间的争论似乎是物理学问题，但实际上爱因斯坦与玻尔两人之间的辩论充满哲学的思考，人们之所以持有这种看法，就是因为他们两人针对这个问题发表的论点可以和18世纪初期牛顿与莱布尼茨的情况相提并论：当时的论战关系到空间、时间和物质的本质，而在玻尔与爱因斯坦之间，则是对量子理论的解释与物理世界的真实性发出疑问。这次论战涉及的甚至更多，像是因果性问题，还有因此衍生出的现代物理学家对于上帝可能的态度。每当玻尔认真讨论时，爱因斯坦总是喜欢开些无伤大雅的玩笑，但是玻尔则认为在此处开玩笑是不适当的。玻尔自己摆脱了上帝，宗教对他而言不代表什么，而他也没有让自己的儿子受洗；对他而言，积极笃信宗教只是遮蔽一道深渊，深渊内有他推想的真相存在，而他勇于向深渊望去，因此希望让它保持开放。

这种坦诚的观念也是玻尔在表明政治立场时的坚持。在原子弹制造出来并投放在日本上空用以达到政治目的之后，玻尔要求美国（以及英国）政府透露这个计划给苏联，并不再将其视为机密处理。当然，权力阶层并不把它当成一回事，但是这阻止不了玻尔坚持他的信念。1950 年——北大西洋公约组织成立与华沙公约签订之后一年，玻尔获得了最后一个大好时机，他写了一封公开信给联合国，在其中特别提到：

> 因为对人类而言，很少会考虑到文明带来的物质状况的可能改善会被原子能源毁灭，所以很明显地，如果文明要存续下去，国际关系彻底的调整便是必要的。在此，决定性的重点在于，对于科学的进步只运用在人类利益的一项保证，都是以同样的全体态度为前提，这种态度对于不同文化的各国之间的合作是不可或缺的。

只要熟悉互补原理的观念，对此就不会觉得困难，因为一个人的存在在于对其他人的期待，而同属于这个世界上、对你而言产生互补作用的其他人也应具有与你相等的权利。玻尔了解到这一点并试图告诉我们。但是聆听他的人为何这么少？我们何时才能学会原子蕴藏的道理？

鲍林

冯·诺依曼

德尔布吕克

费曼

若人们不相信数学简单，只因他们未意识到生命之复杂。

——冯·诺依曼

当世界变得更复杂时，它也就变得更有趣了。

——费曼

第十章　美国人与移民

· 鲍林(Linus Pauling,1901—1994 年)

· 冯·诺依曼(John von Neumann,1903—1957 年)

· 德尔布吕克(Max Delbrück,1906—1981 年)

· 费曼(Richard P. Feynman,1918—1988 年)

条条大路通美国,这句话似乎至少适用于 20 世纪的科学界,特别是在 1945 年之后,也就是欧洲遭到纳粹政权蹂躏之后。在第二次世界大战之前,德语还是科学家之间的强势语言,而美国人也将他们的优秀生送往哥廷根和柏林;可这个趋势在战后随即逆转,今天美式英语已经成为人们互相交流时的通用语言,而有志从事研究的工作者也会设法在美国停留几年。在纽约和加利福尼亚州之间可以找到许多科学界的伟大人物,他们从世界各地来到这里,例如来自布达佩斯和柏林。美国人当然早就有自己的原型,他们以独一无二的方式宰制了这些学科。

第一节　鲍林:化学键的本质

莱纳斯·鲍林从不怀疑自己的天赋,而且令人难以置信的是,他终其一生都有多元的兴趣,并且投入许多领域。当63岁的他向美国国家科学基金会申请经费时,还为自己设定了往后5年的研究主题,分别是老化机制、麻醉剂的效应、反铁磁性[译注:在原子自旋(磁矩)受交换作用而呈现有序排列的序磁材料中,若相邻原子自旋间因受负的交换作用,自旋为反平行排列,则磁矩虽处于有序状态(称为序磁性),但总的净磁矩在不受外场作用时仍为零。这种磁有序状态称为反铁磁性]和精神病的分子基础。此外,他也打算结束其关于生物特殊性、金属的化合理论以及科学与文明关系等几本书的写作,另外还参与"民主制度中心"的工作,这个中心当时在美国扮演相当于国会之外的反对力量的角色。

和法拉第一样,鲍林也出身于非常贫穷的家庭,他对科学的兴趣很早就萌芽了。家乡俄勒冈州波特兰的一位邻居在自家设立了一间小小的化学实验室,这让13岁的鲍林开始产生兴趣;从这里开始,他便走向成为20世纪最伟大的化学家的旅程。首先是他对化学反应的关联性拥有令人难以置信的认真,这种能力让所有见过鲍林的人都留下非常深刻的印象;人们总是觉得,在某种被拿来当作解释基础的科学理论出现之前,他出于本能就知道所有问题的答案。①

---

①　他看出放射线会对遗传物质造成伤害,早在遗传物质如何被组合、放射线如何与分子互相影响等细节清楚之前,他的直觉便对此拥有最深刻的理解。

此外,鲍林似乎拥有一种非常有活力的潜能。在他生前接受的最后几次访谈中,其中一次,也就是1993年他93岁(逝世前一年)时,曾经附带提到一个他在20世纪50年代初期研究的问题。1952年,鲍林曾经在课堂上听到这么一个假说:稀有气体“氙”在人体内可以发挥如同麻醉剂的作用。他觉得很惊讶,因为氙被认为是几乎不会产生任何化合反应的惰性元素,既然如此,这样的元素怎么会发生这么大的作用?还有,麻醉剂究竟又是怎么发挥效用的?鲍林想了一整天,到了晚上脑筋都还转个不停,隔天早上他就忘记这个问题了,之后长达7年的时间也没有更进一步的发展。但是到了1959年,某天他翻阅一份科学性报刊,上面出现一张类似氯仿的分子及其刚刚被研究出来的分子结构图。虽然这种物质与引发他展开探索历程的氙毫无关联,但是他看了这个分子一眼后,一股冲动便穿过全身。“我把脚从桌子上缩回来,坐直了身子,然后大声告诉自己:‘现在我知道麻醉剂是怎么起作用的了。’”

鲍林不仅工作形态特别,授课方式也很独特,经常在学生和专业人士面前提出非常大胆(而且并非总是正确)的假设。鲍林独特的授课方式可以从他以下的做法看出:20世纪50年代他特别研究了那些具有生物学作用的物质分子结构,并且做了绝妙的推测。他总是在上课之前就将模型放在桌上,但是先藏在纱底下,时机一到就可以用一个非常优雅的弧形摆动掀开纱(然后环顾四周等待掌声)。鲍林于20世纪四五十年代在帕萨迪纳(Pasadena)的加利福尼亚州理工学院担任化学系教授,他的课是我们这个时代科学界令人愉悦的传奇,当时他也写了一本建立许多准则的教科书《普通化学》(*General Chemistry*)。

鲍林是第一个知道建立分子模型的人,今天这种模型已经被用于商业用途。他仿制氢、氧、氮、硫、磷等各种原子并以不同颜色标示、用联结键帮助理解、组合成一个较大模型的方式，我们仍然继续使用。他对具体结构最有名的建议源于 1952 年，当时他建议将所谓的“阿尔法螺旋”（Alpha-Helix）①，也就是化学家所称的蛋白质②，当成生物分子的基本物质。“阿尔法”这个前缀词只是显示其历史地位而已，重要的是“能赋予生命基础完美形式的分子螺旋确实存在”这个概念。我们应该认清下面这个事实：鲍林是第一个隐约捕捉到这个概念的人，或者更确切地说，是第一个用模型复制这个概念的人。从化学家训练有素的眼光看来，阿尔法螺旋简直美得不像真的，但是鲍林却敢在还没有充分的实验证据之前就将它公之于世。

在这个例子中，他不只说对了，而且还能掌握一个广泛流传的生物分子自然结构基本原理，这是第一件事。第二件事是他的螺旋概念立即形成一个学派，而且首先被两个研究人员认真看待。这两个人在英国剑桥探索生物学上的另一个重要结构，也就是核酸的结构；更精确地说，是一种被称为 DNA 的遗传物质结构。他们就是沃森与克里克，两人对于来自加利福尼亚州的鲍林的竞争固然心存戒慎；然而，这两个年轻人常年拥有的 DNA 晶体 X 光片比鲍林手上拥有的要好得多，借由这些照片③的帮助，他们在 1953 年将鲍林关于简单螺旋的想法发展成今天著名的双螺旋。

沃森后来回忆，他和克里克都曾想到会让他们输掉这场竞赛

---

① 这个词来自拉丁文的“helica”，是“螺旋状花纹”之意。

② 蛋白质在催化之后大部分是具有活性的，被称为“酶”，以前也被称为“酵素”。隐藏在这些生命物质之后的是一段几乎不为人知的有趣故事，因为核酸，或者说是 DNA 几乎抓住了所有人的注意力。蛋白质是生命的分子主宰，它为 DNA 所做的比 DNA 为它所做的还多。

③ 这些照片主要来自罗莎琳德·富兰克林（Rosalind Franklin）。

的关键，就是有一天鲍林早一步证实自己提出的DNA结构。他们两人于是投入研究鲍林的论文，只为了早一点发现鲍林拍到的分子从化学角度来看根本不是酸——当然也就不是核酸。“酸”并非某种原本存在于自然界的物质，而是科学家创造、应用，而且特别需要化学家赋予它生命的一个概念。如果这时有个化学家知道“酸”到底是什么，这个人一定就是鲍林。于是沃森和克里克心里又出现不舒服的感觉，直到沃森脑中突然闪过一个终于让他们两人放心的决定性想法：鲍林的DNA模型表达的绝不是传统意义下的酸，除非鲍林之前发展出一个关于酸的新理论，否则它就不可能是这样一种酸的物质。若是如此，沃森说，鲍林就应该不只写一篇，而是要写两篇论文才对，第一篇介绍他的新理论，第二篇才是将DNA结构当成新理论的应用范例。然而，他们在剑桥只收到一篇，于是可以认定鲍林的模式是错的，然后继续抱持胜利的希望。鲍林的风格就这样将自己的失算泄露出去。

众所周知，沃森和克里克找到了正确的答案，而第一个知道的就是德尔布吕克，当时他也在加利福尼亚州理工学院工作，是鲍林的邻居。沃森在一封信中告诉他这个结构，他收到后立即出门通知鲍林。① 鲍林对此喜形于色，当下就理解了模型的意义，也为这个美妙的模型感到高兴，并且捎了一封信到剑桥表达其恭贺之意。他不需嫉妒或羡慕，诺贝尔化学奖对他而言已经是指日可待。隔年他就得奖了，只是没什么人有兴趣知道他获奖的理由，毕竟对他而言得奖的理由已经够多了。

---

① 德尔布吕克原本等不及把信读完就要去告诉鲍林，后来之所以没有马上出门，是因为信末有个附注：沃森拜托他暂时先不要告诉鲍林，因为必须再重新检查一遍所有可能出现错误的资料引注。

时代背景

1901 年，鲍林在美国俄勒冈州出生，同年来到这世上的还有海森堡和费米；这一年，伦琴获得第一届诺贝尔物理学奖，托马斯·曼出版了《布登勃洛克一家》（*Buddenbrooks*）。一年之后，埃米尔·费雪（Emil Fischer）发现蛋白质的链状结构，而且是由被称为氨基酸的更小单位组成的。1903 年，居里夫妇荣获诺贝尔物理学奖。1927 年，林白驾驶单翼的"圣路易精神"号完成第一次由西往东、不着陆的横渡大西洋的壮举，这趟飞行超过 33 个小时。同一年，海森堡导出不确定性原理，玻尔则建构其互补性概念。在美国，被视为无政府主义者的桑顿·怀尔德（Thornton Wilder）出版小说《圣路易斯雷大桥》（*The Bridge of Sun Luis Rey*）。

当鲍林于 1963 年获得第二座诺贝尔奖时——虽然是和平奖，而且得奖必须追溯至 1962 年，美国航天员约翰·格伦（John Glenn）已经环绕地球 3 次，联邦德国首任总理阿登纳辞职，教皇约翰二十三世逝世，美国总统肯尼迪遇刺身亡，基普哈特（Heinar Kipphardt）出版了舞台剧形式的报道性作品《奥本海默案件》（*In der Sache J. Robert Oppenheimer*）。到了 20 世纪 80 年代，鲍林持续抗议美国部署中程弹道飞弹，但是当他 1994 年逝世于自己位于大瑟尔（Big Sur）的农场时，这个世界并没有变得较为和平。

人物侧写

在 20 世纪二三十年代，鲍林以化学天才的身份发迹；四五十年代他成了化学界的明星，除了自己已不再被别人提出的医学方面的问题吓倒之外，还引进了"分子性疾病"这个概念。然而，到了 60 年代，当他积极介入制止核子武器试爆并且要求片面停止扩张军备时，他和他的一些同行开始渐行渐远。终于，到了70年代，即使他最好的朋友也逐渐无法再了解他，因为他总是用越来越激进的方式提出“维生素C可以抗癌”①这个主张，而且自己每天服用超过10克；生化学家倒是向他证明了，他服用的维生素C有90%以上都没有功效而被排出体外。②

为了试图描绘鲍林难以捉摸的性格，以及他从天才到特立独行的“坏小孩”的转变，我们必须从20世纪初，更准确地说是第一次世界大战即将结束时谈起，那时鲍林正在波特兰附近的俄勒冈农学院研读化学。18岁的鲍林就已经对电子理论开始感兴趣，当时的专家想利用这个理论解释他们观察到的“化合价”(Valenz)究竟是什么；一种原子或元素的“化合价”，或者更确切地说，“化合价”显示的是它的“值”，也就是它能与多少其他的原子结合。在1920年以前，人们对原子构造的观点尚未定论——在俄勒冈也不例外，但是猜想在外围的电子似乎可能扮演某种角色，而鲍林想弄清楚的就是这一点。电子必须如何在原子里面活动才能产生化合作用？借由这个追问，鲍林很早就抓住了这个课题，到1939年他已经充分理解、完全掌握。在这个重要的年份，他出版了那本伟大的教科书《化学键的本质》(*The Nature of the Chemical Bond*)，这本书出了好几版，到今天都还值得一读。

鲍林认真研究化合反应足足将近10年——大约是在20世纪20年代末期，当他在欧洲(德国、瑞士)跟随量子力学几位开山祖

---

① 维生素C在1919年是用来当作防止坏血病的因子，1933年在化学上被认为可以作为人工合成的抗坏血酸。

② 鲍林和他的太太都死于癌症，不过他们两人当时也都已经老了。这对夫妇有两个孩子，鲍林的结发妻子艾娃(两人于1923年结婚)在1981年去世。

师为期一年的学术训练（博士后研究）结束之后，便回到美国担任加利福尼亚州理工学院的教授。当时已经有一些物理学家开始依靠新的核子物理学——量子力学解答分子形成的难题，而他们也成功地理解并估算两个氢原子如何在其两个电子结合成对的情况下变成分子。①

鲍林的第一篇论文研究的是碳，他解释的不只是碳的四个化合价——事实上指的就是四个氢原子或两个氧原子附着在一个碳原子上，还有结合的几何形态，也就是原子相互结合的角度。鲍林论文的开头相当铿锵有力，他让读者知道他比那些物理学家懂得更多：

> 接下来的论文将要说明的是，量子力学的方程式在化学上可以产生（较目前为止已知）更多具有重大意义的结果，甚至可以针对这些造成化合反应的成对电子确定广泛而全面性的规则。这些规则包含了与不同原子化合强度相关的信息，以及原子彼此并排的角度。

鲍林进一步预示他的理论清楚确认了那些人们已发现的化合物种类，而他的同行则是惊讶得说不出话来，过去从没有人用这种方式完成化学研究。最令人赞叹的是，当时年轻的鲍林提出的所有的研究记录几乎都通过了实践的考验，因而被证明是对的。

当然，在鲍林之前化学就已经是一门重要性显著且涉及范围

---

①　海特勒（Walter Heitler）和弗里茨·伦敦（Fritz London）于1927年成功完成这一步，他们论文的关键是证实不需了解额外的假设，量子力学不但容许，或者更准确地说可以预测这种化合现象。于是量子力学不再只是关于原子的理论，同时也是分子的理论，甚至很可能是所有物质的理论。

广博的科学，但是化学教科书的内容大多是由累积的实证知识组成，少有对这些事实的解释；例如，书中不会有这样的问题："为何硫是软的而钻石是硬的？为何水在0℃而甲烷却在－184℃才结冰？为何盐酸比硝酸腐蚀性更强？"化学家一直无法回答这些和其他类似的问题，直到鲍林出现并整理了量子力学要处理的问题。他通过描述电子的状态解释化学键的本质，并且证明"物质的特性一部分取决于其原子结构的形态，另一方面则要看排列的方式"，使得物质的许多特性终于可以让人理解；而且，就像他自豪地宣称的，是"从基本原理开始"重新厘清。

鲍林区别了许多化学键的种类，比如"共价键"或是"离子键"，其中非常重要的是他首先正确洞察了原子与分子之间微弱的引力，也就是今天有名的"氢键"。氢原子只有一个电子，这种粒子可以当作一种感应器在原子周围向内探测，并且和其他合适的粒子建立联结。电子在这里仍然属于氢原子，但是它建构了像吊桥一样的东西，通往相邻的分子；这些键的数目一多，就可以共同稳固形成一个较大的联结，最有名的就是将DNA的两条螺旋一起捆紧、固定住双螺旋的氢键，同时也固定住遗传信息。

当时鲍林必须自己设法弄清楚这些在今天被视为常识的事，他在经典作品《化学键的本质》中用不凡的远见表现出这一点。值得强调的是，他在1939年曾经这么说：

> 尽管氢键的结合力不强，但是对于决定物质特性却具有重大的意义，特别适用于室温时进行的反应。我们已经知道氢键在蛋白质的结构中扮演重要角色，我认为，结构化学日渐广泛地运用在生理问题的研究上，可以显示出氢键对生物学的意义远高于其他任何一种结合现象。

这是一段重要的话,鲍林用"结构化学"这个概念一语道尽。他将20世纪20年代初期平面的化学转变成三维空间结构的世界,直到今天他的后进依然兴奋地悠游其中。他知道自己可以将这个转变带入生物学,借由这个方式更清楚理解生命发展的过程。如同方才援引的这段话所暗示的,鲍林已经准备航向生理学的彼岸,不久他就开始有目标地专心致力于研究具体的问题,但是一开始他就遇到麻烦:他尝试成为一位免疫学家,并且主张制造有机体抵挡分子侵入物(抗原)的抗体,其特殊结构的形成是借由氢键适当地包覆抗原,因而在其四周来回产生皱褶。虽然今天我们知道这种说法是错的,但还是必须原谅他,因为正确的答案在40年后才找到,而且还是在基因层次,而基因层次的细节在他那个时代仍是无法理解的事。

接下来鲍林转向一个较简单的题目:一种被称为"血红蛋白"的蛋白质如何在血液中运送氧气。首先要研究的是氧气是否以及如何联结在携带它的分子上,实验的细节在此必须略过不提——他研究的是磁导率、血红蛋白带氧和不带氧时的自我传输,这一研究突然在1949年获得一个医学上的成果,因此他对这一问题的投入产生一种重要性。鲍林当时决定将目光放在一种称为"镰状细胞贫血症"的疾病上,这个名字的由来是因为罹患此疾病者的红细胞会从正常的圆形变成镰刀状,而且结成团块(因而造成血管阻塞)。

鲍林在加利福尼亚州理工学院的实验室发展出一种可以检测蛋白质活性的方法,即"电泳"(electrophoresis)。对镰状细胞的分析结果显示,这种细胞的血红蛋白与一般在人体内循环的普通细胞血红蛋白之间有明显的差异,"镰状细胞血红蛋白"的表面比一般"健康的"细胞少带两个电荷;如此一来,鲍林不仅能解释红细胞为何会“镰状化”——它的血红蛋白之所以会成块状联结,是因为没有互斥的电荷可以阻止,而且可以将疾病归因于单一分子的改变。1949 年,鲍林和他的同事板野(H. A. Itano)、辛格(S. J. Singer)和韦尔斯(I. C. Wells)共同宣称镰状细胞贫血症应该被当成分子疾病来理解,于是一个奠定我们这个时代基因研究基础的全新医学观就这样诞生了。①

鲍林个人并未继续深入追踪医学的脚步,而是回到他的结构研究,并且如同本文一开始提到的,很快地宣称蛋白质的结构是阿尔法螺旋,这在血红蛋白中也发现了——因此他荣获 1954 年诺贝尔化学奖。大约 10 年后,鲍林获得第二座诺贝尔奖,这次是和平奖,这个奖励和他向来不隐瞒的政治信仰有关。当鲍林的才能和声望都达到顶峰之际,美国正经历一段会唤起不愉快的记忆的时期,即今天所谓的“麦卡锡时代”。那时搜捕共产党的活动大行其道,鲍林只因反对核武及试爆,就被列为“红色”危险人物,甚至不准出境至英国参加关于蛋白质结构的研讨会。

当时,鲍林首先警告大量氢弹试爆将会造成未曾考虑到的长期后果,他协助筹办第一次“帕格沃什会议”(Pugwash Conference),此后东方(苏联)、西方科学家便能在这个会议上相互讨论裁减核武的可能。1958 年鲍林写了《弃绝战争!》(*No More War!*)这本书,同一年递交一份奖金和 1 万名科学家签名的停止核武试爆请愿书给联合国秘书长哈马舍尔德(Dag Hammarskjöld),请愿书中谈到“若要终止氢弹试爆,一份国际公约是迫切需要的”。为此,他们以科学家的身份向政界求援,因为“只有科学家才能多多少少

① 英格拉姆(Vernon Ingram)于 1957 年的研究显示,镰状细胞贫血症出现时,血红蛋白中只有一个粒子会改变。

了解这些扮演重要角色的复杂因子,而可能的放射性物质外泄对基因产生的影响也是其中之一”。

1961 年 5 月,鲍林在挪威首都奥斯陆筹划了一场会议,有 40 位科学家参与讨论裁减军备的问题,会议以一场绕行奥斯陆主要街道的手持火把游行结束,许多市民也参加了。在美国,鲍林在获得诺贝尔和平奖之后仍然被视为“叛徒”①,当他参加反越战运动时,人们对他的批评更为激烈。华盛顿官方当然不会对鲍林这样的人视而不见,人们传说他在晚上 7 点左右离开示威游行现场,8 点就盛装出席总统的晚宴。

尽管有这些外在负担,这位年近七旬的科学家一如往常持续发表论文,而且品质始终保持高水准,虽然如同早年引起轰动的突破性研究已经不再出现。无论如何,鲍林至少在 20 世纪 60 年代就找到一条途径,如何从今天活生生的有机体内大型分子的形成(所谓基本结构)推论出其祖先拥有的相同分子,而他自己也开始收集与此有关的资料。当政治情势稳定之后,所有迹象都显示鲍林应该平平静静地退休了,直到他突然又替自己发现了一个新题目,同时也是个让科学界大为惊讶的主张:如果大家都能摄取足够剂量的维生素 C,癌症便会绝迹。

这场推广维生素的运动起因于鲍林在 1942 年经历过的一场严重肾脏病。根据他基于无法解释的理由的看法,这场病是依赖高剂量的维生素 C 治好的,他将这种亦称为“抗坏血酸”的物质宣传成抵抗感冒和癌症的良药,而存在着根深蒂固的“花钱买健康”观念的一般大众也贪婪地利用其“科学性命题”;很快地,药房出现一种“莱纳斯药粉”,其实就是维生素 C,只是换个名字罢了。鲍林

① 无论如何,至少几个核武强权都在这时签署了禁止核武试爆条约。

的化学专业意见是:维生素 C 会聚积血液中和组织里所谓的“自由基”①,如果体内这些有害物质减少,罹患癌症的危险就会降低。不过,大量服用抗坏血酸可以有效预防这些疾病的说法至今仍然没有确切的证据。②

问题是,尽管有这一切,鲍林是否在最后仍然没有被他最大的缺点——也就是他的自负击倒?这个缺点经常让他难以承认自己的错误,或是向那些在相同前提下比他了解更多的人道贺。这个问题我们可以不必再追究下去,宁可更佩服这位终其一生都对科学研究乐在其中,想多了解靠近原子核的电子(当然也不只是对化学键的研究有所贡献)的伟大化学家。这位 93 岁的大人物在最后一次接受访问时,被问到的第一个问题就是关于“长寿的秘诀、健康与活力”,他在回答时并未提到维生素 C,只是简单地说:

> 我保持活力最大的秘密就是学习,拥有发现新事物的兴趣,我有目标地寻找那些结果会让我伤透脑筋的工作。

鲍林从来不运动,这一点倒是和马克 · 吐温相同;马克 · 吐温若是觉得必须运动了,就会尽可能久久地躺着等待这种感觉过去。针对这一点,鲍林说:“所以我也躺着等。”大部分时候他就会睡着了。

---

① 另外有一种物质也有相同的效果,叫作“抗氧化剂”,它对心脏病的意义不可小觑。

② 根据最新的流行病学研究,定期服用维生素 C 超过 10 年罹患癌症的概率会降低 25%。

第二节 冯·诺依曼:撼动星球

约翰·冯·诺依曼虽然是个逻辑学家,但是就像他最喜欢说的一句话那样,他想要“撼动星球”,而他也看到了非常具体的可能性。他是第二次世界大战期间美国原子弹制造计划中所需的计算机人员,1945 年之后,他又很快受邀参与制造被匿称为“超级”的氢弹的前置作业。冯·诺依曼不仅相信原子的世界是可预估、可测度的,①甚至相信天气和经济活动也是如此。因此,他深入探究监控全球气候的方法——像是观察南北极冰帽的颜色变化,也推测 20 世纪会出现一种可以圆满解决经济与生态问题的新数学,就像牛顿和莱布尼茨于 17 世纪发展出来、处理当时力学与物理问题的微分与积分计算法——微积分。这里顺便提到莱布尼茨,远在当时他就已经表示,希望在未来某个时候,即使是哲学的争议性问题也能经过计算获得定论;如果这整个世界可以转换成文字、图案和符号,就可以清楚地举证。莱布尼茨说:“如果现在有人质疑我的解答,我会这么回答他:‘让我们来计算一下吧,先生。’于是我们拿起笔墨和纸,事情很快就条理分明了。”

冯·诺依曼脑海中浮现的正是这么一个数学化的世界,他不仅和莱布尼茨的想法相同,也和这位来自汉诺威的新教徒一样涉足并精通许多领域。莱布尼茨被我们尊为最后一位上通天文、下知地理的博学鸿儒,而冯·诺依曼的确可被视为其 20 世纪的传人,难怪科学社群会认为像“约翰尼”(他喜欢别人这么叫他)这样

① 冯·诺依曼当然知道计算的复杂度很高,但是他也假设这种人类针对此目的制造出来的机器(电脑)总有一天能跟人类一较高下。

的人是世上最聪明的。虽然这种博学在我们刚刚过去的那一段历史中还是很典型的,但许多专家还是会对这样的人有着极高的评价:他以美国原子弹计划狂热捍卫者的身份孜孜不倦地投入宏大计划中的一连串测试(利用放射性的雨、云等降水),而在别人问到"上帝是否存在"时,却只知道这么回答:

> 或许真有个上帝吧!和没有上帝的情况相比,有个上帝存在,许多事情解释起来就容易多了。

冯·诺依曼是从数学家的观点观察这个世界,[1]从这个角度来看,信仰上帝比较符合逻辑。想要理解这位1903年在布达佩斯出生的计算天才不可思议的多方面影响,只有从他最初获得成功的逻辑研究出发,也就是从早在1930年之前便提出的那篇论文出发。必须了解的是,他的认知是如此建构起来的:对他而言,一切都是计算问题,他的大脑似乎能将所有实际发生的事立即转变成可以和方程式联结、可以计算的数字与函数。比如说,他在20世纪40年代研究的问题是威力强大的爆炸所产生的震波如何扩散,有一位记者请他解释爆炸是怎么一回事。他们一起看了爆炸的照片,记者对四处飞散的碎片印象深刻,而冯·诺依曼说:

> 视觉化的判断力看不到这里发生的事,这必须用抽象的方式去看。事情是,第一个微分系数随即消失了,因此我们看见的就是第二个微分系数留下的痕迹。

---

① 他死后出版的一篇论文《电脑与人脑》是以这个句子开始的:"这是一项从数学家的角度寻找理解神经系统途径的尝试。"

难怪像“约翰尼”这样的人会被圈内人推崇有加,也难怪他对一般大众的影响却始终像是一本层层包裹起来的书,但是他的影响仍随处可见。例如,冯·诺依曼想通过反应方程式及其解答将化学从实验性的领域转变成数学的一个分支,实际上今天确实出现许多理论化学家,他们从实习结束之后就未曾碰过试管,而是坐在电脑前面估算分子模型,或是将化学反应变成肉眼也能观察。他们使用的计算机的基本特征是根据一些建议设计出来的,当然,这些建议便是来自冯·诺依曼,所有现代电脑的设计都是根据他的理念,其基本概念就是“中央处理器”;就像他在1945年第一次建议的:“在处理器内,运作的程序都以数位化的形式储存起来。”

当冯·诺依曼提出这些今天被视为理所当然的“程序储存”说法时——首先只有资料应该存在机器里,他开始思考功能像人脑一样的机器①,这个问题在其短暂一生中始终未被遗忘。当冯·诺依曼1957年因血癌病逝于华盛顿时,在病榻上还试着要完成标题为《电脑与人脑》的手稿②。他终究未竟全功,我觉得这件事相当遗憾,因为他在序言中有一项不太显眼却令人好奇、但是并没有兑现的宣告。病入膏肓的冯·诺依曼写道:对神经系统彻底的、数学性的研究“可以修正我们对真正的数学和逻辑的看法”。如果他能进行这项研究,便能告诉我们他是否认为莱布尼茨的计划是切合实际的,一个正面的答案或许真的可以撼动星球。

---

①　这个概念当然和大部分数学家或逻辑学家在进行研究时都低估了人脑及其复杂性一样,不是什么新鲜事。大脑智力这一门知识远远超过知道此处的许多神经细胞会发出许多脉冲,并且通过更多的神经元突触整合在一起。

②　这份手稿来自冯·诺依曼于1955年受邀在“希利曼讲座”(Silliman Lectures)的演讲内容,这是美国历史最悠久的学术演讲系列之一。

时代背景

1903 年,冯 · 诺依曼于匈牙利出生那一年,德国医生佩尔特斯(Georg Perthes)发现 X 光线可以阻止肿瘤生长,他认为这是一种新的治疗可能性;罗素出版了《数学原理》;德国帝国议会通过童工法,从此 13 岁以下的儿童禁止工作。1904 年,皮叶克尼斯(Vilhelm Bjerknes)出版了名为《气象预报》(*Weather Forecasting*)的书,这是气象第一次被试图当成机械问题处理。一年之后,不只爱因斯坦的巨著问世,弗洛伊德也出版了关于智力的论文与性欲理论方面的杂文。

1908 年数学界出现两个有趣的发展和一个颇不寻常的观点。荷兰人布劳威尔(Luitzen E. Jan Brouwer)证实,在面对无限大时,古典逻辑学就靠不住了。英国人戈塞(W. S. Gosset)分析了"平均值可能的误差",由于他以"Student"为笔名发表文章,从此科学界便知道所谓的"学生 t 检验"[Student's t test,译注:统计学中一般称之为 t 检验]可以用来检查结果的显著程度。庞加莱则宣称:"数学家以后将把集合论当成一种自己已经从当中复原的疾病看待。"

当冯 · 诺依曼于 1928 年提出第一篇具原创性的论文时——他证明了所谓的"极小极大定理",英国人狄拉克(Paul Dirac)建议结合量子力学与相对论,并且预测了"反物质"的存在。一年之后首次出现超短波发射器与接收器[译注:后者即为超短波收音机],纽约开始建造帝国大厦,并于 1931 年竣工;瓦尔堡(Otto Warburg)在这一年获得诺贝尔医学奖,哥德尔(Kurt Gödel)证明了关于"不可证性"的著名定理,伯克霍夫(George Birkhoff)则将冯 · 诺依曼先前以一种特殊形式证明过的所谓"遍历定理"一般化。

冯·诺依曼过世那一年(1957年),欧洲试图建立一个共同市场,欧洲经济共同体的历史由此展开;苏联第一颗人造卫星"斯普特尼克(Sputnik)1号"从太空中传送讯号回地球;美国华裔物理学家[译注:即当年诺贝尔奖得主杨振宁、李政道]发现自然界的某些变化过程并非镜像对称(钴在衰变时宇称会受到破坏)[译注:即在弱交互作用中的"宇称不守恒"现象];萨宾(Bruce Sabin)发明小儿麻痹疫苗,并且很快制成小糖块风行全世界。当社会大众尚未察觉时,德国首次确定除草剂内含有致病的污染物质,它就是二噁英,当时讨论它的人还不是很多。阿登纳(Konrad Adenauer)则为他的基督教民主联盟在联邦德国国会大选赢得绝对多数。

人物侧写

冯·诺依曼是含着银汤匙出生的,他的父亲是个银行家,看来这个儿子将来也会是另一个商业巨子;无论如何,至少他总是穿着西装,即使是坐在一匹从科罗拉多河爬上来、走进亚利桑那州大峡谷高地的骡子身上。"约翰尼"小时候就因过人的记忆力而引人注目。另外要强调的是,他(在三种语言的环境下)成长的布达佩斯在20世纪初是非常迷人的,①和维也纳就像是多瑙河中上游两颗相互辉映的明星。当时冯·诺依曼家族所属的东欧犹太人的身份对他而言意义并不大,②他在美国出生的女儿甚至一

① 人们常常开玩笑说布达佩斯应该叫作"犹达佩斯"(Judapest)。

② 除了冯·诺依曼之外,还有西奥多·冯·卡门(Theodore Karman)、迈克尔·波拉尼(Michael Polanyi)、尤金·维格纳(Eugene Wigner)、爱德华·泰勒(Edward Teller)和利奥·西拉德(Leo Szilard)。他们大多出身布达佩斯,而且上同一所(初级或高级)中学。

直到青少年时期都对父亲的犹太血统一无所知，而这不只是因为冯·诺依曼于1930年娶玛丽耶特时形式上已经皈依天主教。

再者，宗教上的适应对冯·诺依曼的婚姻并没有太大帮助，他在1937年就离婚了，因为就像妻子向朋友抱怨的，“约翰尼这个人单调无趣”①；即使是参加舞会时，他也会经常半途抽身回到自己的房间写下或修改他的方程式，家事对他而言是女人和佣人的事。冯·诺依曼的第二任妻子克拉拉倒是较能容忍他这种大家都知道的脾气，即使在同一幢房子住了将近20年，他还是连杯子放在哪里都不知道，而这一点她也直截了当就接受了。

冯·诺依曼家族从20世纪30年代起就住在普林斯顿（新泽西州），冯·诺依曼在那儿最初是客座讲师，1933年升任教授。他在前往美国的路上还绕经德国和瑞士，年轻的冯·诺依曼在布达佩斯念完博士后就转到那儿继续研究数学与化学。② 不谈他在数学方面有目共睹的天赋，让他很早就引人注意的是：他总是想要一次完成很多事，当他还在学习或研究第一课题时，就已经在计划下一个题目该如何着手了。冯·诺依曼终其一生都被一种神秘的不安钳制，一切都发生得密集且令人无法喘息；人们几乎有种感觉，仿佛冯·诺依曼知道自己一定会早死，所以每分每秒都非常努力，绝不错过任何可以在他掌控之下手到擒来的事。

按照某一本传记的说法，冯·诺依曼一直是个可以将别人问他，或是他自己遇到的问题用一种致命的冷静且秩序井然的洞察

---

① 他曾经造成严重的交通事故，那场车祸让他的太太身上多处骨折，原因可能是心不在焉地开车迎面撞上一棵树。

② 少年冯·诺依曼的数学天赋是不能被忽视的，他17岁就开始研究所谓的“最小多项式”，19岁就针对这个题目发表第一篇严肃的论文，讨论“某些最小多项式的零位状态”，并刊载于《德国数学学会期刊》。

力加以解决的逻辑学家。“致命”这个字眼在字面上可以这么解释：当1945年原子弹确定可以发挥作用时，“约翰尼”接到一份任务，就是找出最适合投弹的高度，于是他马上开始计算，死亡的世界于是变成数字和公式的世界，我们这个时代的莱布尼茨则乐在其中。

当冯·诺依曼投入这项战争任务时，才在一年前刚刚出版了一本关于另一个全新题材的旷世巨著。1944年，他和经济学家摩根斯顿（Oskar Morgenstern）共同出版了厚度超过600页的《博弈论与经济行为》（*Theory of Games and Economic Behavior*）讨论博弈理论①，将数学结构应用在经济议题上。一如既往，冯·诺依曼对于经济问题的深入探索必须追溯至最初的逻辑研究，他相当早期（1928年）的论文中有一篇是讨论一场两人赛局的进行选择策略，其中一人问自己，另一个人会如何猜想自己的企图。冯·诺依曼发现，在所谓的“零和游戏”（一方所得为另一方所失）中有一个最佳的获胜策略，事实上人们可以合乎逻辑地将自己的所得“最大”化，也就是将自己的损失“最小”化，而这个“极大极小定理”的表达方式便是数学语言。

范围广泛的“博弈论”于1944年问世，他试图由两个具备丰富想象力的人将这个策略应用在具体的经济活动中（此外还包括作战方式）；尽管有其他的负担，这件事对冯·诺依曼而言却相对轻松，因为他早在1932年就已经了解如何以数学的方式让经济学的内容变得更丰富。当时他在普林斯顿发表了一场题目为“论经济学中的某些方程式”的简短演讲，并在当中导入“一般化的布劳威

---

①　博弈理论在今天已经再度获得重视，1994年的诺贝尔经济学奖颁给德国的泽尔滕（Reinhard Selten）等人，奖励他们进一步发展这个理论。

尔定点定理"①,稍后并以德文出版其讲稿。其实,无法立即了解讲稿内容并不妨碍一个人跻身上流社会,因为一直要到数十年后经济学家才终于发现,当时 29 岁的冯·诺依曼提出的论文足以名列"20 世纪伟大而成果丰硕的论文"。古德温(Richard Goodwin)曾在 20 世纪 80 年代写道:

> 这篇论文建构的美妙而精简的架构是令人肃然起敬的,它似乎是在前无古人的情况下以杰出的理解力到达顶峰,而且证明了这个经济问题的答案确实存在:如何以最低的价格制造出尽可能高品质的商品,让所有货品的价格等于成本、供给等于需求。同时这篇论文也指出,若要达到动态的平衡,最大的增长就是必要的。

第二次世界大战结束时,所有经济学家都想了解冯·诺依曼早在 10 多年前提出的理论。他们想用英文阅读,于是翻译了这篇论文。英文版发表于 1945 年的《经济统计学评论》(*Review of Economic Statistics*),标题是《总体经济平衡模式》(*Ein Modell für ein allgemeines ökonomisches Gleichgewicht*),之后被认为是冯·诺依曼的"扩张经济模式"[Expanding Economy Model (EEM)],后来也形成一个学派。

---

① "定点"这个说法和数学家使用的图表有关,虽然大部分都是非常抽象的过程,但这个定点是清楚的,例如市街图就是一座城市的地图,我们可以想象它是一个点一个点画出来的。如果现在我将一张康斯坦茨市的地图放在康斯坦茨某一条大街上,这张地图和这座城市一定交错在某一个点,这就是这张图的定点。布劳威尔定理可以告诉我们在哪些情况下哪些图(函数)会有几个定点。

当经济学家开始争论这个模式对其专业领域所显示的意义时,冯·诺依曼又投入另一个新的题目,他在这段时期对电脑产生了一种“惊世骇俗的兴趣”;对此,人们都很清楚,今天所有便宜的口袋型计算机都能轻易地让20世纪40年代出现的桌上型打孔式计算机相形见绌。万事开头难,一台1943年出厂的IBM计算机大约要10秒钟才能计算出两个十位数相乘的积,但是比起当时(以及现在)一个平均程度的职员要花上大约5分钟的时间才能处理完这项无聊的工作,无论如何都快得多。众所周知,莱布尼茨很早就抱怨过:“对优秀的人而言,像奴隶一样花时间在计算工作上是没有价值的,只要有机器,计算工作大可轻松交给别人去做。”因为冯·诺依曼也是这么想的,所以这个惊世骇俗的兴趣就在心里浮现了。

这部经过冯·诺依曼的协助而成为未来电脑始祖的机器出现在费城,它的名字是“电子数字积分计算机”(Electronic Numerical Integrator and Computer),简称“ENIAC”,每秒能执行333次乘法运算。① 冯·诺依曼于1944年8月第一次看到它时,就对它的计算能力大为惊艳,但他发现若要给它一个新工作——改变运作程序,困难就出现了。他觉得一直更改程序非常浪费时间(在当时,实际上就是不计其数的工程人员、电脑操作员都必须更换,还有更多的缆线也必须转接),因此建议发展出一种可以储存程序的概念,而这在若干年后确实也出现了。1945年3月,冯·诺依曼在一篇“初稿”中将改良“ENIAC”的想法写成摘要,这篇101页的文件被认为是“历年来关于电脑及其功能的最重要的文件”。冯·诺依曼了解电脑其实主要是执行逻辑功能,至于电机、电子

① 今天每秒可以执行20亿次计算。

方面的观点都是次要的——至少对这个概念而言是如此。他指出，尽管基于逻辑上的理由，计算机需要有一个核心部分［他称之为“C”，也就是“中央”（central）］，但也需要一个存储器［他称之为“M”，也就是“记忆”（memory）］，中央则区分为控制单位（CC）和运算部门（CA）。冯·诺依曼在撰写这些概念时眼前不断出现人类大脑和神经细胞的影像，他在“初稿”中说：“因为 CA，CC，M 这 3 个特殊部分相当于人类神经系统中联结的神经元，这个对比于感觉或传入神经元以及运动或传出神经元的相似性还有讨论的空间，这些就是机器资料输出与输入的元件。”

这篇“初稿”确定了今天所谓的“电脑的冯·诺依曼结构”。尽管这种机器对我们的日常生活影响深远，但在此我们不深入研究，只顺便一提：冯·诺依曼当时就预见今天人们会用电脑推动科学发展，也就是说，会发展出某些没有电脑支持就根本不会出现的学科分支，例如混沌理论①。旧的数学方法已经是人类熟悉的缓慢计算方式，电脑则开创了完全不同的可能性，而冯·诺依曼一开始所指的只是其运算速度与储存能力。②

当这个领域正在发展时，他的眼光已经转到另一个方向。他自问，除了大脑的逻辑结构之外，这些机器究竟能不能也接收并接受生命的逻辑结构？比如说，是否可能出现一种可以自我复制的自动装置？他在 1948 年就提出这样的问题，在某个这一年他就提

---

① 众所周知，这个理论颠覆了冯·诺依曼对世界的全然可预测性与可估计性的梦想。

② 冯·诺依曼特别希望能通过计算机让气象学成为精确的科学，就像当时的物理通过人脑一般。对于能够长期预测天气的信心可以说是他的一项重大失误，在这一点上他高估了逻辑的力量，（天气的）混沌程度是远大于他和他的机器的理解力的。

出而在他死后才问世的理论中，他不只找到这种机器存在的证据，甚至预言它们一定是由四个部分组成的。

应该强调的是，当时还没有够资格称得上是分子生物学的学科；不过，若是要将冯·诺依曼的理论放到细胞的层次检视，我们可以用最简略的话说，他所谓的可以自我复制的细胞自动装置的四个部分带出了下面这几个名字：基因的整体（DNA 的基因组）、复制遗传物质的蛋白质、控制及导入模写的基本单位、生产生物催化物的分子机制；没有这种催化物，细胞间的物质交换便会陷入停顿（蛋白质的生物合成）。

凭借这项证据及其关于电脑的其他论文，冯·诺依曼不仅指出这些机器可以自我复制，也永远破除了机器不能从经验中学习、不能适应新状况而自我调整、不能以有意义的方式和人类互动的偏见，难怪他身边的人有时会将他当成另一个世界的生物看待，这种生物来自未来，而且知道我们会往那个方向前进。对许多人而言，他是个“神”；不过幸运的是，这个神“非常平易近人”。

冯·诺依曼当然不是神，当他在 1952 年被艾森豪威尔总统召往华盛顿、受托在原子能委员会担任一个主导性的角色时，澎湃绚烂的生命在登上顶峰后突然归于平淡。刚开始他只是觉得肩膀痛，诊断之后发现罹患了骨癌，癌细胞从脊椎向外扩散转移，不久他就无法离开轮椅了。他觉得非常疼痛，但是他的行程表排得满满的，还要担心美军在运用手中的武器及作战的可能性时会犯下逻辑性的错误。约克（Herbert York）曾多次参加冯·诺依曼委员会会议，用他的话来说：

> 他坚定地下决心继续完成他和空军人员的任务。我记得在许多会议中，当我们其他人都到齐就座之后，坐在轮椅上的

> 约翰尼才被副官推进来。一开始他表现的是平时的自己，微笑而开朗，会议以一般的方式进行；也就是说，约翰尼主导得非常富有思考性，几乎不会出现任何好斗或是一面倒的场面。之后，当他知道自己的状况已经没有康复的希望时，便开始感到绝望，并且积极参加教会活动，借此寻求慰藉。

非常了解如何生活的冯·诺依曼并不知道死亡是怎么一回事，他在病榻上向最后一位访客承认自己的绝望。他无法想象一个不把他当成会思考的生物的世界。

第三节　德尔布吕克：探索吊诡

德尔布吕克被认为是分子生物学家当中的优异分子，他的工作促成了这门老早就远离实验室的基因科学的兴起，并且为发展出一个全新的医学领域提前做准备。德尔布吕克自己则在1953年退出这个领域，正是在这一年，基因是由何种物质构成的秘密才被揭开。当时DNA双螺旋刚刚被发现，根据许多人的看法，这项发现让遗传学真正开始变得有趣。然而，当首先是生化学家、之后是遗传工程人员陆续进入德尔布吕克开创的这个领域时，德尔布吕克的好奇心已经转往另一个方向，尽管当时对分子结构细节的研究越来越多，但是他并不感兴趣，因为他觉得这时遗传学在别人手上已经可以做得更好。他展开一项揭开生物学吊诡的新尝试，这个吊诡从一开始就是他的研究目标——这里的"开始"指的是1932年，确切地说，是在那一天，取得博士学位的26岁物理学家德尔布吕克坐在哥本哈根某间讲堂的最后一排，聆听伟大的玻尔在前面的讲台上解释"光与生命"这两个概念的意义。

玻尔其实只是在一场讨论“光疗法”的会议上致开幕词，但是这个别人都嫌麻烦也不会在上面花心思的任务，却被他拿来当作提出假说的机会，而正是这个假说改变了德尔布吕克的一生。玻尔介绍了原子的新理论“量子力学”，他说，我们在研究光和物质彼此如何进行能量转换时发现了原子的特殊性，①直到某些实验结果和传统物理学之间出现矛盾时，能量转换的轨迹才被认真看待。②而矛盾就在于，这些实验显示出原子必须有个可以让电子绕行的原子核，这样的原子结构在牛顿和麦克斯韦的经典物理学领域是不可能维持稳定的。基于这种吊诡的状况，人们被迫找到一门新的物理学，这份努力的回报，就是在最后终于出现一门包含新的物质理论以及对原子世界的真实状况更精确理解的科学。

玻尔继续说，能够有勇气尝试找出能量转换关键点的人——这需要对光和生命之间，而不是光和物质之间的能量转换有独特的想法，以及之后能继续在生物学上发现可以导出类似的对立性或相应悖论的实验方法的人，就能——玻尔这么估计——建构出生物学的基本理论，或许甚至可以解开生命之谜。③

听了这些话，德尔布吕克当场像触了电一般，他很快就清楚自

---

① 普朗克发现了在此交互作用中出现的著名的量子，他试着解释一个黑色物体在温度上升时产生的颜色变化：一开始会是红色，接着是黄色，最后是白色；而物质放射出的光只有在量子理论的架构下才能被解释。

② 这被视为玻尔的成就，1912 年至 1913 年间他在自己书中的某一章描述了这个模型。

③ 当然玻尔并没有这么说，这里所说的很可能跟他在 1932 年的开幕演说几乎无关，也可能不是德尔布吕克当天理解的内容，而是德尔布吕克在其生命过程中对玻尔这场演讲的领悟。笔者在 20 世纪 80 年代末期经历过这种转变，当我问病情严重的德尔布吕克对生物学的兴趣从何而来时，他就从玻尔和哥本哈根开始说起。

己想要找出这个吊诡，也知道如何以及可以在哪里开始他对光和生命这个主题的学习：就是在柏林跟随一位用放射线诱发突变，也就是用光线改变生命现象的遗传学家。于是，德尔布吕克决定转行研究生物学。

为何德尔布吕克对其本行（物理）不是非常满意，原因可以简单地说：最晚到20世纪20年代中期，当他还在念大学时，一些伟大的想法就都已经被提出来了。① 尽管学习和理解新的原子理论非常刺激，但是想自己动手研究的人却只能在复杂的分子或晶体上应用，在这一点上较需要的是机智灵巧的数学家，而不是理论思考色彩浓厚的物理学家。德尔布吕克觉得撰写他那关于锂分子的博士论文是件枯燥乏味的工作，他在1932年有点闷闷不乐地待在家乡柏林，因为他在威廉皇帝化学研究所中迈特纳的物理部门找到一个职缺。他自称是这个部门专属的理论家，工作就是检验迈特纳及其助手进行的散射实验，以便了解量子理论能否正确描述实验的结果。其实，这段时期他很可能会意外发现今天文献中所谓的“德尔布吕克散射”②，但是他一直到第二次世界大战结束后才察觉这一点，此时他已经是加利福尼亚州理工学院的教授了。这段时期他已经举世闻名，因为他借由玻尔在演讲中预先提示的方向，找到了我们今天都知道的促使分子生物学获得丰硕成果的途径；然而，这当中并没有出现吊诡，在生命科学领域中预期完成的

① 当然语气上并没有这么尖锐，但是说物理学世界观的彻底颠覆在1927年至1928年间已经成为过去倒是符合实情。随后出现的当然还有核物理，不过它也是应用1925年至1926年间出现的量子力学的结果。

② 这里所指的是高能射线照射原子核所产生的散射现象，但是这种散射并非来自原子核本身，而是因为高能射线使正反粒子对产生。正反粒子对产生的过程也属于量子力学预测，而后经过实验证实的疯狂想法之一。

都和物理学及化学的法则相符合，也都在其中找到解答。德尔布吕克很快就察觉他的探索必须重新开始，当他策划的基因研究于1953年达到第一个高峰之后，便开始这项尝试。

时代背景

德尔布吕克1906年出生时，德国通用电气公司(AEG)才刚刚在其出生地柏林设立第一座涡轮机工厂；在巴黎，皮埃尔·居里意外身亡，妻子居里夫人接替了他在索邦大学的教席；在伦敦，汤姆孙(Joseph J. Thomson)指出氢原子只有一个电子，贝特森(William Bateson)则在一篇评论中建议将研究遗传现象的科学命名为"遗传学"。三年后，"基因"成了一般用语，这个词是来自丹麦人约翰森；魏斯曼在同年(1909年)出版了《选择论》，博施(Carl Bosch)继续发展哈伯思考出来的合成氨操作程序(哈伯-博施法)，皮尔里(Robert Peary)则成为第一个抵达北极的人。

20世纪30年代中期，当德尔布吕克在生物学领域寻找研究方向时，纳粹掌握了政权，哈伯被迫离开德国，最后在1943年死于瑞士巴塞尔。冯·布劳恩(Wernher von Braun)在这一年制造了第一枚火箭，火箭爬升高度达2.4千米；美国人阿诺德·贝克曼(Arnold Beckman)发明第一部所谓的酸碱值测定仪，这是一种可以用来精确测定溶液酸度的仪器；作家亨利·米勒出版了《北回归线》，作曲家欣德米特(Paul Hindemith)则谱写歌剧《画家马蒂斯》。1936年，德军占领莱茵兰，同一年奥运会在柏林举行。1939年德军入侵波兰，到了1945年，化为废墟瓦砾的德国城市不只是柏林一地而已。

20世纪70年代初期基因科技出现，就像德尔布吕克所说的，遗传学的"蜜月旅行"因此终于告一段落。同在70年代中期，由洛伦茨大约在1943年首次提出、今天被称为"进化认识论"的想法终于被普遍接受。康德的先验哲学观现在以一盏(生物学)新明灯的姿态出现,德尔布吕克将1976年的告别课堂演说献给生物学和瑞士心理学家皮亚杰的发生认识论。霍拉纳(Har Gobind Khorana)的研究团队在同一年合成了一个能发挥正常功能的基因,而第一间应用基因工程公司在旧金山附近成立。5年后,当德尔布吕克在洛杉矶逝世时,第一个人类基因图表制作方法终于被发现,艾滋病这种流行恶疾也被正式命名,IBM则在其生产的电脑中引进比尔·盖茨的操作系统,也就是“MS-DOS”,作为电脑工业的制式标准。

人物侧写

德尔布吕克在父亲汉斯将近60岁时才出生,①在7个孩子中排行老幺。② 汉斯是柏林大学著名的历史系教授,因为家族的其他成员在人文科学领域都已经大名鼎鼎,于是年轻的德尔布吕克只好转往自然科学领域发展,以便建立自己的名望。他在中学时选择念天文学,大学生涯第一年主修的也是这门学科;在20世纪20年代中期,即使经常待在寂静的天文台,也都知道物理学界将有大事发生。有一天德尔布吕克急急忙忙赶到柏林物理研究所的大讲堂听海森堡演讲,这是同样20多岁的海森堡第一次介绍他那今天被称为量子力学的理论。德尔布吕克很幸运地正好在爱因斯坦和能斯特(Walther Nernst)③入场时走进讲堂,而且听到这两人相互低

---

① 他的母亲当时已经40多岁,是著名化学家李比希的孙女。

② 德尔布吕克的家人属于一个大家族,而且每人都有个家族代码。他的号码是2517,意思是说,他是大约1800年住在哈雷的戈特利布·德尔布吕克第二个孩子的长子所生的第七个孩子。

③ 当时能斯特的知名度就像今天的爱因斯坦。能斯特建构出热力学第三定律,根据这个定律,到达绝对零度是不可能的。

语:“这是个伟大的研究,非常重要。”

德尔布吕克虽然听不懂海森堡那天晚上的演讲内容,但是他很快就离开柏林,也离开了天文学,转往哥廷根念物理学。他在这里不仅研读新的原子力学,也获得对其一生产生影响的经验。针对记者提出的问题:“您为何选择科学研究为一生的志业?”他在1972年的回答举了哥廷根学生生涯的例子:

> 我在年轻时就已经发现,科学对畏缩胆怯、异常与挫败的人而言是一个避风港,这句话或许在过去更为适用;不过,凡是20世纪20年代在哥廷根当过学生、上过希尔伯特(David Hilbert)和波恩(Max Born)合开的“物质的结构”这门讨论课的人,都会真的相信自己就在精神病院中。每一个上这门课的人很显然都是个严重的个案,在这里至少可以做一件事,就是扮演某一种说话会结巴的人。身为高年级学生的奥本海默觉得,以一种特别优雅的方式口吃,也就是“那个……那个……”这一招,会有不少好处。如果某人是个“怪胎”,他会觉得这里就像家里。

这种会胡思乱想的人如果对科学有兴趣,在德尔布吕克身边有的是机会;他不只把自己家,也把实验室的大门对这种人敞开,以便让他们在跟着他时也像是在自己家里。

当时哥廷根的物理学家主张的原子理论看起来确实很疯狂,就像我们在玻尔那儿看到的;但是当它的数学含义呈现出来时,那才真正是惊人,喜欢精确的钻研工作而非创新想法的人必须到其他领域寻找机会。正是在这种情况下,德尔布吕克在波恩的指导下取得哥廷根大学博士学位之后,先转往哥本哈根跟随玻尔,再转往苏黎世跟随泡利学习一年，最后跟随迈特纳在柏林找到一个研究员的位子。新的研究题材一定是基因，因为早在20世纪20年代基因就能通过放射线改变的现象被观察到了；也就是说，它们必定是分子面向的构成物，而只有理论物理学家才可能想到这一点。或许这里也有德尔布吕克期待的出现矛盾之处，他知道俄国遗传学家季莫费耶夫－雷索夫斯基（Nikolai Timofejew-Ressowski）正在柏林针对这个题目进行研究，于是德尔布吕克在利用自己母亲的屋子筹办的私人讨论课中邀请他来谈谈“射线与基因”。季莫费耶夫－雷索夫斯基出席了，加上物理学家齐默尔（K. G. Zimmer）的参与，在共同讨论中，《论基因突变与基因结构的本质》（*Uber die Natur der Genmutation und der Genstruktur*）这篇今天被视为经典的论文逐渐成形。1935年，德尔布吕克在这篇论文一个特别的章节中建议：被生物学家认为是基因的物质可以被当成“原子键”来理解。如果这点在今天看来已经是理所当然的，那我们必须强调的是，经过这个建议产生的不只是第一个基因模型而已；他的建议，更好的说法是像前面提到论文时所说的，是三个人的合作，让两门之前彼此完全分离的学科（物理学与遗传学）①能够相互联结，于是朝分子生物学跨出的第一步就这样完成了（当然，我们必须这么说，德尔布吕克个人对这项研究结果并非十分满意，因为他寻找的吊诡并未出现；相反地，他还是只能运用虽已扩充却仍老旧的科学架构解释一切）。

分子生物学的发展在4年后，在往西数千里之外成功迈出第

① 德尔布吕克的假说有一件值得一提的后续逸事。这篇论文的单行本顺利送到诺贝尔物理奖得主薛定谔手中，并且以“德尔布吕克的基因模型”为题收录在薛定谔第二次世界大战后问世的畅销书《生命是什么》中。当这本书在1945年前后出版时，德尔布吕克随即声名大噪。

二步。当德尔布吕克从物理学家转行成为遗传学家时，在德国专注于科学工作变得更加困难，想在大学取得教授资格的人不仅必须证明自己的专业能力合格，还必须在政治立场上表态，而德尔布吕克对那些符合当道期望的思想训练根本就没有兴趣；对纳粹而言，他的政治态度是不成熟的。于是，当他在 1937 年获得洛克菲勒基金会的资助可以前往美国一个基因研究机构工作时，马上就答应了。[①] 他选择到加利福尼亚州的帕萨迪纳，1937 年夏天，他踏上旅途前往加利福尼亚州理工学院。

实际上，德尔布吕克原本是要研究果蝇及其染色体，但是这个已经显得古典的遗传学形态对他根本就没有吸引力。当他几乎已经认为自己待在加利福尼亚州会一事无成时，有一天遇到一个名叫埃利斯（Emory Ellis）的人，他告诉德尔布吕克如何研究会攻击细菌的病毒。虽然德尔布吕克并不知道有这种病毒存在——当时他还完全不知道这种边缘的生命形式，不过当他看到埃利斯如何研究它之后，马上就知道自己要走好运了。

细菌病毒，也称为“噬菌体”（细菌吞食者），在所谓的“细菌草原”打洞，这些洞是让这些细胞在此提供养分的载体上生长的；埃利斯只要算一算洞的数目，就清楚病毒是否还活着或是已经增加了。他做这件事是因为拿到的研究经费正好就是为了这个目的，也就是为了研究病毒的生长；在这个背景下，人们希望能找出可以阻止病毒滋生的化学物质，最终的兴趣所在则是基于“病毒可能与肿瘤有关”这个假设。

---

① 洛克菲勒基金会已经意识到欧洲的战事即将爆发，因此从 1935 年起就运用财力资源将欧洲科学家送往美国。他拟订的计划之一是赞助基金会主席韦弗（Warren Weaver）后来称为“分子生物学”的学科，德尔布吕克在此关联下雀屏中选。

这些东西对德尔布吕克来说根本无关痛痒，他只看到，第一，这些病毒除了自我复制并复制自己的基因之外什么都没做；第二，这段过程是可以量化的。他寻找的就是这个系统，因为在“基因‘是’什么”这个问题并未引发他所期待的吊诡出现之后，“基因‘做了’什么”变成退而求其次的选择，他借由噬菌体得到具体试验这种想法的机会。① 于是德尔布吕克开始着手研究，当他和埃利斯在1939年发表关于“噬菌体的生长”的论文时，分子生物学终于成为一门精确的科学。他的物理学知识第一次允许生物学更准确地测定病毒的浓度，这种精确性吸引了新的研究人员投入这个尚未开发的领域。

但是接下来出现了一些难题。德尔布吕克的奖学金在1939年9月就到期了，尽管他途经日本的返乡行程很早就计划好了，他还是决定继续留在美国，因为这时欧洲已是烽火连天。借着洛克菲勒基金会的再度资助，德尔布吕克取得在纳什维尔（Nashville，在田纳西州）工作的机会，在这里他不仅能在战争期间平静地过冬，也遇到一位名叫卢里亚（Salvador Luria）的年轻意大利生物物理学家，两人在1943年共同提交一篇关于细菌与其病毒之间交互作用的论文，这篇论文让他们在1969年获得诺贝尔生理学或医学奖。②获奖的理由很简单：他们的论文替细菌遗传学这门新科学奠定了基础。卢里亚和德尔布吕克在第二次世界大战期间第一次指出，研究细菌可以促进遗传学的发展，而他们想找出细菌在面对噬菌体（当时还被简称为“噬体”）攻击时如何产生抵抗力，也达成了这

---

① 德尔布吕克当然也知道用噬菌体做实验是轻而易举的事，而他自己身为理论工作者应该没什么问题才对。

② 与他们同时获奖的还有赫尔希。

个目标。

德尔布吕克和卢里亚在其1943年著名的“波动分析”中证明了细菌的基因是会改变的，通过改变可以保护细胞免于病毒的侵袭，而且这个突变是自发的、偶然的，恰好符合达尔文预见的适应论。这项分析不仅包含质的观点，还能显示出现突变概率的高低，于是细菌遗传学这门学科终于出现了；当科学家于第二次世界大战结束后将研究重新转向民用时，它才实际成为一门学科。而德尔布吕克从1945年起，每年夏天都在纽约长岛的冷泉港实验室为这个新领域开授导论课程，更在实践上加快了这门遗传学转折的速度。任何一个翻阅上课名单的人，都能找到许多后来的诺贝尔奖得主，而这些得主可以说是向德尔布吕克领票取奖的。他筹划了后来历史学家所称的“噬菌体小组”，就是这个小组将分子生物学带上轨道，小组内毫无争议的灵魂人物与推动运作的力量就是德尔布吕克。在第二次世界大战结束后的岁月中，围绕在他身边的不只是一个科学研究大家庭，还有他的家人。从加利福尼亚州迁往田纳西州之前不久，他遇到一名美国女子玛莉，两人在1941年结婚。当他们四个孩子中的老大在1947年出生时，全家又搬回西岸；加利福尼亚州理工学院给他一个教授职位，尽管不久前他偶尔还有回欧洲的打算，现在却搬到帕萨迪纳，而且就在那里定居直到终老。

1947年至1948年间所有的研究都进展得相当顺利，但是那个吊诡却一直没有出现。当德尔布吕克在1946年进行一项精确的实验想要制造出彼此互斥的物质时，却得到相反的结果，不过分子生物学也因此又向前迈进一步。这次实验处理的是一种不会攻击所有菌株的病毒，他把两种病毒放在一种细菌身上，其中只有一种病毒可以繁殖。德尔布吕克希望能够出现某个结果，这个结果可以让他将病毒的繁殖视为无法进一步拆解（解释）的“生命基本现象”。然而，他发现病毒并未如预期般地相互阻碍，反而是互相帮助，病毒会交换它们的基因物质——换句话说，它们发生了性行为，然后像今天人们所说的一样重新组合。于是，在遗传学中找出吊诡的进一步希望亦随之破灭；过不了多久，德尔布吕克离开了细菌和它们的病毒（噬菌体），为了继续寻找吊诡而更上一层楼。

1953 年，他决定不再将主要注意力放在生物体的遗传上，而是更精确地观察它们的行为。他寻找的是一种类似有感官知觉的噬菌体，也就是能以尽可能简单的方式对环境的信号——光、风、重力产生反应的最简单生命形式，以便了解它身上究竟发生了什么事。德尔布吕克称这种信号被接收、转换、回应的过程为“生物学最大的奥秘”，他要求生物学家给他一个能让刺激导出反应的一连串完整信号。他无法想象，比如说，在光线一进入眼睛大脑就看见的情况下，人们可以找到一串完整的信号；从视网膜经过神经细胞和大脑皮层而产生意识的过程中，某个地方一定会出现玻尔在 1932 年称为“幻觉”的吊诡。

德尔布吕克选择了一种小型霉菌“Phycomyces”（须霉属藻状菌）作为有机生物的基础模型，他认为这种生物的单细胞结构可以提供实验上的有利条件。他全神贯注地投入一项几乎持续到生命终点的新研究工作，尽管出现了大量引人注目的细节（比如说，这种蕈类可以用无法确认的信号感觉到其他物体而避开它们，也就是说，它既看不见也听不到这些物体，甚至也没有接触它们，直到今天仍然不清楚“Phycomyces”是如何建立起对外联络的），尽管进行了大量的研究（德尔布吕克利用生物化学和遗传学进行探究，他邀请了控制论学者和生理学家），尽管他很快就被来自西班牙、法国、日本、中国、印度、以色列、加拿大、德国、美国的同事所组成的

“Phycomyces”国际大家族包围，一切仍然毫无助益。就像麦克林托克所说的，这种蕈类似乎一直在捉弄他们，每当有人认为自己已经快找到答案时——例如这个问题：蕈类如何将光的信号转换成生长的驱动力？接下来便陷入这个神秘的蕈类细胞内部复杂纷乱的生化机制中。直到今天，蕈类细胞仍然没有泄露它的信号链，也没有出现任何期望中的吊诡。

在“Phycomyces”的发展阶段中，尤其是在20世纪60年代，德尔布吕克还有许多事要做。虽然很早就成为美国公民，他的心却始终向着欧洲，他大部分的亲人都住在那里，也都认为德尔布吕克是个大家庭。第二次世界大战结束后不久，他前往德国想建立一些联络管道：不只是跟亲戚朋友，也是跟以前的同事。通过联系，他产生了一个帮助重建德国科学界的想法，并且具体地落实，创建了科隆遗传学研究所。他亲自投入，于1961年到1963年担任该所主管。

1969年，德尔布吕克再次重回德国停留一段较长的时间，以便协助新设立的康斯坦兹大学，也就是协助创建该校的生物学院。这一年年底德尔布吕克的事业达到一个特别的高峰：荣获诺贝尔奖；然而，这项荣誉似乎还有另一件令他兴奋的事，那就是贝克特(Samuel Beckett)获颁同年度的诺贝尔文学奖。对德尔布吕克而言，再也没有任何作家的作品比贝克特的更让他熟悉了，他非常期待能够遇见贝克特，也想问他小说人物“莫洛伊”(Molloy)是不是被安排在书中当作一种少见的、也就是20世纪20年代挤满哥廷根大学研讨课的那种“怪胎”。很遗憾的是，贝克特并没有去斯德哥尔摩领奖；几年后，当德尔布吕克有机会和贝克特一起散步穿越柏林时，这位诗人并没有听懂这位科学家的问题，只是向他叙述自己刚刚搬上舞台演出的一部作品。

当德尔布吕克还在科隆时，他成功地邀请到玻尔在遗传学研究所的1962年成立大会上发表演说，并且请这位来自哥本哈根的伟大长者在学科发展大幅进步的背景下——为此，不只是物理学家，还有生物学家的努力都该记上一笔——重新诠释他在1932年关于“光与生命”之间关联性的思考。玻尔答应了德尔布吕克，于是用这个事先谈好的题目发表了一场演讲，可是似乎没什么人听懂他到底说了什么。德尔布吕克虽然在谢词中指出，“通过分子的程序解释各种生命现象在今天是个严酷的科学难题”，而他也希望很快就能遇见一种新的吊诡，但这一点对大多数听众而言似乎没什么好说的；他们是实用取向的——将细胞拆解，将分子分离，然后试图说明细胞彼此间出现哪些交互作用，哪里会出现什么吊诡？

他们并没有注意到，许多人甚至到今天都还不明白，许许多多展现出来的研究结果与分子的细节都是生物学上的吊诡，虽然在所有细胞与组织发生的过程中非常准确地实现了物理与化学整体的法则，但是始终没有办法被了解。生命错综复杂的发展过程或许甚至永远无法被理解，即使人们已经从其中了解许多；尽管如此，我们还是必须继续努力。即使潜伏的骨癌终于夺走德尔布吕克的精力，他还是一直努力到离开人世的那一天。直到最后，他依然在疾病的痛苦中感受到进行科学思考的快乐，也感受到思索可以据以质问大自然的实验所带来的快乐，他的内心依然热切期待答案的到来。

第四节　费曼：杰出中见本性

费曼是个颇具美式风格的人，就像美国这个大国的东岸（他

1918 年在此出生）与西岸（1988 年他在此过世）的差异一般，他的身上充满了对立。比如说，美国给人的印象是个有米老鼠、能登上月球的国家，人们也可以同时用“非常孩子气”和“天才物理学家”形容费曼；就像在美国可以发现西方世界数量最多的文盲和绝大部分的自然科学诺贝尔奖得主，在费曼身上也可以看到物理学最高的原创性与最平庸的艺术与哲学资质①。有人主张该把他说过的有关物理的每个字都像宝贝一样珍藏起来，同样值得参考的建议是，也可以将他有关伦理、美学、政治问题所说的话都当成耳边风，他在这些话题上显得相当枯燥无聊，正如我们对物理学发表意见时他对我们的感觉一样。

似乎找不到第二个人像他一样精通物理学了，这里所指的不只是他那名字听起来很吓人但值得我们注意的专业领域“量子电动力学”，毕竟量子电动力学是世上最精确的一门理论，它描述的是光与物质之间如何互动。这里的意思是说，费曼替我们理解了光的能量和电子的能量如何同时产生与整合，以及颜色和折射如何出现；其中特别的一点是，他在 1949 年左右甚至找到一个方法，将这些非常复杂的物理交互现象及其更复杂的数学结构以优美的图案，即所谓的“费曼图”描绘出来。

费曼不只精通这个特别的领域，对物理学的全盘掌握正是他的特殊标记，他简直就是他那一代物理学家的权威，尤其他以导师的姿态远远超越他的研究同僚。20 世纪 60 年代初期，他在加利福尼亚州理工学院讲授了当时被视为传奇的“费曼物理学讲座”（*The Feynman Lectures on Physics*），讲课内容在 1963 年以 3 册鲜红色封

---

① 他经常将“哲学的”（philosophical）这个英文字念成“philosawfucal”，“awful”是“可怕”之意。

面和与众不同的规格出版。[①] 费曼并没有死守当时任何物理学的发展情势，而是成功地阐明这门学科最根本的基础，并且介绍这门学科的推论与思考方式，这个事实正足以说明为何这些讲义在30年后仍能继续发行，而且形式没有任何变动。费曼在1963年就已经指出物理是什么，在他之前和之后没有任何人能同样办到这一点。[②]

举个例子：他在一堂著名的讲课中解释手表内部一个防止弹簧松开的机械装置，整堂课居然只谈一个由棘轮和掣子组成的锯齿状结构！当然，如此授课是有深意的，费曼要谈的其实只是反应的可逆与不可逆性、不规则性与热力学中熵的观念。在45分钟的授课结束之前，他为学生总结了宇宙的热力学史：

> 这个棘轮和掣子只会往一个方向发挥作用，因为在它们和宇宙的其他部分之间存在着某个基本的关联。由于地球上的温度会持续降低，并且获得来自太阳的热量，因此我们制造出来的棘轮和掣子会朝一个方向运动；只要我们无法更清楚地理解宇宙起源的秘密，就无法完全领会这一点。

自从有了这几本红皮书之后，大学中的物理授课方式就产生很大的改变。然而，对于费曼灵活的教学技巧以及他对各种大自然现象之间关联性所具备的敏感度的所有赞美，都不能隐瞒一件事：如果我们认为那些直接参与这场隆重举行的物理盛宴的学生

---

① 这套书不是费曼自己写的，他在台上讲课，他的同事则在台下记录内容并录音。通过笔记和手抄本，《费曼物理学讲义》就这样诞生了。

② 可能会有物理学家像引用《圣经》一样来引用费曼的讲义内容，例如“第3册第12章第26节”。

感到如鱼得水，就实在是过分期待了，①至少对初学者而言是这样。“越进一步深入这堂课，”他的同事古德斯坦(David Goodstein)总结他的调查结果，“逃课的一年级新生就越多；不过，同时来上课的高年级学生和理学院的教授也越多，于是教室总是挤得满满的，费曼或许从来就没有发现自己最开始的听众都跑光了。”

不过，他找到了自己的“费曼迷俱乐部”，也就是那3本红皮书在世界各地的读者。他在书中对物理学的解释之所以一再令人惊叹，就在于他似乎绝不回头查原始出处，所有方程式和定理都是用自己的方式推导出来的。凡是读过内文的人都能真正产生兴趣去思考：如果在牛顿的时代或是在麦克斯韦建立起电磁场方程式的19世纪出现像费曼这样的人，物理学可能会变成什么样子？当然，费曼出生得太晚，没有办法催生量子理论的形成，但他还是自己将这个理论导出来了，而且还导了两次：一次是替他的学生建立观念，另一次则是为了他的同事换成一个新的数学形式。新的方程式涉及他那些我们稍后就会认识的图表，至于和新的描述方式相关的，费曼则在讲义第1册第37章中清楚地阐明量子的基本知识、电子的双重本质，人们因而明白为何这个理论一出现经典物理学便宣告终结。然而，即使费曼自己对物理拥有超越常人的爱好，也不得不向量子力学的秘密及其“在不确定性原理的保护下虽然危险却准确地存在”俯首称臣，并且放弃通过解释让一切变得清晰。他曾经如此表达他的惊讶：②

---

①　考试成绩出来后哀鸿遍野，一开始让费曼颇为沮丧；不过，他还是应校长之请继续开课，将这门为期两年的课上完。

②　我们根据物理学家梅尔敏(David Mermin)的建议，将费曼散文式的表达内容改用诗的形式写下来。

要了解量子理论显现的事物观点
总是这么困难
至少对我而言
因为我已垂垂老矣
然而那可让我洞烛一切的点
依旧尚未企及
我为此依然烦躁不安
你们知道那是怎么回事
每一个新想法
在(确定)显然完全没有问题之前
需要一代或两代(的时间)
我无法定义真正的问题
于是我猜想这样的问题并不存在
然而我不确定的是
真正的问题并不存在

时代背景

当费曼于1918年在纽约的法洛克卫(Far Rockaway)出生时，在欧洲的第一次世界大战刚好结束，德皇威廉二世(Wilhelm Ⅱ)放弃王位，社会民主党人谢德曼(Philipp Scheidemann)宣布德意志共和国成立；斯宾格勒出版了《西方的没落》，西班牙流感则在欧洲造成超过100万人死亡——包括画家席勒(Maler Egon Schiele)。一年之后，在魏玛的国民代表大会通过了德意志共和国宪法。1920年，美国颁布禁酒令，第一个广播节目开始播放。

1941年，珍珠港的美军基地遭受日本攻击，第二次世界大战的战火蔓延到太平洋。1942 年,对抗德国的各参战国组成同盟国,以联盟的姿态反击所有攻势;费米则在芝加哥第一次成功完成在控制下进行的连锁反应。1943 年,瑞士化学家霍夫曼(Albert Hoffmann)发现 LSD 是一种迷幻药,瓦克斯曼(Selman A. Waksman)发现链霉素,圣埃克苏佩里(Saint-Exupéry)出版《小王子》(*Le Petit Prince*),黑塞(Hermann Hesse)也完成了《玻璃珠游戏》(*Das Glasperlenspiel*)。五年之后(1948 年),量子电动力学以两种版本问世,一种来自施温格(Julian Schwinger),另一种则来自费曼,他们因此与来自日本的朝永振一郎(Shinichiro Tomonaga)共同获得 1965 年的诺贝尔物理学奖。

当获奖前两年著名的《费曼物理学讲义》出版时,会产生极大红移同时不服从大爆炸理论的类行星被发现了。1988 年费曼过世时,化学家估计他们大约可以了解 1 000 万种特殊的化合作用,而且之后每年会增加 40 万种。美国国家专利局则是第一次授予专利权给一种脊椎动物,也就是在癌症研究中扮演重要角色的著名"癌症老鼠"。物理学研究成果中最令人兴奋的领域就是固态物理了,陶瓷材质可以超导的温度升高到新纪录:只有 -150℃[译注:理论上导电物质在绝对零度(约 -273℃)时电阻为零,科学家不断寻找制成"超导体"的材料,使其在达到最高导电性的前提下提高温度,以增加其应用的可能性]。

人物侧写

费曼过世那天,他任教超过 30 年的加利福尼亚州理工学院的学生在校园内最高的一栋建筑物上挂了一幅巨大布幅,上面写着:"我们爱你,迪克。"这个举动清楚地表明,对好几代的物理专业学生而言,费曼不只是个伟大的物理学家和充满魅力的老师,也被当成一个似乎在所有事情上都能找到乐趣的人来爱戴。“乐趣”是最能凸显费曼性格的字眼，他甚至会驾着画了几幅让他得到诺贝尔奖的“费曼图”的小货车招摇过市。他研究物理就像在玩邦哥鼓，即使是在不入流的小酒吧也同样乐在其中，提出“超流动性”理论①也像破解玛雅人的楔形文字一样让他觉得好玩。当他模仿世界各国的语言时，也同样觉得有趣。费曼能发出一些声音让人以为他真的会说例如西班牙语或中文，只有真正精通这些语言的人才知道根本一句都听不懂，就像他觉得仔细修饰自己的口音、让人清楚地知道他是纽约人也很有趣。

费曼是纽约人——更精确地说是法洛克卫人，说话带有卷舌音的布鲁克林腔。拜口音之赐，他在波士顿和普林斯顿念物理时很容易就和班上同学区分开来；不过，很快地他就通过成绩表现，也就是数学天分与物理直觉而引人注目。1943 年，尽管当时费曼还很年轻，但是曼哈顿计划非常需要他这种人才，这项计划是美国人在沙漠中的洛斯阿拉莫斯（Los Alamos，位于新墨西哥州）通过奥本海默的领导从无到有发展起来的。不久，费曼便领导一个小组负责对原子弹的尺寸大小和爆炸的有效范围进行关键性的计算，从这里就可发现，在应该要估算的范围内——今天这种形式的电脑在当时尚未出现，费曼轻而易举就让当时已有的所有成果黯然失色。

费曼在洛斯阿拉莫斯不只是和费力又困难的理论缠斗，他还找到玩“开箱高手”（Safecracker）的乐趣所在。② 让美国当局非常

---

① 它被认为具有这种特性，例如，将氦以极低温冷却，就会变成液态而无法装进任何容器——它会流得到处都是。

② 费曼后来提到这一段，而他的谈话内容也录了音。这段时期出了一张 CD，其中可以特别听到“开箱高手组曲”（Safecracker Suite）。每当费曼谈到一个段落，就会敲打身边不可缺少的邦哥鼓。

惊讶的是,他居然能打开收藏着只有奥本海默和高级将领知道的原子弹计划极机密文件的保险箱。

然而,年轻的费曼此时必须面对的悲剧却让这些故事变得苍白黯淡。费曼非常早婚,也深爱他的妻子阿琳,那是一种"不同于我对其他熟识者的爱",但是他在洛斯阿拉莫斯却只能眼睁睁地看着阿琳因肺结核病逝。费曼当然知道对妻子的爱比科学工作重要,但是现在他需要一份寄托,于是他选择知识作为可以提供这份寄托的"最高价值"。为了这个"最高价值",他至少在好几年内牺牲了所有感情;而在阿琳临终之前,费曼借由研究她逐渐停顿的呼吸及观察大脑功能的停止转移自己的注意力。当死神降临时,费曼离开医院,返回工作岗位;几个星期后,当他在一家商店突然看到一件阿琳生前喜欢的衣服时,终于崩溃了。①

战争结束时——向来不过问政治的费曼对投掷原子弹一事没有任何评论,他跟随在洛斯阿拉莫斯的直属上司,也就是理论物理学家贝特(Hans Bethe),到了纽约州的康奈尔大学。在转往加利福尼亚州并且一直待在那里直到癌症过世之前,费曼在这里起草了最重要的一篇物理学论文。

费曼在康奈尔试图将量子"力学"发展成量子"电动力学",如果外行人对此了解不多,那么对物理学史的简短回顾就足以让人了解这个发展牵涉到的是决定性的一步。从历史来看,量子电动力学的成功与物理学根据牛顿式力学发明了麦克斯韦式电子动力

---

① 接下来几年费曼很少和女性交往,而将许多时间都消磨在酒吧里。他于1952年的梅开二度在不愉快的离异下收场,与第三任妻子的婚姻则在他过世前不久满25周年。格温妮丝或许早已知道要接受费曼了,当某份杂志称她的先生是"全世界最聪明的人"时,她的意见是:"如果他真的是全世界最聪明的人,那真是上帝保佑!"

学有关;到了20世纪,根据玻尔式量子力学一定也会成功发明量子电动力学,因为这件事目前已经完成了,所以现在只要有人愿意,就可对费曼式的理论进行补充。①

若是不考虑技术上与数学上的困难,发明量子电动力学的过程中有两个问题必须克服:心理上的与物理学上的。心理上的障碍在于,那个先掌握寻找方向、全世界也都期待他会找到解答的人——英国人狄拉克已不再有进展,狄拉克说这是一个需要伟大理念的巨大挑战;然而,这种迫使别人因敬畏而屈服的挑战,反而激起费曼的雄心壮志:他想要表现给他心目中物理学史上的英雄看。

狄拉克并非出于无聊而放下他的数学武器投降,而是因为他无法解决一个与所谓带电粒子——比如说电子的自身能量有关的物理问题。这个理论当中一直出现一个在物理学上毫无意义却无限高的值,于是有一天狄拉克终于放弃,不再为此恼火。这个自身能量到底是什么?为何会造成一些难题?用最简单的方式解释,如果我们先忽略带电的问题,考虑重力场内(比如说地球上)的一块普通石头,想要精确计算出这块石头在地平面上某个高度具备何种能量,就必须把爱因斯坦的理论也一并考虑进去;在这些理论中,质量与能量是相等的,但是如此一来,纯就理论而言就会出现一场灾难:这块石头含有质量,在地球的重力场内也会具备能量,根据爱因斯坦的理论,能量会使石头的质量在自己形成的小重力场内增加,②而质量增加的重力场又会使能量增加,能量增加后又

---

① 完整的量子电动力学是四位物理学家的心血,除了费曼和前面提到的施温格、朝永振一郎之外,英国人戴森(Freeman Dyson)对理论的形成也有一大部分贡献。

② 不只地球有重力场,一切具备质量的物体都有;这些重力场之所以不明显,是因为地球的质量比其他所有的物体都大得多。

再使质量增加,如此螺旋状地不断增加下去,直到无限大。

电子场内的电子也是如此,到此狄拉克便宣告放弃了,然后出现的费曼为此僵局打开一条新的出路,以避免物理学家所称、那些不符合方程式的特殊位置"奇点"出现。费曼做到这一点并非依赖技巧或是什么概念,相反地,他必须把整个量子力学从头"发明"一遍——根据"我用自己的方法"(I do it my way)这句格言,以便手边随时拥有可以抑制自身能量的工具。① 费曼用一个假设开始他的"再创造",首先,量子力学系统与古典力学系统是一模一样的,这就是说它经历过不同的状况,然后逐渐发展。一牵涉到量子的情况当然就会出现更多可能性,不过对此只需一种较高等的数学工具,借由它的帮助,费曼指出:人们现在有能力从对目前状况的描述计算出系统会发展出的状况。费曼使用的数学技巧极富宣传效果,他的想象力导出一张今天挂上他的名字、每个物理学家都试着和它打交道的图。

费曼图也让那些不是计算天才的人可以进入量子电动力学的领域。在计算一个系统从某个状态转向另一个状态的概率时,如果交互作用产生,费曼图可以将其中涉及的因素加以分类、估算。而当费曼将他的方法应用到电子身上并且观察它们的互动时,人们可以感觉到像是有个魔术师登上物理学的表演舞台,让所有无限性突然消失,然后把量子电动力学像只小白兔一样从圆柱形的

---

① 费曼的方法在技术上称为"路径积分"(path integral),这个词汇中重要的只有第一个词,费曼在此重新导入被玻尔和海森堡用不确定性及互补性废弃的电子路径。路径积分的数学结构优美,而这里提到的"路径"是一种想象的形式,与真正的小路完全无关。如果费曼认为紧接着这项物理学上的胜利之后他也已经终结了互补性哲学,这只是表示,如作者一开始所说的,他并不了解这种思想。像费曼一样讥笑哲学家是"无能的逻辑学家"是不对的。

大礼帽中抓出来。因此,严格地说“奇点”已经消失了,因为费曼大胆地在其理论系统中承认所有可能的途径与结果,于是可以发现每个出现的无限值都被另一个带负号的无限值吞没。虽然这个理论很管用,但是对某些人而言还是很古怪,狄拉克甚至自始至终都不喜欢;然而,通过它以及量子电动力学本身颇不寻常的特性,费曼如此认为,用它来研究物理应该不会觉得枯燥无味。

这个理论也让费曼面临一个花一大笔钱也买不到、对脑筋正常的人而言无法企及的特别时刻。费曼在和他的图打交道时,当然也克服过真正的物理难题,他在20世纪50年代中期的某个时候成功地完整解释了中子转变成三种粒子组合——质子、电子、中微子的衰变。短时间之内,费曼不但成为世上唯一能够单独掌握这项解释的人,更在这时经历了“我终于明白大自然是怎么运转”的时刻;这张关键性的图不只具备“高雅和美感”,“这玩意儿简直是金光闪闪”①。

费曼在其他许多事情上也能找到他的“乐子”,从他带着他的邦哥鼓到里约热内卢参加狂欢节,一直到让技工找出“地底下的房间”的点子。因此在这个想法中,即使是最小的机器也能发挥功用。实际上费曼也挑战了根据他的研究开发出来、今天所谓的“纳米科技”。他一开始只想到小于0.01英寸的电动马达,并且提供1 000美元给第一个设计出来的人,悬赏之后不到半年费曼的钱就飞了。后来费曼赢了另一场赌注而拿回一部分的钱,这回打赌的是一个问题:拿到诺贝尔奖之后,他是否会拒绝所有行政工作,和以前一样全心献身科学研究?时间的约定是10年,尽管这当中有

---

① 费曼非凡的原创力也表现在这件事情上。他说,当他跟他的图打交道时,可以看到颜色。

许多优渥的位置向他招手,但是他不知道自己在那些位置上还能如何保有对物理最基本的兴趣,于是全部拒绝了。

有一件事他没有拒绝:大约在他过世之前,美国总统里根请他加入调查委员会调查 1986 年“挑战者号”航天飞机失事意外,并且检查美国国家航空航天局的安全措施。7 名航天员(5 名男性、2 名女性)在这场发射意外中丧生,费曼则受邀前往华盛顿协助找寻失事原因。

在 1982 年发现罹患癌症之后,费曼便说自己活着的时间是借来的,这是一种会侵袭骨髓的癌症,几次手术让他多活了几年。当前往首都的邀请函寄达时,他的第一个念头是不想让自己的余生被这些事占满,但是他的朋友参加了航天飞机计划,如果计划要继续进行下去,缺陷之处非找出来不可。

他的朋友在距其工作地点加利福尼亚州理工学院很近的地方(也就是在帕萨迪纳所谓的“喷射推进实验室”)工作,在此他得知工程人员长久以来指出了许多安全上的缺失,例如涡轮叶片有些问题;然而,立即引起他注意的却是一种简单来说称为“O 形环”的精密零件。O 形环虽然是一种普通的橡胶圈,却比铅笔还细,而且超过 10 米长,它的功能是用来填塞火箭各节之间的缝隙。“在检查火箭各节接合的凹槽时发现 O 形环有烧焦的痕迹”,费曼参观过喷射推进实验室之后记下这一点,他知道“只要烧穿一个小洞,立刻就会出现一个大洞,几秒钟之后灾难就发生了”。他决定前往华盛顿。

费曼是调查委员会中唯一与国家航空航天局毫无渊源的成员,他表现出来的形象是批评得最严厉的人物。费曼指责单位的领导阶层在攸关航天员生命安全的事情上大玩俄罗斯轮盘,但是他在调查过程中也很清楚,O 形环遇热受损与意外的发生关系不大,发射升空前一天晚上气温降到接近冰点才是更重要的因素。

为了说明对O形环的相关理解,知道如何在电视上好好表现的表演大师费曼使用了他的“魔术箱”。他给自己找了一个小夹子、几把钳子、装了冰水的大玻璃瓶,用钳子去夹一个在委员会中当成模型的O形环,并且用夹子将它放入冰水中,然后他说:

> 在这里我把这个橡皮圈从模型上拿下来,再放入冰水一段时间。我发现如果拿掉夹子,这个橡皮圈并不会弹回去;换句话说,在零度下这种材料会失去弹性几秒钟或是更长的时间,我认为这一点对我们的问题很重要。

“挑战者号”航天飞机失事的基本物理原因就这样被找到了,尽管确认并纠正所有组织架构、政策和其他方面的缺失又花了几个月的时间。当一切都结束之后——包括白宫玫瑰花园的庆祝会,费曼飞回加利福尼亚州,没多久就过世了,他单独上呈给总统的报告是以这段话为结尾的:

> 一项科技成功的前提是,事实必须优先于公关宣传,因为大自然是无法欺骗的。

或是用他原来更好的表达方式就是:

> For a successful technology, reality must take precedence over public relations,for Nature cannot be fooled.

后　记

以统计的角度而言，今天分布在世界各地的研究者与女性科学家的数量，比过去所有时期科学从业人员的总和还多；这也就是说，若是以统计的角度来看，20 世纪的科学史必须比过去任何一个时期都更加强调具有传记色彩或是以人为导向的报道。不过，任何想要补充这份科学家名单，使其成为勾勒科学冒险事业全图的人，都会发现 17 世纪、18 世纪还有许多伟大的人物；然而，如果我们再问问当今活跃的科学家有哪些人够资格被列入这样一份名单，可能就会陷入疑惑，面临无适当人选的困境。

当然，如果还有机会的话，像普朗克这样的人物绝对不能错过，海森堡和哈恩也不能省略；如果忽略了如博学通才莱布尼茨、数学家高斯、化学家李比希或生化学家巴斯德等人物，就更令人扼腕叹息。简短一瞥便知道还有多少等待发挥的素材，而这项任务应该尽快完成。

我计划在续集中描写的人物从莱布尼茨到洛伦茨为止。撰写新书时，有个问题一直是我的思考重点，即是否有任何当代科学家能在适当的情况下加以介绍？在这里我想平心静气地说，很可惜并没有适合的对象,似乎伟大耀眼的科学天才都消失了(或者说还未出现较为恰当)。然而,尽管如此,科学界还是有一些杰出人才在推动科学的发展。

科学研究逐渐以小组合作的形式展开。例如,诺贝尔奖越来越难颁给合适的人选,因为按规定每个奖项的获奖人数最多只有3位,任何人只要将眼光稍微移向当今最热门的科学——分子生物学,便能确确实实地看到研究小组如何诞生,并逐渐成为较大的研究群。20世纪初期,支配科学舞台的还是一些单一的科学家,如麦克林托克、摩尔根、魏斯曼等,20世纪三四十年代便出现两人小组的形式。首先出现的是德国科学家德尔布吕克与意大利科学家卢里亚,他们的成果在第二次世界大战后获得极大的重视。另外,英国的克里克与美国的沃森发现了双螺旋结构,两位法国科学家莫诺与雅各布则看穿了基因调节的秘密。在今天,唯有成为手下掌管许多研究员的大实验室领导人,或是成为大研究机构的主席,才会特别引人注意。

如果当今科学史上真有这么一位使科学事业蓬勃发展的人物,我认为就是之前提过的沃森,他在研究、教学与管理方面都有极大的贡献。沃森的例子正好标示出今天与过去几世纪科学事业的不同。才25岁的年轻人沃森完成了"世纪发现",也就是化学名称缩写为DNA的遗传物质双螺旋结构,问题的解决对他而言似乎非常简单,但这是因为他做了一个很好的决定。也就是说,他不只了解自己所知有限,不足以独立解决问题,也认清任何一门单独学科的知识都不足以解决DNA结构的问题,因此必须尽可能依赖不同的专家,并与他们讨论来自各个领域的大量资料。沃森灵活的跨学科策略,让他以生物学家的身份利用物理学的分析技术发现了一种化学结构,不过这种方法也只成功了这么一次。因此,沃森便改变目标，开始撰写分子生物学教科书，现在这本书已经发行了第四版，成为许多新教科书的范本。近年来，沃森不仅成为冷泉港实验室的负责人，也成为人类基因组计划的发起人之一。

毫无疑问，我们可以说沃森对当今生物学和科学的贡献无人能出其右，但是并没有人会赋予他如“生物学的爱因斯坦”这样的地位（尽管他曾被聘任单位如此称呼过），他对科学贡献的价值尚有争议，因为其成果不是可以直接应用的。沃森的发现不仅使一门新科学（分子生物学）诞生，也发展了一项新技术（基因科技）；更由于这两种新科学技术的影响，工业与科学之间必须重新洗牌。当今的研究者不仅能（也不仅想要）认识自然，也想（也能）赚更多钱，而这种情势已造成多方面的影响。

研究者的黄金岁月似乎已经不再了，那种让一些幸运儿静静地从事自己的学科研究、针对知识进展的概况进行讨论而不必直接面对实际后果的时代，已然成为过去。在今天，许多“小人物”都在一些大实验室工作，看看他们在做什么当然还是非常有趣的，也许某处隐藏着一个新的爱因斯坦，能突然让我们从一棵棵树（即资料）中看到一片值得继续深入探究的森林。如果这个人能像爱因斯坦创造“宇宙学”那样创造出一种“基因学”，就再好也不过了；如此一来，这栋科学之屋便会因此再一次发出光芒，许多人也一定会陶醉其中，并与他一起工作或接续他的研究。总之，我们需要这些“小人物”，即使他们在“科学史”中并没有属于自己的章节。

人物及大事年表

公元前

500	前苏格拉底时期哲学家
470	苏格拉底(469—399 年)
460	德谟克里特(460—370 年)
430	柏拉图(427—347 年)
400	亚里士多德(384—322 年)
330	欧几里得(330—275 年)
	亚历山大大帝逝世 (323 年)
300	阿基米得(287—212 年)

公元

元年	耶稣基督诞生
40	亚历山大港图书馆第一次遭到毁坏
90	托勒密(90—168 年)
130	盖仑(129—200 年)
390	亚历山大港图书馆第二次遭到毁坏
520	第一间基督教修道院建成(529 年)

	古典时期结束
620	穆罕默德流亡至麦地那(伊斯兰纪元开始,622 年)
960	阿尔哈曾(965—1039 年)
980	阿维森纳(980—1037 年)
1140	巴黎大学与博洛尼亚大学相继成立
1190	大阿尔伯特(1193—1280 年)
1210	罗杰·培根(1214—1292 年)
1230	鲁尔(1235—1315 年)
1340	欧洲黑死病大流行(1347—1348 年)
	布拉格大学成立(1347 年)
	中世纪结束
1440	哥伦布(1451—1506 年)
1450	达·芬奇(1452—1519 年)
1470	哥白尼(1473—1543 年)
1490	哥伦布抵达美洲
	阿拉伯人结束在西班牙的统治(1492 年)
1560	弗朗西斯·培根(1561—1626 年)
	伽利略(1564—1642 年)
1570	开普勒(1571—1630 年)
1590	笛卡儿(1596—1650 年)
1610	三十年战争(1618—1648 年)
1620	帕斯卡(1623—1662 年)
1640	牛顿(1643—1727 年)
	莱布尼茨(1646—1716 年)
1700	伯努利(1700—1782 年)
	富兰克林(1706—1790 年)

1720 康德(1724—1804 年)

1740 拉瓦锡(1743—1794 年)

歌德(1749—1832 年)

1770 高斯(1777—1855 年)

美国独立宣言(1776 年)

1790 法拉第(1791—1867 年)

法国大革命(1789 年)

1800 李比希(1803—1873 年)

达尔文(1809—1882 年)

1820 亥姆霍兹(1821—1894 年)

孟德尔(1822—1884 年)

黎曼(1826—1866 年)

1830 麦克斯韦(1831—1879 年)

1840 科赫(1843—1910 年)

玻尔兹曼(1844—1906 年)

1850 普朗克(1858—1947 年)

1860 希尔伯特(1862—1943 年)

居里夫人(1867—1934 年)

1870 迈特纳(1878—1968 年)

爱因斯坦(1879—1955 年)

1880 玻尔(1885—1962 年)

薛定谔(1887—1961 年)

1900 泡利(1900—1958 年)

海森堡(1901—1976 年)

鲍林(1901—1994 年)

麦克林托克(1902—1992 年)

	冯·诺依曼(1903—1957 年)
	德尔布吕克(1906—1981 年)
1910	费曼(1918—1988 年)
	第一次世界大战(1914—1918 年)
1930	希特勒夺取政权(1933 年)
	第二次世界大战(1939—1945 年)
1950	发现 DNA 双螺旋结构(1953 年)
1960	人类登上月球(1969 年)
1970	开始重视环境问题
1980	个人电脑蓬勃发展
1990	科学界致力发展“人脑研究”的 10 年

译名对照表

（按拼音首字母顺序排列）

A

阿贝格，理夏德　Richard Abegg
阿伯丁　Aberdeen
阿登纳，康拉德　Konrad Adenauer
阿代，皮埃尔－奥古斯特　Pierre-Auguste Adet
阿尔法螺旋　Alpha-Helix
阿尔哈曾　Alhazen
阿基米得　Archimedes
阿基姆（哈里发）　al-Hakim（Kalif von Ägypten）
阿奎那，托马斯·冯　Thomas von Aquin
阿拉斯加　Alaska
阿劳　Aarau
阿切特里　Arcetri
阿索斯　Assos
阿维森纳　Avicenna
阿兹特克　Aztec
埃尔利希，保罗　Paul Ehrlich
埃尔米特，阿道夫　Adolphe Hermite
埃菲尔铁塔　Eiffelturm
埃弗里，奥斯瓦尔德　Oswald Avery
埃利，马丁　Martin Egli
埃利斯，埃默里　Emory Ellis
埃伦费斯特，保罗　Paul Ehrenfest
埃默森，罗林斯·A.　Rollins A. Emerson
埃森　Essen
埃申巴赫，沃尔夫拉姆·冯　Wolfram von Eschenbach
埃维亚岛　Euboia
艾森豪威尔，德怀特·D.　Dwight D. Eisenhower
爱丁堡　Edinburgh
《爱丽丝漫游奇境记》（刘易斯·卡罗尔）　*Alice in Wonderland*
爱因斯坦，阿尔伯特　Albert Einstein
安娜　Anna von Mohl
奥本海默，J. 罗伯特　J. Robert Oppenheimer
《奥本海默案件》（基普哈特）　*In der Sache J. Robert Oppenheimer*
奥尔贝斯，海因里希　Heinrich Olbers

B

波罗，马可 Marco Polo
波拿巴，拿破仑 Napoleon Bonaparte
波普尔，卡尔 Karl Popper
波士顿 Boston
波特兰 Portland
波义耳，罗伯特 Robert Boyle
玻恩，马克斯 Max Born
玻尔，奥格 Aage Bohr
玻尔，哈拉尔 Harald Bohr
玻尔，克里斯蒂安 Christian Bohr
玻尔，尼尔斯 Niels Bohr
玻尔理论物理研究所 Niels-Bohr-Institut für Theoretische Physik
玻尔兹曼，路德维希 Ludwig Boltzmann
《玻璃珠游戏》（黑塞） *Das Glasperlenspiel*
伯恩 Bern
伯克霍夫，乔治 George Birkhoff
伯纳德，萨拉 Sarah Bernard
柏拉图 Plato
柏林 Berlin
勃拉姆斯，约翰内斯 Johannes Brahms
勃鲁盖尔，让 Jan Bruegel
博洛尼亚 Bologna
博内，查尔斯 Charles Bonnet
博施，卡尔 Carl Bosch
博斯，希罗尼穆斯 Hieronymus Bosch
《博弈论与经济行为》（冯·诺依曼、摩根斯顿） *Theory of Games and Economic Behavior*
布达佩斯 Budapest
《布登勃洛克一家》（托马斯·曼） *Buddenbrooks*
布哈拉 Buchara
布拉格 Prag
布拉赫，第谷 Tycho Brache
布拉曼特，多纳特 Donate Bramante
布莱希特，贝托尔特 Bertolt Brecht
布兰卡，乔瓦尼 Giovanni Branca
布劳恩，韦恩赫尔·冯 Wernher von Braun
布劳威尔，鲁伊岑·埃赫贝特斯·扬 Luitzen Egbertus Jan Brouwer
布里克森 Brixen
布里奇斯，卡尔文·B. Calvin B. Bridges
布鲁克林 Brooklyn
布鲁克纳，安东 Anton Bruckner
布鲁诺，乔达诺 Giordano Bruno
布鲁塞尔 Brussels
布鲁斯，玛丽 Mary Bruce
《布罗克豪斯百科全书》 *Brockhaus*
《布吕恩日报》 *Brünner Tagblatt*
《不列颠百科全书》 *Encyclopedia Britannica*

C

查理大帝 Charlemagne
查普曼，约翰 John Chapman
《查泰莱夫人的情人》（劳伦斯） *Lady Chatterley's Lover*
长岛 Long Island
策梅洛，恩斯特 Ernst Zermelo
《臣仆》（亨利希·曼） *Der Untertan*
《春之祭》（斯特拉文斯基） *Le sacre du printemps*
《崔斯坦与伊索德》（瓦格纳） *Tristan und Isolde*
《纯粹理性批判》（康德） *Kritik der rein-*

vitellionem paralipomena
多普勒，克里斯蒂安 Christian Doppler

E

俄勒冈州 Oregon
《恶心》（萨特） *La Nausée*
《厄勒克特拉》（索福克勒斯） *Electra*
厄谢尔，詹姆斯 James Ussher
恩格斯，弗里德里希 Friedrich Engels
恩里克，"航海家" Heinrich der Seefahrer
恩培多克勒 Empedokles
《耳朵上扎绑带叼烟斗的自画像》 *Selbstporträt mit abgeschnittenem Ohr*

F

法布里休斯，希罗尼穆斯 Hieronymus Fabricius
法拉第，迈克尔 Michael Faraday
法兰西学会 Institute of France
法洛克卫 Far Rockway
凡尔赛宫 Versailles
凡·高，文森特 Vincent van Gogh
菲尔特 Fürth
腓力二世（马其顿国王） Philipp II.（König von Makedonien）
腓力二世（西班牙国王） Philipp II.（span. König）
斐波那契，列奥纳多 Leonardo Fibonacci
《翡翠宝典》 *Tabula Smaragdina*
费迪南二世（神圣罗马帝国皇帝） Ferdinand II.（röm. -dt. Kaiser und dt. König）
费拉拉 Ferrara
费曼，理查德·P. Richard P. Feynman
《费曼物理学讲义》 *The Feynman Lectures on Physics*
费米，恩里科 Enrico Fermi
费希尔，罗纳德·A. Ronald A. Fisher
费雪，埃米尔 Emil Fischer
费雪，恩斯特 Ernst Fischer
《分子大小的新测定法》（爱因斯坦） *Eine neue Bestimmung der Moleküldimensionen*
冯特，威廉 Wilhelm Wundt
夫琅和费，约瑟夫·冯 Joseph von Fraunhofer
福尔哈贝尔，约翰 Johann Faulhaber
福特，亨利 Henry Ford
伏尔泰 Voltaire
弗赖堡 Freiburg
弗里德兰 Friedland
弗里德里希二世（神圣罗马帝国皇帝） Friedrich II.（röm. -dt. Kaiser und dt. König）
弗里德里希·威廉医学外科研究所（简称：军医人才培养学校） Medizinisch-chirurgisches Friedrich-Wilhelm-Institut（Pepinière）
弗里施，奥托 Otto Frisch
弗里施，卡尔·冯 Karl von Frisch
弗龙堡 Frauenburg
弗卢德，罗伯特 Robert Fludd
弗洛伊德，西格蒙德 Sigmund Freud
《浮士德》 *Faust*
《浮士德博士的出现》（托马斯·曼） *Die Entstehung des Doktor Faustus*
符滕堡 Württemberg
符兹堡 Würzburg

G

（玻尔兹曼） *Über die mechanische Bedeutung des zweiten Hauptsatzes der Thermodynamik*
《关于物体的本质》（迪格比） *Über die Natur der Körper*
《归纳与演绎》（亥姆霍兹） *Induction und Deuction*
《光学》（牛顿） *Optics*
《光学》（托勒密） *Optik*
《国富论》（亚当·斯密） *The Wealth of Nations*

H

哈比希特，康拉德 Conrad Habicht
哈伯，弗里茨 Fritz Haber
哈布斯堡 Habsburger
哈恩，奥托 Otto Hahn
哈尔基季基 Chalkidiki
哈尔基斯 Chalkis
哈雷 Halle
哈雷，埃德蒙 Edmond Halley
哈马丹 Hamadan
哈马舍尔德，达格 Dag Hammarskjöld
《哈姆雷特》（莎士比亚） *Hamlet*
哈森弗兰茨，让-亨利 Jean-Henri Hassenfrantz（一般为 Hassenfratz，原书拼写疑误）
哈特福德 Hartford
哈维，威廉 William Harvey
海德堡 Heidelberg
海德格尔，马丁 Martin Heidegger
海尔布隆 Heilbronn
海格特 Highgate
海森堡 Werner Heisenberg
海因岑多夫 Heinzendorf
亥姆霍兹，赫尔曼·冯 Hermann von Helmholtz
汉诺威 Hannover
《和声》（托勒密） *Harmonik*
赫茨尔，特奥多尔 Theodor Herzl
赫尔希，艾尔弗雷德 Alfred Hershey
赫米亚斯 Hermias
赫胥黎，托马斯·亨利 Thomas Henry Huxley
赫胥黎，朱利安 Julian Huxley
赫兹，海因里希 Heinrich Hertz
黑格尔，格奥尔格·威廉·弗里德里希 Georg Wilhelm Friedrich Hegel
黑塞，赫尔曼 Hermann Hesse
亨莱因，彼得 Peter Henlein
亨利六世（神圣罗马帝国皇帝） Heinrich VI.（röm. -dt. Kaiser und dt. König）
洪堡，威廉·冯 Wilhelm von Humboldt
洪堡，亚历山大·冯 Alexander von Humboldt
胡克，罗伯特 Robert Hooke
花拉子米 al-Hwarizmi
华莱士，艾尔弗雷德 Alfred Wallace
华伦斯坦，阿尔布雷希特·冯 Albrecht von Wallenstein
华盛顿 Washington
《画家马蒂斯》（欣德米特） *Mathis der Maler*
《化学基础论》（拉瓦锡） *Traité élémentaire de chimie*
《化学键的本质》（鲍林） *The Nature of the Chemical Bond*

开普勒,约翰内斯 Johannes Kepler
《开普勒的假面具》 *Kepler's Fabricated Figures*
凯恩斯,约翰·梅纳德 John Maynard Keynes
凯瑟琳,巴顿·康丢特(牛顿侄女) Catherine Barton Conduitt
凯瑟琳,玛丽·迪尤尔(麦克斯韦之妻) Katherine Mary Dewar
康德,伊曼努尔 Immanuel Kant
康丢特,约翰 John Conduitt
康涅狄格州 Connecticut
康斯坦茨 Konstanz
科赫,罗伯特 Robert Koch
科隆 Köln
科隆群岛 Galapagos-Inseln
科隆遗传学研究所 Kölner Instituts für Genetik
科伦斯,卡尔 Carl Correns
科罗拉多河 Colorado River
《科学发现的逻辑》(卡尔·波普尔) *Logik der Forschung*
《科学怪人》(玛丽·雪莱) *Frankenstein*
《科学美国人》 *Scientific American*
科赛尔,阿尔布雷希特 Albrecht Kosse
柯尼斯堡 Königsberg
《可是她真的在动呀!》 *Und er bewegt sich doch*
克拉科夫 Krakow
克赖顿,哈丽雅特 Harriet Creighton
克雷伯斯,埃德温 Edwin Klebs
克劳修斯,鲁道夫 Rudolf Clausius
克里克,弗朗西斯 Francis Crick
克里斯蒂娜(瑞典女王) Christine (schwed. Königin)
克虏伯,弗里德里希 Friedrich Krupp
克鲁克斯,威廉 William Crookes
克伦威尔,奥利弗 Oliver Cromwell
克奈普,塞巴斯蒂安 Sebastian Kneipp
克韦奇,玛丽耶特 Mariette Kövesi
肯尼迪,约翰·F. John F. Kennedy
肯特郡 Kent
孔艾尔夫 Kungälv
孔德,奥古斯特 Auguste Comte
孔狄亚克,艾蒂安·博诺·德 Étienne Bonnot de Condillac
孔多塞,马基·德 Marquis de Condorcet
孔脱,奥古斯特 August Kundt
库克,安妮(爵士夫人安) Anne Cooke (Lady Ann)
库萨的尼古拉 Nikolaus Cusanus
《夸克与美洲豹》(盖尔曼) *The Quark and the Jaguar*

L

拉艾村 LaHaye
拉斐尔 Raphael
拉格朗日,约瑟夫 Joseph Largrange
《垃圾教授》(亨利希·曼) *Professor Unrat*
拉马克,让-巴蒂斯特 Jean-Baptiste Lamarck
拉普拉斯,皮埃尔 Pierre Laplace
拉瓦锡,安托万 Antoine Lavoisier
《蜡烛的化学史》(法拉第) *Chemical History of a Candle*
莱比锡 Leipzig
莱布尼茨,戈特弗里德·威廉 Gottfried

M

N

Nicéphore Nièpce
尼普科夫圆盘 Nipkow-Scheibe
牛顿,艾萨克 Isaac Newton
纽黑文 New Haven
纽伦堡 Nürnberg
纽因顿靶场 Newington Butts
纽约 New York
诺贝尔,阿尔弗雷德 Alfred Nobel
诺特,埃米 Emmy Noether
诺依曼,约翰·冯 John von Neumann

O

欧几里得 Euclid

P

帕多瓦 Padua
帕格沃什会议 Pugwash-Konferenzen
帕拉塞尔苏斯(霍恩海姆) Paracelsus (Theophrastus von Bombastus Hohenheim)
帕萨迪纳(美国) Pasadena (USA)
帕斯卡,布莱兹 Blaise Pascal
《帕西法尔》(沃尔夫拉姆·冯·埃申巴赫) *Parzvial*
《攀缘植物的运动和习性》(达尔文) *The Movements and Habits of Climbing Plants*
庞加莱,亨利 Henri Poincaré
泡利,沃尔夫冈 Wolfgang Pauli
培根,弗朗西斯 Francis Bacon
培根,罗杰 Roger Bacon
培根,尼古拉 Nicholas Bacon
佩尔特斯,格奥尔格 Georg Perthes
佩拉 Pella
佩利,威廉 William Paley
彭伯顿,约翰 John Pemberton
皮尔里,罗伯特 Robert Peary
皮亚杰,让 Jean Piaget
皮叶克尼斯,威廉 Vilhelm Bjerknes
婆罗洲 Borneo
泊松,西梅翁·德尼 Siméon Denis Poisson
蒲柏,亚历山大 Alexander Pope
普瓦松(蓬巴杜夫人) Jeanne Antoinette Poisson (Madame de Pompadour)
普朗克,马克斯 Max Planck
普里斯特利,约瑟夫 Joseph Priestley
普林斯顿 Princeton
普勒茨,阿尔弗雷德 Alfred Ploetz
《普通化学》 *General Chemistry*

Q

齐默尔,卡尔 Karl Zimmer
《弃绝战争!》(鲍林) *No More War!*
《气象预报》(皮叶克尼斯) *Weather Forecasting*
《千屈菜的三种形态性关系》(达尔文) *On the Sexual Relations of the Three Forms of Lythrum Salicaria*
切尔马克,埃里克 Erich Tschermak
《亲和力》(歌德) *Die Wahlverwandtschaften*
《屈光学》(笛卡儿) *La dioptrique*

R

《人口原理》(马尔萨斯) *An Essay on the Principle of Population*
《人类的由来》(达尔文) *The Descent of*

S

斯宾塞，赫伯特 Herbert Spencer
斯大林，约瑟夫·W. Josef W. Stalin
斯德哥尔摩 Stockholm
斯密，亚当 Adam Smit
斯帕兰扎尼，拉扎罗 Lazzaro Spallanzani
斯普拉特，托马斯 Thomas Sprat
斯蒂芬森，乔治 George Stephenson
斯特蒂文特，阿尔弗雷德·亨利 Alfred Henry Sturtevant
斯特拉文斯基，伊戈尔 Igor Strawinsky
斯特拉斯堡 Strasburg
斯特拉斯曼，弗里茨 Fritz Straßmann
《死神与少女》（舒伯特） *Der Tod und das Mädchen*
四国学院 Collège des Quatre Nations
苏黎世 Zürich
苏特纳，贝尔塔·冯 Bertha Von Suttner
苏伊士运河 Suez-kannal
索尔维会议 Solvay-Konferenzen
索福克勒斯 Sophokles
索洛文，莫里斯 Maurice Solovine

T

塔希提 Tahiti
泰勒，爱德华 Edward Teller
《谈谈方法》（笛卡儿） *Discours de la méthode pour bien conduire sa raison et chercher la vérité dans les sciences*
汤姆孙，约瑟夫·J. Joseph J. Thomson
唐恩 Down
《唐·卡洛斯》（席勒） *Don Carlos*
《唐璜》（莫扎特） *Don Giovanni*
特里斯墨吉斯忒斯，赫耳墨斯 Hermes Trismegistus
特斯拉，尼古拉 Nicola Tesla
《天文学史期刊》 *Journal of the History of Astronomy*
田纳西州 Tennessee
《通俗著作集》（玻尔兹曼） *Populäre Schriften*
《通往核能的道路与迷途》（迈特纳） *Wege und Irrwege zur Kernenerjie*
《同质物体内的导热》（迈特纳） *Wärmeleitung in homogenen Körpern*
《同种植物的不同花型》（达尔文） *The Different Forms of Flowers on Plants of the Same Species*
图赖讷 Touraine
图坦卡蒙 Tut-ench-Amun
吐温，马克 Mark Twain
托勒密，克劳迪欧斯 Claudios Ptolemy
托洛茨基，列夫 Leon Trotsky
托里拆利，埃万杰利斯泰拉 Evangelista Torricelli
托伦 Thorn
托斯卡纳 Toscana
陀思妥耶夫斯基，费奥多尔 Fyodor Dostoyevsky

W

瓦尔堡，奥托 Otto Warburg
瓦尔米亚 Ermland
瓦格纳，理查德 Richard Wagner
瓦克斯曼，塞尔曼 Selman Waksman
瓦莱里，保罗 Paul Valéry
瓦特，詹姆斯 James Watt
《瘟疫年纪事》（笛福） *A Journal of the Plague Year*

X

希尔伯特,大卫 David Hilbert
希尔德斯海姆 Hildesheim
希利曼讲座 Silliman Lectures
希帕克斯 Hipparchus
希特勒,阿道夫 Adolf Hitler
《西方的没落》 *Der Untergang des Abendlandes*
西拉德,利奥 Leo Szilard
西门子,维尔纳·冯 Werner von Siemens
西里西亚 Schlesien
西塞罗 Cicero
席勒,埃贡 Egon Schiele
席勒,弗里德里希·冯 Friedrich von Schiller
夏洛滕堡 Charlottenburg
先贤祠 Panthéon
《显微图谱》(胡克) *Micrographia*
《象征主义者的哲学论述》(开普勒) *Philosophischer Diskurs de signaturis rerum*
《小王子》(圣埃克苏佩里) *Le Petit Prince*
谢德曼,菲利普 Philipp Scheidemann
谢灵顿,查尔斯 Charles Sherrington
《新大西岛》(培根) *New Atlantis*
《新工具》(培根) *Novnm Organum*
《新教伦理与资本主义精神》(马克斯·韦伯) *Die protestantische Ethik und der Geist des Kapitalismus*
新墨西哥州 New Mexico
《新天文学》(开普勒) *New Astronomy*
新泽西州 New Jersey
欣德米特,保罗 Paul Hindemith
辛格,S. J. S. J. Singer
《星际信使》(伽利略) *Nuncius sidereus*
《选择论》(魏斯曼) *Die Selektionstheorie*
薛定谔,埃尔温 Erwin Schrödinger
雪莱,玛丽 Mary Shelley

Y

雅典 Athen
雅各布,弗朗索瓦 François Jacob
《药剂学年鉴》(李比希) *Annalen der Pharmize*
亚利桑那州 Arizona
亚历山大大帝 Alexander der Große
亚历山大港 Alexandria
亚里士多德 Aristoteles
亚马孙河流域 Amazonasgebiet
杨,托马斯 Thomas Young
耶稣基督 Jesus von Nazareth
《夜巡》(伦勃朗) *Nachwache*
《医典》(阿维森纳) *Kanon der Medizin*
《医学中的思想》(亥姆霍兹) *Das Denken in der Medician*
《依据观念的自然秩序描述的实验化学课程》(拉瓦锡) *Vorlesung über experimentelle Chemie, dargestellt nach der natürlichen Ordnung der Ideen*
伊丽莎白二世(英国女王) Elisabeth II. (engl. König)
伊丽莎白一世(英国女王) Elisabeth I. (engl. König)
《伊利亚特》 *Iliad*
伊斯法罕 Isfahan
《一千零一夜》 *Märchen aus* 1001 *Nacht*
《植物界异花受精和自花受精的效果》

Z

图书在版编目（CIP）数据

科学简史：从亚里士多德到费曼 /（德）恩斯特·彼得·费舍尔著；陈恒安译. —杭州：浙江人民出版社，2018.6

ISBN 978-7-213-08672-4

Ⅰ. ①科… Ⅱ. ①恩… ②陈… Ⅲ. ①自然科学史－世界－普及读物 ②科学家－列传－世界－普及读物 Ⅳ. ①N091-49②K816.1-49

中国版本图书馆 CIP 数据核字（2018）第 039290 号

浙江省版权局
著作权合同登记章
图字：11-2018-117号

启蒙文库系启蒙编译所旗下品牌

凡涉及本书质量、版权、宣传、营销等事宜，请联系 qmbys@qq.com

Ernst Peter Fischer
Aristoteles, Einstein & Co.: Eine kleine Geschichte der Winssenschaft in Porträts
Copyright ©1995 Piper Verlag GmbH, Munich, Germany

Chinese language edition arranged through HERCULES Business & Culture GmbH, Germany

本书译文版权由台湾究竟出版社授权。

科学简史：从亚里士多德到费曼

[德] 恩斯特·彼得·费舍尔 著 陈恒安 译

出版发行：浙江人民出版社（杭州体育场路347号 邮编 310006）
市场部电话：（0571）85061682 85176516
集团网址：浙江出版联合集团 http://www.zjcb.com
责任编辑：高辰旭 许 卉
责任校对：杨 帆 陈 春
印 刷：山东鸿君杰文化发展有限公司
开 本：880 毫米 × 1230 毫米 1/32
印 张：13.625
字 数：311 千字
插 页：5
版 次：2018 年6月第1版
印 次：2018 年6月第1次印刷
书 号：ISBN 978-7-213-08672-4
定 价：58.00 元

读者联谊表

（请发电邮索取电子文档）

姓名：　　　年龄：　　　　性别：　　　宗教或政治信仰：

学历：　　　专业：　　　　职业：　　　　所在市或县：

邮箱_______________QQ_______________手机_______________

所购书名：__________________在网店还是实体店购买：________

本书内容：满意　一般　不满意　本书美观：满意　一般　不满意

本书文本有哪些差错：

装帧、设计与纸张的改进之处：

建议我们出版哪类书籍：

平时购书途径：实体店　　　网店　　　其他（请具体写明）

每年大约购书金额：　　　　藏书量：　　　本书定价：贵　不贵

您认为纸质书与电子书的区别：

您对纸质书与电子书前景的认识：

是否愿意从事编校或翻译工作：　　　　　愿意专职还是兼职：

是否愿意与启蒙编译所交流：　　　　　　是否愿意撰写书评：

凡填写此表的读者，可六八折（包邮）购买启蒙编译所书籍。

本表内容均可另页填写。本表信息不作其他用途。

电子邮箱：qmbys@qq.com

启蒙编译所简介

启蒙编译所是一家从事人文学术书籍的翻译、编校与策划的专业出版服务机构，前身是由著名学术编辑、资深出版人创办的彼岸学术出版工作室。拥有一支功底扎实、作风严谨、训练有素的翻译与编校队伍，出品了许多高水准的学术文化读物，打造了启蒙文库、企业家文库等品牌，受到读者好评。启蒙编译所与北京、上海、台北及欧美一流出版社和版权机构建立了长期、深度的合作关系。经过全体同仁艰辛的努力，启蒙编译所取得了长足的进步，得到了社会各界的肯定，荣获新京报、经济观察报、凤凰网等媒体授予的年度译者、年度出版人、年度十大好书等荣誉，初步确立了人文学术出版的品牌形象。

启蒙编译所期待各界读者的批评指导意见；期待诸位以各种方式在翻译、编校等方面支持我们的工作；期待有志于学术翻译与编辑工作的年轻人加入我们的事业。

联系邮箱：qmbys@qq.com

豆瓣小站：https://site.douban.com/246051/